PIE 遥感图像处理教学丛书

PIE 遥感图像处理基础教程

孙永华　王宇翔　李小娟　刘东升 等　编著

科学出版社

北　京

内 容 简 介

本书基于PIE6.0版本软件，详细介绍了国产PIE系列软件的功能及遥感图像处理流程和方法，主要内容包括遥感图像预处理、图像增强、图像分类、矢量数据处理、遥感专题制图、面向对象分类、卫星影像测绘处理、高光谱图像处理、SAR图像处理、无人机遥感影像处理。

本书可作为遥感科学与技术、地理信息科学、测绘工程、地理国情监测等专业本科生、研究生的遥感上机实践参考用书，也可供相关专业科研人员参考。

图书在版编目（CIP）数据

PIE遥感图像处理基础教程/孙永华等编著. —北京：科学出版社，2021.7
（PIE遥感图像处理教学丛书）
ISBN 978-7-03-069322-8

Ⅰ. ①P… Ⅱ. ①孙… Ⅲ. ①遥感图像–图像处理–教材 Ⅳ. ①TP751

中国版本图书馆CIP数据核字（2021）第130776号

责任编辑：杨 红 郑欣虹/责任校对：杨 赛
责任印制：赵 博/封面设计：迷底书装

科学出版社 出版
北京东黄城根北街16号
邮政编码：100717
http://www.sciencep.com
北京中石油彩色印刷有限责任公司印刷
科学出版社发行 各地新华书店经销
*
2021年7月第 一 版 开本：787×1092 1/16
2025年1月第四次印刷 印张：17
字数：408 000

定价：69.00元
（如有印装质量问题，我社负责调换）

“PIE 遥感图像处理教学丛书”编委会

序　一

随着我国卫星遥感蓬勃发展，国产卫星实现“从有到好、从模仿到创新引领”的跨越式发展。随之而来的是国产自主遥感数据与日俱增，数据获取与处理技术快速提升，各行业领域对遥感应用软件需求旺盛。遥感图像处理软件是实现遥感图像数据在各行业领域应用的重要工具。然而长期以来，我国各行业领域的遥感图像处理主要依赖于国外遥感图像处理软件。大力发展自主可控的遥感图像处理软件，推动国产遥感图像处理软件在各个行业领域内的广泛使用成为促进遥感事业发展和保障国家空间信息安全的迫切需求。

航天宏图信息技术股份有限公司自2008年成立以来一直致力于卫星遥感、导航技术创新实践与普及应用，是国内知名的卫星应用服务商。经过十余年技术攻关，研发了一套集多源遥感影像处理和智能信息提取于一体的国产遥感影像处理软件——PIE（pixel information expert），形成了覆盖多平台、多载荷、全流程的系列化软件产品体系。PIE聚焦卫星应用的核心需求，面向自然资源管理与监测、生态环境监管应用、气象监测与气候评估、海洋环境保障、防灾减灾以及军民融合等领域，激活数据价值，提供行业应用解决方案。PIE 具备完全自主知识产权，程序高度可控，是中国人自己的遥感影像处理软件。PIE 在国产卫星数据处理与应用方面具有极大优势，打破了国外商业化软件在我国遥感应用市场中的垄断地位，也使遥感信息真正能为政府科学决策、科研院校研究和社会公众应用提供及时有效的服务。

作为一名测绘遥感工作者，我对国内遥感学科教材体系的建设充满期待。“PIE 遥感图像处理教学丛书”的问世，从软件和应用实践的角度丰富了教材内容体系，无疑令人欣慰。在使用 PIE 软件的过程中，我见证了国产遥感图像处理软件的发展与壮大。本丛书集校企专家众贤所能，在实践的基础上，集系统性与实用性于一体，循序渐进地介绍 PIE 的使用方法、专题实践与二次开发，为读者打开遥感应用的大门，开启遥感深入应用之路，展示遥感大众化的应用前景，旨在培育国产软件应用生态，形成国产遥感技术及应用完整产业链。希望国产遥感软件 PIE 继续促进国产遥感行业应用水平提升与技术进步，持续提高科技贡献率，推进遥感应用现代化！

期望未来有更好的 PIE 产品不断涌现，让更多的中国人了解 PIE，使用 PIE，强大 PIE。一马当先，带来万马奔腾。我相信，这套丛书在我国遥感技术的发展和人才培养等方面必将发挥越来越重要的作用。

序　二

“坐地日行八万里，巡天遥看一千河。”随着我国航空航天遥感技术的飞速发展，立体式、多层次、多视角、全方位和全天候对地观测的新时代呼啸而来。借此，人类得以用全新的视角重新认识和发现我们的家园；用更宏观的视野更精准的数据整合观照对地球的现有认知；用更科学智慧的方案探索解决全球气候变化、自然资源调查、环境监测、防灾减灾等与我们息息相关的问题。

国家民用空间基础设施中长期发展规划、高分专项等一系列重大战略性工程的实施，使得我国遥感数据日趋丰富，而如何使这些海量数据发挥最大效用和价值，为人类可持续发展服务，先进的遥感图像处理软件必不可少。长期以来，遥感图像处理软件市场一直被国外垄断，保障国家空间信息安全、践行航天强国战略、培育经济发展新动能、加大技术创新，服务经济社会发展，大力发展自主可控的遥感图像处理软件便成为当务之急。可喜的是，航天宏图信息技术股份有限公司致力于研发中国人自己的遥感图像处理软件 PIE（pixel information expert）系列产品和核心技术，解决了程序自主可控安全可靠的“卡脖子”问题，并广泛服务于气象、海洋、水利、农业、林业等领域。

与此同时，为有效缓解国产遥感软件 PIE 教材市场不足的问题，满足日益快速增长的遥感应用需求，航天宏图联合首都师范大学、中国矿业大学（北京）遥感地信一线教学科研专家，对 PIE 的理论、方法和技术进行系统性总结，共同撰写了“PIE 遥感图像处理教学丛书”。丛书包括《PIE 遥感图像处理基础教程》《PIE 遥感图像处理专题实践》《PIE 遥感图像处理二次开发教程》等。其中，《PIE 遥感图像处理基础教程》系统介绍了 PIE-Basic 遥感图像基础处理软件、PIE-Ortho 卫星影像测绘处理软件、PIE-SAR 雷达影像数据处理软件、PIE-Hyp 高光谱影像数据处理软件、PIE-UAV 无人机影像数据处理软件、PIE-SIAS 尺度集影像分析软件的使用方法；《PIE 遥感图像处理专题实践》则选取典型应用案例，基于 PIE 系列软件从专题实践角度进行应用介绍；《PIE 遥感图像处理二次开发教程》提供大量翔实的开发实例，帮助读者提升开发技能。丛书基础性、系统性、实践性、科学性和实用性并具，可使读者即学即用，触类旁通，快速提高实践能力。该丛书不仅适合于高校师生教学使用，而且可以作为各专业领域广大遥感、地信、测绘等专业技术人员工作和学习的参考书。

日月之行，星河灿烂。众“星”云集时代，遥感不再遥远。仰望星空，脚踏实地，国产遥感软件的发展承载着广大测绘地理信息科技工作者的家国担当、赤子情怀，丛书的出版是十分必要而且适时的。预祝丛书早日面世，为我国遥感科技的创新发展持续发力！

前　言

随着遥感影像获取技术和航空航天遥感技术的不断发展和进步，遥感影像日益呈现出多源、多类型、海量、分布式的发展趋势，其应用领域不断拓展，数据获取和更新周期缩短，时效性越来越强。遥感数据已经成为地理信息资料的主要数据源，为测绘和行业应用提供了及时、全面的信息保障。伴随着国民经济和社会信息化进程的加快，社会各领域对地理信息资源的需求越来越大。

目前主流遥感软件还是以国外公司软件为主，包括美国 Harris 公司的 ENVI、瑞典海克斯康公司的 ERDAS 以及加拿大 PCI 公司的 PCI Geomatica。随着国际形势的变化，打造自主可控的遥感影像处理软件成为保障国家信息安全、培育经济发展新动能的必然要求。PIE（pixel information expert）是新一代遥感图像处理软件，具有卓越的国产卫星数据支持能力，形成了覆盖全载荷、全流程、全行业应用的遥感图像处理产品体系，实现了遥感信息全要素提取、导航数据高精度定位，以及卫星数据与行业信息的融合应用。PIE 除了具备遥感图像处理的全流程操作，还在国产数据支持、影像匹配、区域网平差、匀光匀色处理、异源影像融合、尺度集影像分析等方面具有自己的特色。

PIE 系列软件目前已经服务于自然资源、生态环境、应急管理、气象、海洋、水利、农业、林业等行业，用户分布较广。但是市面上还没有一本针对 PIE 软件的教材，给广大用户学习和应用该软件带来了不便。基于此，首都师范大学联合航天宏图信息技术股份有限公司，结合多年遥感相关课程教学、实践的经验及应用需求，共同编写了本基础教程。

全书分为基础篇和高级篇，共 12 章。第 1 章介绍了 PIE 软件的背景、体系和特色；基于 PIE-Basic 软件，第 2～7 章介绍了遥感图像处理的一般流程，包括图像预处理（辐射校正、几何校正、图像融合、图像裁剪、图像镶嵌、分幅处理）、图像增强（图像变换、图像滤波、边缘增强、纹理分析）、图像分类（非监督分类、监督分类、分类后处理、智能化信息提取）、矢量数据处理和遥感专题图制图；第 8 章基于 PIE-SIAS 软件，介绍了面向对象分类；第 9 章基于 PIE-Ortho 软件介绍了卫星影像的数字摄影测量，包括区域网平差、正射校正、DEM/DSM 制作、质量评价等功能模块；第 10 章基于 PIE-Hyp 软件介绍高光谱图像处理，包括影像质量评价与图谱分析、高光谱图像预处理、混合像元分解、高光谱图像分类、高光谱影像目标探测、高光谱影像定量应用等功能；第 11 章基于 PIE-SAR 软件介绍了 SAR（synthetic aperture radar）图像处理，包括 SAR 平差、干涉 SAR、极化 SAR、图像分类等功能；第 12 章基于 PIE-UAV 软件介绍了无人机遥感影像处理技术。

本书得到“首都师范大学国家级一流本科专业（地理信息科学）”“北京市一流专业（地理信息科学）”建设项目资助。全书由李小娟教授和王宇翔博士拟定编写大纲。其中，第 1 章由王宇翔、刘东升、孙焕英编写，第 2～5 章由孙永华、刘东升编写，第 6～7 章由孙永华、王一涵编写，第 8、10 章由孙永华、李梦君编写，第 9 章由孙永华、孙焕英编写，第 11～12 章由孙永华、崔梦莹编写。全书由孙永华和刘东升统稿和校对。此外首都师范大学的黄晨、曾静、王慧媛、曹培润等研究生，以及航天宏图信息技术股份有限公司的任芳、李彦、卫黎光、王小华、杜漫飞、王晓悦等对各章节的文稿进行了反复检查，在此一并致以诚挚的谢意。

本书使用的软件可以在航天宏图信息技术股份有限公司官网的产品中心/下载中心下载。

为了方便读者更好地学习 PIE 软件，作者制作了具体的操作视频、演示文档和练习数据，读者可发信至 pie-support@piesat.cn 索取。书中提供了部分章节的操作视频，读者可通过扫描二维码学习。

由于编者水平所限，疏漏之处在所难免，恳请读者批评指正。

作　者

2020 年 9 月

目　录

第二篇　高级篇

第一篇　基 础 篇

第 1 章　PIE 软件概述

1.1　PIE 软件背景

PIE（pixel information expert）是我国自主研发的新一代遥感图像处理软件，具有卓越的国产卫星数据支持能力，内嵌基于深度学习的图像智能解译引擎，形成覆盖全载荷、全流程、全行业应用的遥感图像处理产品体系，可实现图像预处理、融合镶嵌、智能解译、综合制图、流程定制等全流程操作。

PIE 是在对遥感应用客户进行充分调研，并认真分析国内外优秀遥感处理软件优缺点的基础上，研制开发的遥感图像处理软件产品，是中国人自己的遥感影像处理软件。PIE 在国产卫星数据处理与应用方面能力卓越，行业应用范围较广。PIE 实现了遥感信息全要素提取、导航数据高精度定位，以及卫星数据与行业信息的融合应用，服务于自然资源、生态环境、应急管理、气象、海洋、水利、农业、林业等国家部委及省市管理部门，提供全流程、全要素遥感信息分析处理，支撑政府机构实施精细化监管和科学决策；服务于其他有关部门，提供目标自动识别、精确导航定位、环境信息分析，助力有关部门实施移动指挥、特定场景仿真及特殊区域环境保障；服务于金融保险、精准农业、能源电力、交通运输等企业用户，提供空天大数据分析和信息服务，有助于提升企业决策能力和运营效率。

1.2　PIE 软件体系

PIE 软件采用云+端的技术架构，秉承工作流、组件插件式、多层和多模块结构的设计思路，研制了包含强大底层库的 PIE-SDK 二次开发组件包和多种用于光学、雷达、高光谱、无人机数据生产的专业工具软件（PIE-Basic 遥感图像基础处理软件、PIE-Ortho 卫星影像测绘处理软件、PIE-SAR 雷达影像数据处理软件、PIE-Hyp 高光谱影像数据处理软件、PIE-UAV 无人机影像数据处理软件），用于遥感影像智能解译的专业工具（PIE-SIAS 尺度集影像分析软件和 PIE-AI 遥感图像智能解译软件），以及用于地理信息和行业应用的二、三维可视化展示平台（PIE-Map 地理信息系统软件）。同时依托遥感云服务平台 PIE-Engine，对 PIE 各产品及多项行业应用成果进行标准化集成和运行，构建云+端协同一体化的遥感云服务体系。PIE 系列软件产品体系如图 1-1 所示。

1. PIE-Basic 遥感图像基础处理软件

PIE-Basic 是集遥感与地理信息系统（geographical information system，GIS）于一体的遥感图像基础处理软件，面向国内外主流遥感数据，具备遥感数据预处理、图像增强、图像分类、综合判读、矢量处理、监测分析、专题制图全流程处理功能，广泛应用于教育、科研、气象、海洋、水利、农业、林业、国土、减灾、环保等多个领域。

PIE-Basic 遥感图像基础处理软件包含数据显示与浏览、数据格式转换、图像投影转换、数据转换、空间测量、图像预处理、图像变换、图像滤波、图像运算、图像分类、矢量处理、专题制图等功能模块，如表 1-1 所示。

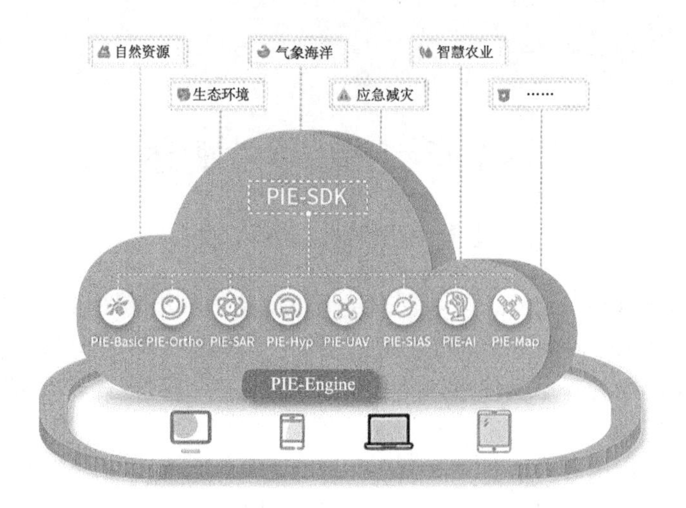

图 1-1　PIE 系列软件产品体系

表 1-1　PIE-Basic 功能模块

功能模块名称	功能说明
数据显示与浏览	包括图像拉伸、亮度增强、对比度增强、透明值增强、透明值设置、地图浏览、数据信息查看等功能
数据格式转换	包括影像格式转换、存储格式转换、位深转换等功能
图像投影转换	包括投影定义、文件坐标转换、数据坐标转换和批量转换等功能
数据转换	包括栅格矢量化、矢量栅格化功能
空间测量	包括空间测量相关功能
图像预处理	包括辐射校正、大气校正、几何校正、图像融合、图像镶嵌、图像裁剪、图像预处理流程等功能
图像变换	包括主成分变换、最小噪声变换、小波变换、傅里叶变换、缨帽变换、彩色空间变换等功能
图像滤波	包括空域滤波、频域滤波、自定义滤波、边缘增强等功能
图像运算	包括波段运算和波段合成功能
图像分类	包括非监督分类、监督分类、分类后处理、变化检测、智能化信息提取功能
矢量处理	包括矢量数据的编辑功能
专题制图	包括地图制作和输出功能

PIE-Basic 遥感图像基础处理软件具有如下特点。

1）卓越的国产卫星数据支持能力

支持国内外常见的遥感数据，特别是对国产卫星数据，如资源系列、高分系列、环境系列、风云系列、海洋系列、天绘卫星、吉林 1 号等具备卓越的处理能力，对新兴传感器类型具备快速扩展能力。

2）完备的基础图像处理工具集

提供完备的基础图像处理工具集，包括图像辐射校正、几何校正、图像融合、裁切、分幅等图像预处理工具；同时提供了图像增强、图像分类、分类后处理和精度评价等工具。

3）集遥感图像处理与 GIS 制图于一体

集遥感图像处理与 GIS 制图于一体，提供遥感图像全流程处理、基本空间分析和快速制图功能，GIS 符号库样式齐全，并支持符号快速扩展。

4）多语言向导式二次开发

SDK提供了丰富的二次开发接口，支持插件式和组件式两种开发模式，可基于C++、C#等多种语言进行二次开发。

5）支持国内外主流操作系统

支持Windows、Linux、Mac等国外主流操作系统，完成与中标麒麟、银河麒麟等国内主流操作系统的兼容性适配。

2. PIE-Ortho卫星影像测绘处理软件

PIE-Ortho 可实现全流程不落盘高速处理技术与不依赖第三方软件的人机交互精调色平台工具箱相结合，针对国内外卫星遥感影像数据进行专业测绘生产处理，可快速批量化完成数字正射影像（digital orthophoto map，DOM）、数字高程模型（digital elevation model，DEM）、数字表面模型（digital surface model，DSM）生产。软件支持集群分布式运算，可满足不同规模的数据生产需求，能够充分利用计算资源，实现海量数据的分布式自动化处理，进而大大提升作业效率，缩短项目周期。

PIE-Ortho卫星影像测绘处理软件包含基本工具、工程管理、区域网平差、正射影像生产、DSM/DEM制作、质量评价、调度管理等功能模块，如表1-2所示。

表1-2　PIE-Ortho功能模块

功能模块名称	子模块	功能说明
基本工具	预处理工具	提供影像金字塔创建、格式转换、波段合成等批处理功能
	辅助处理工具	提供影像筛选、影像拼接、影像裁剪、影像边界导出等批处理功能
工程管理	工程文件管理	工程的打开、保存、另存、关闭
	工程维护	工程坐标系统、输出路径的修改
	工程概要	显示工程内影像的覆盖范围
区域网平差	区域网平面平差	全自动匹配普通光学卫星影像的连接点和地面控制点（ground control point, GCP），并可对点位进行查看和编辑，基于连接点和控制点进行区域网平差运算
	区域网立体平差	基于连接点和控制点进行区域网立体平差运算
正射影像生产	正射校正	对工程内的全色影像和多光谱影像进行正射处理
	影像融合	对工程内的全色正射影像和多光谱正射影像进行融合处理
	真彩色	对工程内的多波段数据进行真彩色处理显示
	影像匀色	对工程中经过真彩色数据处理的影像进行匀色处理，包括模板匀色、地理模板匀色和区域网匀色
	影像镶嵌	对工程内的影像进行镶嵌，可进行智能镶嵌线的生成、编辑及镶嵌线的导入/导出，同时可对真彩色影像进行人工精调色处理
DSM/DEM生产	数字正射影像制作	可一键式批量完成预处理、连接点生成、控制点生成、区域网平差、正射影像校正、影像融合、真彩色输出、匀光匀色、自动拼接、标准分幅等处理
	DSM/DEM制作	可一键式流程化进行DSM/DEM产品生产，包括连接点生成、控制点生成、区域网立体平差、核线影像、核线初始匹配、DSM处理、DEM处理等
质量评价	精度质检	通过正射影像和基准影像自动匹配获取大量的检查点，并自动生成质检报告
	图面检查	可对正射影像进行人机交互式图面检查并标绘存在问题，生成图面质检报告
	几何精校正	可对精度不满足要求的正射影像进行全自动几何精校正处理
调度管理	调度管理	提供单机和集群的任务、计算资源调度与管理功能，包括多任务并行调度、计算节点分配管理、任务和资源的监控、执行任务的查询等

PIE-Ortho 卫星影像测绘处理软件具有如下几个特点。

1）全流程不落盘，过程实时可视化

基于全流程中央处理器（center processing unit, CPU）/图形处理器（graphics processing unit, GPU）内存逻辑处理技术，实现一键式全流程实时可视化处理，可大幅度提高数据处理效率，节约存储空间。另外，系统提供了丰富的人机交互工具，可对生产流程中的每个处理环节进行随时干预，确保各处理环节都能达到预设指标。

2）大区域多源遥感影像自动匹配和联合平差

支持大区域可见光、热红外、LiDAR、SAR、栅格化矢量地图等多源异构数据自动匹配和联合平差。

3）不依赖于第三方软件的高效率匀光匀色

基于自主研发的地理模板匀色、区域网平差匀色和交互式精调色技术，形成了不依赖于第三方软件的高质量影像匀光匀色能力。地理模板匀色算法为整体调色设计，区域网平差匀色技术则可以满足影像接边处色彩自然过渡。在先整体后局部自动调色的基础上，人工精调色工具集为局部精细化微调提供了保障。与其他同类软件相比，PIE 软件的大区域影像匀光、匀色效率大幅度提高。

4）部署模式灵活

支持单机和集群两种部署模式，以满足用户不同规模的数据生产处理需求。

3. PIE-SAR 雷达影像数据处理软件

目前已支持国内外主流星载 SAR 传感器（特别是国产 GF-3 卫星）的数据处理与分析，包括基础处理、区域网平差处理、InSAR 地形测绘、DInSAR 形变监测和极化 SAR 分割分类等功能，并针对不同行业用户，开发了水体提取、海岸线提取、舰船目标检测、土地覆盖变化检测等应用模块。

PIE-SAR 基本涵盖了处理星载雷达影像的常用工具，包含数据导入、基础 SAR、SAR 平差、干涉 SAR、极化 SAR、图像分类、专题提取等功能模块，如表 1-3 所示。

表 1-3 PIE-SAR 功能模块

功能模块名称	子模块	功能说明
数据导入	单景数据导入	对单景不同传感器 SLC 级别的 SAR 数据体和元数据进行解析，并做辐射校正处理，将其转换为裸数据和 xml 格式的元数据
	批量数据导入	同时对多景 SAR 影像进行导入
基础 SAR	基础工具	对导入的 SAR 影像进行复数据转换、多视处理、滤波、地理编码等操作
	辅助工具	包括图像裁剪、斜地距转换、地形辐射校正、转 dB 影像、GF-3 轮廓提取、R-D 模型[①]转 RPC[②]等功能
SAR 平差	区域网平差	实现对 SAR 影像和光学影像异源匹配，生成控制点、连接点，并进行区域网平面平差和几何校正
	镶嵌线工具	实现对几何校正后的 SAR 影像镶嵌输出

① R-D 模型：距离多普勒（range Doppler）模型。

② RPC：远程过程调用，remote procedure call。

续表

功能模块名称	子模块	功能说明
干涉 SAR	配准	对两期 SAR 影像进行粗配准、重叠区域裁剪、精配准、重采样
	去平干涉图计算	对配准后的干涉对生成干涉图、去除平地效应
	相位解缠	对从干涉图中提取的相位差值进行相位解缠
	基线精化	利用控制点文件，采用最小二乘法精化基线向量
	相位转高程	根据雷达成像几何关系，将解缠相位转为高程值
	DInSAR 模块	包括坐标转换、幅度配准、精化查找表、相位模拟、相位加减等功能
极化 SAR	极化矩阵转换	将极化散射矩阵 S_2 转换为极化相干矩阵 T_3 或极化协方差矩阵 C_3
	极化滤波	对相干矩阵或协方差矩阵进行滤波，降低相干斑噪声
	极化分解	极化散射矩阵、相干矩阵或协方差矩阵分解代表不同散射机理的若干项之和，每一项对应一定的物理意义，将地物回波的复杂散射过程分解为几种单一的散射过程，每种散射过程都有一个对应的散射矩阵
图像分类	非监督分类	不加入任何先验知识，利用 SAR 图像特征的相似性进行的分类。包括 H/A/Alpha 分类、Wishart 分类、ISODATA 分类、K-Means 分类、神经网络聚类等方法
	监督分类	根据已知训练样本，通过选择特征参数、建立判别函数，然后把图像中各个像元归到给定类中的分类处理。包括 Wishart 监督分类、距离分类、最大似然分类等方法
专题提取		包括水利信息提取、海岸线提取、舰船目标检测、变化监测等功能

PIE-SAR 雷达影像数据处理软件具有如下特点。

1）多通道、多传感器的单景、批量数据的基础处理

PIE-SAR 支持国内外多源星载 SAR 数据，包括 GF-3、TH-02A/B、ALOS1-PALSAR、ALOS2-PALSAR、Sentinel-1、TerraSAR-X、Radarsat-2、COSMO-SkyMed、Envisat-ASAR、ERS-1/2，能够实现单视斜距复数据到地理编码数据的处理，并支持批量处理，大大减轻了用户的工作量。

2）自动化、高精度的 SAR 区域网平差

PIE-SAR 以已有光学影像作为地理参考，通过多模态匹配技术，对 SAR 数据进行控制点匹配，直接获取匹配点高精度地理坐标，并将获取到的匹配点作为区域网平差连接点、控制点，无须人工刺点，实现从数据准备、数据处理到 DOM 生成的全自动化流程处理。

3）全流程、高精度的 InSAR DEM 提取

SAR 干涉测量是目前较为成熟的高精度 DEM 提取技术，PIE-SAR 提供了 SAR 图像配准、SAR 干涉图生成、干涉相位滤波、相位解缠、数字高程反演、地面定位等处理算法，能够实现全流程、高精度的 InSAR DEM 提取。

4）不同散射特征的提取分离

不同粗糙度的地表覆盖类型在雷达图像上产生了不同的后向散射机制，为了定性、定量地进行不同散射机制的分离，PIE-SAR 集成了 Freeman、Pauli、Yamaguchi、H/A/Alpha、AnYang、Huynen、Krogager、Cameron 等极化分解算法，对具有表面散射、二面角散射、体散射等不同散射机理的地物具有良好的分离效果，为地表覆盖类型的识别提供了丰富的特征。

5）地表覆盖非监督、监督分类

基于极化目标分解后得到含有特定物理意义的特征图像。为进一步识别地物类型，可采用 ISODATA、K-Means、神经网络聚类、最大似然分类等传统的图像分类算法，也可使用 H/A/Alpha、Wishart 等基于 SAR 图像统计特征的分类算法。

6）独具特色的行业应用专题扩展包

PIE-SAR 提供水体提取、植被提取、道路提取、桥梁提取、建筑物提取、船只目标检测、溢油检测、土壤含水量反演等行业应用专题扩展包。

4. PIE-Hyp 高光谱影像数据处理软件

PIE-Hyp 是一款面向国内外主流高光谱影像（GF-5、珠海一号、Hyperion 等）的全流程自动化处理产品。软件涵盖影像质量评价及修复、图谱分析、辐射校正、几何校正、目标探测、地物分类、参量反演分析等专业处理功能。结合地物波谱库提供的光谱信息查询、分析与应用能力，能够实现水环境监测、农作物精细化分类、岩矿识别等高精度定量应用，为生态环保、精准农业和自然资源等行业提供完整的应用解决方案。

PIE-Hyp 高光谱影像数据处理软件包含影像质量评价、图谱分析、图像预处理、混合像元分解、图像分类、目标探测、高光谱定量应用等功能模块，如表 1-4 所示。

表 1-4　PIE-Hyp 功能模块

功能模块名称	功能说明
影像质量评价	影像质量评价包括影像评价和统计分析，支持从空间和光谱两方面对高光谱影像进行全面的成像质量评价
图谱分析	图谱分析包括覆盖 USGS 光谱库的地物波谱库、图谱浏览、光谱处理、图像变化和图像滤波等
图像预处理	高光谱影像预处理包括图像修复、高光谱数据辐射校正、几何校正、异源融合、图像裁剪和图像镶嵌
混合像元分解	混合像元分解包括端元数目估计、端元提取和丰度反演等操作
图像分类	高光谱图像分类提供 15 种监督、非监督分类算法，另外可以对分类结果进行后处理及精度评价
目标探测	目标探测包括异常探测及基于约束能量最小化、自适应余弦估计、自适应匹配滤波等多种算法的目标探测功能
高光谱定量应用	定量应用提供了 21 种植被指数、7 种土壤指数及多个水环境参数的计算

PIE-Hyp 高光谱影像数据处理软件具有如下特点。

（1）支持从空间和光谱两方面对高光谱影像进行全面的成像质量评价，并可进行影像分类、融合等处理结果的精度评价。

（2）提供新颖的频域分析方法，具有降低光谱高频噪声、影像降维保真度高等特点。

（3）支持集群模式的大区域高光谱影像数据的并行化、全流程自动生产处理，处理流程可灵活配置。

（4）具有丰富的目标探测和地物分类算法，具体包括 8 种目标探测算法和 15 种地物分类算法。可在已知目标/已知背景，已知背景/未知目标和已知目标/未知背景等不同先验条件下进行目标、弱目标探测。

（5）具备水环境监测、矿物信息提取、伪装目标识别、城市土地利用等独具特色的行业专题应用扩展包。

5. PIE-UAV 无人机影像数据处理软件

将计算机视觉和传统的摄影测量技术相结合，支持多种框幅式数码照相机拍摄的，任意航迹的无人机影像自动化处理，无须人工干预，可快速完成空中三角（简称空三）解算、DEM 生成、正射影像拼接等处理，广泛应用于国土测绘、应急救灾、农业估产、环境保护监测、水利监测、林业巡查、警用消防和线路巡检等方面。

PIE-UAV 无人机影像处理软件具备影像匹配，影像对齐，DSM、DEM 生成，镶嵌线，正射校正，影像匀色，影像镶嵌等一系列专业处理功能模块，如表 1-5 所示。

表 1-5　PIE-UAV 功能模块

功能模块名称	功能描述
影像匹配	对影像进行特征点提取和特征点匹配
影像对齐	对影像进行区域网平差处理，在区域网平差过程中剔除误匹配点与不满足平差条件的影像
DSM、DEM 生成	通过影像对齐之后解算得到的连接点的三维坐标进行滤波处理。将地表的树木、房屋等非地表点进行过滤后，按照一定大小的格网进行空间内插得到 DEM，用于后续正射校正
镶嵌线	根据正射影像的有效范围，使用 Voronoi 图算法计算每张正射影像的镶嵌线，并保存为一个多边形矢量文件
正射校正	利用相机姿态角参数，将倾斜摄影校正为摄影方向与地面垂直的影像
影像匀色	包括全局匀色及局部匀色两种方法。全局匀色可用于增强影像的整体色调一致性，而局部匀色能够保证相邻影像重叠区的色调平滑过渡
影像镶嵌	基于镶嵌线，将多幅匀色后的影像拼接成一幅大范围的无缝影像

PIE-UAV 无人机影像处理软件具有如下特点。

1）支持多种数码框幅式相机类型

支持各种类型的相机照片处理，既支持框幅式微单和单反相机，也支持普通的卡片相机甚至手机。

2）支持任意航迹的无人机数据

传统航空摄影测量对无人机数据有严格的航带划分和重叠度要求，阻碍了无人机遥感的行业应用。PIE-UAV 软件把计算机视觉技术和摄影测量技术相结合，支持任意航迹航片的自动处理。

3）全自动空三、相机自检校

PIE-UAV 软件利用照片的纹理生成照片间的连接关系，采用视觉 SfM（structure from motion）算法和区域网平差算法，自动计算每张照片拍摄时的位置和姿态，自动近似解算相机畸变参数，并且生成最终的平差报告。

4）海量影像自动匀色

支持海量影像的自动匀色，达到色彩一致性的目的。

6. PIE-SIAS 尺度集影像分析软件

PIE-SIAS 采用面向对象的分类方法，拥有面向多源遥感数据的全流程解译分析能力，功能覆盖尺度集分割、人工样本选择、自动样本选择、面向对象分类、分类后处理、半自动交互式智能信息提取、专题制图等方面。

PIE-SIAS 尺度集影像分析软件包含多源数据读取、尺度集分割、样本选择、机器学习分类、魔术棒信息提取、变化检测、矢量处理、专题制图等功能模块，如表 1-6 所示。

表 1-6　PIE-SIAS 功能模块

功能模块名称	功能说明
多源数据读取	多源遥感数据读取功能
尺度集分割	双层尺度集处理
样本选择	人工和自动样本选取工具
机器学习分类	包括邻近分类、支持向量机、分类回归树、随机森林和贝叶斯分类
魔术棒信息提取	自动提取大面积水体
变化检测	分类后结果变化检测
矢量处理	矢量数据的编辑功能
专题制图	包括地图制作和输出功能

PIE-SIAS 尺度集影像分析软件具有如下特点。

1）大幅面影像快速尺度集分割

以影像特征为基础，采用双层尺度集处理技术，实现了大幅面遥感影像处理的高性能计算。只需一次分割即可得到大幅面影像的多尺度分割结果，为机器学习分类在最适合的尺度上选择样本提供了支撑。

2）分类样本自动采集

以多尺度分割结果和参考分类数据为基础，采用"似最大公约数"算法确定标准样本并获取分类样本集，大大提高了样本标注效率。

3）半自动地物信息提取

采用魔术棒工具集，对遥感影像中的水体、植被、建筑、道路等地物要素进行识别和一键式边缘提取，且可对提取结果进行边缘光滑处理。

4）多模式变化检测

对当前流行的先进的慢特征分析变化检测功能进行优化改进，同时增加纹理特征波段，进行特征向量的辅助计算后将该功能进行高度集成和封装，形成了变化检测工具集，并支持分类后变化检测，满足客户多样的变化检测需求。

7. PIE-AI 遥感图像智能解译软件

PIE-AI 是一款基于深度学习的遥感影像智能解译系统，具有飞机、机场、绿地、操场等几十类目标及地物的影像样本库，具备海量遥感数据中目标及地物的全自动化智能提取能力，可以实现多行业、多领域大规模工程化应用，极大提高了工作效能。

PIE-AI 遥感图像智能解译软件包含样本管理、自主训练、智能解译、成果发布等模块，如表 1-7 所示。

表 1-7　PIE-AI 功能模块

功能模块名称	功能说明
样本管理	实现海量样本存储和管理
自动训练	内置多种深度学习算法
智能解译	可对绿地、机场、建筑、大棚等十几类地物进行自动解译
成果发布	解译成果输出

PIE-AI 遥感图像智能解译软件具有如下特点。

1）“全链路”智能处理

立足遥感应用的特殊性，改进优化当前主要的图像处理模型框架，实现光学、SAR、高光谱、无人机影像的样本采集、样本管理、模型训练、智能解译、成果发布“全链路”智能处理。

2）高精度智能解译

系统集成了大棚、飞机、舰船、道路、水体等十几类典型地物的高精度智能解译模型，为用户提供目标识别、地物分类、变化检测等智能解译服务。

3）自主模型训练

内置大棚、飞机、舰船、道路、水体等十几类典型地物样本，与此同时提供自主样本采集、样本管理和模型训练工具，帮助用户快速完成感兴趣地物目标的模型训练。

4）解译报告生成

使用数理统计技术对智能解译结果进行进一步加工分析，快速生成成果报告。

8. PIE-Map 地理信息系统软件

PIE-Map 是一款具有自主知识产权的地理信息和行业应用二/三维可视化展示平台。能够提供空间数据管理、投影转换、查询分析、地理标绘、专题制图、地图配置、数据接入与发布、矢量编辑、导航定位、二/三维动态可视化等 GIS 数据专业处理服务。支持多专题、多场景环境的模拟与仿真，把多种感知终端上的全要素信息实时接入，动态更新、动态展示。提供地理信息虚拟现实（virtual reality，VR）引擎，实现所接即所见、所接即所得。同时渲染出来的实体三维效果带有地理坐标，可以进行精准量测，以满足不断发展的 GIS 行业应用需求。

PIE-Map 地理信息系统软件包括空间集成管理、空间对象编辑、空间数据查询、空间数据分析、二/三维可视化、专题制图等功能模块，如表 1-8 所示。

表 1-8　PIE-Map 功能模块

功能模块名称	功能说明
空间集成管理	多源异构数据的读取和存储功能
空间对象编辑	包括矢量数据的编辑和 DEM 数据生产功能
空间数据查询	包括属性查询和空间关系查询功能
空间数据分析	包括缓冲区、叠加分析和空间数据插值功能
二/三维可视化	包括二维和三维地图的展示功能
专题制图	包括地图制作和输出功能

PIE-Map 地理信息系统软件具有如下特点。

1）多源异构数据管理、生产与发布

支持 shp、tiff、png 等 GIS 常用数据格式；对于矢量数据提供自定义的高效率 GIS 数据存储格式 GSF；自定义矢量数据流格式 VDS，支持数据的高效压缩存储和在线快速发布；支持遵循 WMS、WFS、WMTS 等开放式地理信息系统协会（Open GIS Consortium，OGC）标准的在线地图服务。支持地图制作、发布与在线地图数据接入的全流程地图服务，包括 WMS、

WMTS、天地图等标准在线地图服务，Google 影像、天地图、ArcGIS10.1 发布的影像瓦片服务等。

2）高效海量数据二/三维一体化灵活展示

支持 TB 级海量数据高效加载与实时显示；提供二次开发接口，可便捷地构建二/三维一体化应用场景，实现二/三维地图联动、空间和属性查询、空间分析、对象编辑、地址定位等功能；支持场景 VR/增强现实（augmented reality, AR）展示，可接入人员、车辆等真实数据，结合遥感影像数据实时动态生成三维实景。

3）大范围宏大场景与区域精细化场景无缝切换

支持全球尺度大范围场景数据分级实时显示；支持区域精细化场景模型，包括地表植被、河流、建筑等细节模型加载，以及车辆、飞行器等实体及态势标绘等数据的动态接入；支持大范围场景远视点到区域精细化场景近视点的无缝切换，提供三维场景高逼真度的动态渲染与显示。

4）专业的气象海洋数据处理与分析

PIE-Map 气象、海洋版支持地面观测、高空观测、雷达探测、卫星云图等多种观测数据，以及气温、气压、位势高度、相对湿度、涡度等多种数值预报要素的读取、解析和处理。

9. PIE-Engine 遥感云服务平台

以“关联表征、数据挖掘、知识发现、智能处理、按需服务”为牵引，基于云计算、物联网、大数据和人工智能等技术，依托云平台基础环境，构建共享数据、软件、技术的遥感应用资源一站式产业化云服务平台，对 PIE 各产品及多项行业应用成果进行标准化集成和运行，在线提供多源遥感卫星影像数据服务、遥感数据生产处理服务、遥感智能解译分析服务以及面向行业的“软件即服务”（software as a service, SaaS）应用服务。从而提升资源整合和数据快速处理、智能分析与发布共享，以此实现遥感数据的按需获取、快速处理和专题信息的聚焦服务，促进多源异构数据的共享和互通互用。

PIE-Engine 遥感云服务平台包括数据管理、数据处理、智能解译、数据发布、数据感知、应用服务等功能模块，如表 1-9 所示。

表 1-9　PIE-Engine 功能模块

功能模块名称	功能说明
数据管理	包括云数据管理平台和多源遥感数据管理
数据处理	包括数据质检、数据预处理和影像镶嵌匀光匀色等功能服务
智能解译	包括地物分类、目标检测、影像判读、在线核查
数据发布	包括数据云发布平台、专题地图服务、基础地图服务
数据感知	包括二/三维地图可视化、VR/AR 功能
应用服务	包括火情、农业、气象等专业应用服务

PIE-Engine 遥感云服务平台具有如下特点。

1）海量多源异构数据全生命周期管理和服务

基于大数据技术，采用分布式云存储技术，支持多载荷遥感影像数据、矢量数据、专题产品数据、地形、三维模型数据、气象和海洋数据等多源异构数据存储管理和存储资源灵活接入，保证数据的高效处理和快速访问；具备高扩展性以及 PB 级海量数据的存储管理能力，支持跨平台部署，支持 Restful 服务接口，使用简单方便，安全可靠。

2）多模式遥感并行计算服务

基于弹性分布式计算资源池，提供计算资源的统一管理和动态调配。提供可定制的工作流编排工具，支持面向业务需要的遥感智能分析算法模型定制和并行集群处理。采用并行计算框架，支持 CPU/GPU 并行计算，支持 Spark 和 Flink 流式计算。

3）遥感智能分析服务

基于深度学习技术，支持飞机、机场、大棚等多种目标及地物的自动检测与识别。实现遥感影像的全流程在线智能解译过程，平台可进行样本录入、样本训练、模型输出、目标检测、成果统计、成果浏览、样本管理等流程化处理，算法强大、模型稳定。

4）在线应用专题图制作

提供遥感影像数据、矢量数据的地图风格快速定制、地图数据实时切片与地图服务发布等功能；为用户提供实时数据增量更新、地图自主定制和地图数据服务实时发布功能。

5）数据共享发布服务

数据共享发布服务结合云端数据管理和遥感智能识别技术，支持气象、海洋、矢量地图、瓦片地图数据、遥感数据等类型的数据发布；提供 OGC 标准地图发布、气象海洋数据等数据共享发布服务；提供数据服务目录管理、数据检索查询、数据下载等功能服务。

6）多端“遥感+行业”SaaS 应用服务

聚焦大气海洋、水利环保、民政减灾、国土测绘等行业卫星应用的核心需求，结合遥感技术与行业应用服务，运用微服务、大数据等技术，向政府、企业提供即买即用的空间信息、遥感应用解决方案与服务产品等 SaaS 应用产品。

10. PIE-SDK 二次开发组件包

PIE-SDK 是 PIE 二次开发组件包，集成了专业的遥感影像处理、辅助解译、信息提取、专题图表生成、二/三维可视化等功能。底层采用微内核式架构，由跨平台的标准 C++编写，可部署在 Windows、Linux、中标麒麟等操作系统中。提供多种形式的应用程序编程接口（application programming interface, API），支持 C++、C#、Python 等主流开发语言，提供向导式二次开发包，可快速构建遥感应用解决方案。

PIE-SDK 二次开发组件包采用分层架构的设计方式，包含众多的接口、类、方法、类型（统称为对象），这些对象很多在功能上是相似或者相近的，如表 1-10 所示。

表 1-10 PIE-SDK 功能模块

功能模块名称	功能说明
控件介绍	提供一些可视化的控件，如地图控件 Map Control、图层树控件 TOC Control、制图控件 Page Layout Control 等
命令应用	包括命令调用与命令扩展
地图组成	Map Control 控件中主要封装 Map 对象，可以实现地图众多功能
数据管理	空间数据管理用于管理和创建不同类型的地理数据，如数据集、要素数据集、要素类、要素、栅格数据集及混合数据等
态势标绘	地图用符号和标记来表示地理对象的某些描述信息
专题制图	由专题内容和地理基础两部分构成
算法应用	包括对已有算法的调用及自定义算法扩展开发等

1.3 PIE 软件特色

PIE 作为国产自主遥感图像处理软件，具有以下特色：

（1）基于独立自主的并行生产底层架构，实现了按需自主灵活定制光学、雷达和高光谱数据的处理、影像分类解译与信息智能提取、数据感知等业务应用能力，支持陆地、海洋、气象等多源异构卫星遥感数据的全流程一体化快速处理。

（2）基于相位一致性的异源影像匹配技术和一种无地面控制点区域网平差方法，实现了大区域多源异构遥感图像无地面控制点区域网联合平差的产品工程化处理能力。

（3）采用基于地理模板的区域网平差匀色技术和大场景多源遥感影像接缝线网络自动生成技术，实现了不依赖第三方软件、自动或人机交互式高精度影像匀光匀色处理，效率较传统方法提高 4 倍以上。

（4）支持基于距离-多普勒方程（R-D 模型）的 SAR 数据高精度无控定位；并基于 SAR 影像模拟、SAR 影像匹配、SAR 轨道改正等技术提供地形复杂区域的高精度定位。

（5）创新研制了异源影像空-谱融合和高光谱影像条纹去除技术，高度保持影像光谱信息和空间解析特性，空间融合比率可高达 1∶20。

（6）提供集入库、浏览显示、查询分析于一体的地物光谱库，覆盖美国地质勘探局（United States Geological Survey，USGS）光谱库、地物光谱仪测量数据等地物波谱数据。

（7）支持多种机载传感器（可见光、近红外、高光谱）影像数据的 DOM、DSM 快速生产。

（8）基于尺度集的影像分析的理论和方法，突破了大幅面影像无级分割及尺度集分析的关键技术，大幅提升遥感影像智能分类与信息提取能力。单要素分类产品精度和智能目标检测正确率均达到 85%以上。

（9）利用先进算法和稳定模型，提供遥感影像在线调用、训练及检测的全流程在线智能解译服务，支持样本录入、样本训练、样本管理、模型管理、目标检测、成果统计与在线浏览等一系列流程化处理过程。

第 2 章　PIE-Basic 基础

2.1　地图浏览、量测与可视化

2.1.1　地图浏览

地图浏览功能主要包括地图放大、缩小、中心放大、中心缩小、漫游、全图、1∶1、卷帘等操作，如图 2-1 所示。

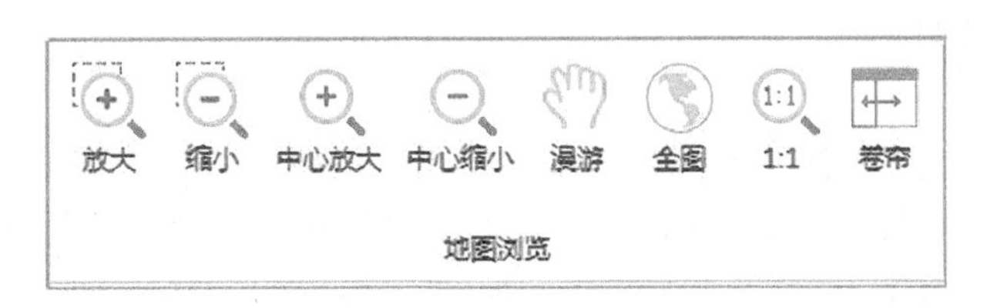

图 2-1　地图浏览对话框

2.1.2　量测工具

图像信息在地理空间中，不同形态的空间目标存在着不同维度的分布，而不同维度的空间目标隐含的信息又存在差异。空间量测是指对数据各种空间目标的基本参数进行量算与分析。在空间分析中需要通过空间量测获取空间目标具体、量化的形态信息，以便反映客观事物的特征，更好地为空间决策服务。软件提供的量测工具可进行距离量测、面积量测、要素量测和元素量测，并可对量测单位进行设置。

（1）点击【空间量测】按钮，弹出对话框。按钮顺序依次为距离量测、面积量测、要素量测、元素量测、清空以及单位。

（2）量测单位设置：在【单位】的下拉列表中设置长度量测单位和面积量测单位。

（3）量测方法：①点击【距离量测】按钮后选取量测的起点和终点，获取相应距离；②点击【面积量测】按钮后绘制量测的范围，获取相应面积；③点击【要素量测】按钮后选取对象，获取要素（矢量）信息；④点击【元素量测】按钮后选取标绘信息，获取元素（标注标绘）信息。

2.1.3　显示控制

显示控制包括亮度增强、对比度增强、透明度增强、拉伸增强、亮度反转、透明值、重置等功能。其中透明度增强功能支持对栅格数据和矢量数据进行处理，其余功能仅支持对栅格数据进行处理，如图 2-2 所示。

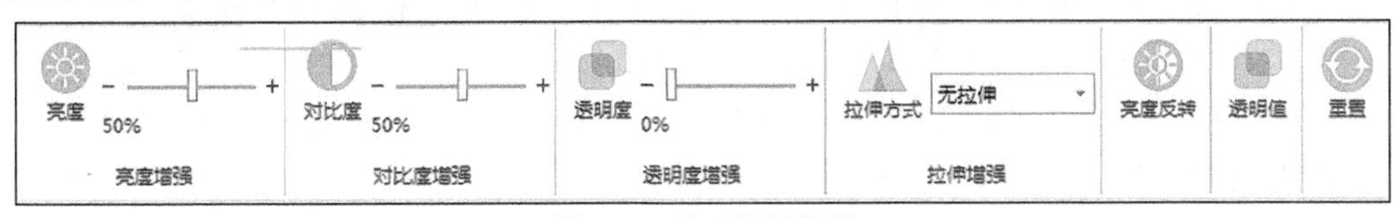

图 2-2　显示控制菜单

1. 亮度增强

用来调整影像数据的显示亮度。向左或向右移动滑动条，可调整图层的亮度；点击【亮度】按钮即可恢复默认值。如果要对某栅格图层执行亮度增强操作，需要先将该图层设置为当前图层（在图层上点击鼠标右键，执行【缩放到图层】操作）之后才能对其执行亮度增强操作。

2. 对比度增强

用来调整影像显示的对比度。如果影像对比度偏低，就很难清楚地表现出影像中地物之间的差异。向左或向右移动滑动条，可调整图层的对比度；点击【对比度】按钮即可恢复默认值。

3. 透明度增强

用来调整影像显示的透明程度。向左或向右移动滑动条，可调整图层的透明度；点击【透明度】按钮即可恢复默认值。

4. 拉伸增强

用来改善图像对比度，突出感兴趣的地物信息，提高图像目视解译效果。软件提供的拉伸方式包括线性拉伸（1%、2%、3%、5%）、直方图均衡化、标准差拉伸、自定义拉伸、最大最小值和直方图均衡化 2%拉伸，其中线性拉伸（1%、2%、3%、5%）、直方图均衡化、标准差拉伸、最大值最小值和直方图均衡化 2%拉伸是自动拉伸方式。自定义拉伸需要用户手动进行拉伸，如果对拉伸结果不满意，可通过【无拉伸】操作恢复到无任何拉伸方式的状态。目前软件在加载影像时都自动采用了 2%线性拉伸。

1）线性拉伸

线性拉伸即灰度拉伸，是对单波段逐个像元进行处理，将原图像的亮度值动态范围按照线性关系式扩展至指定范围或整个动态范围。在遥感图像处理软件中，线性拉伸是一种常用的拉伸方法，可以明显增加图像的显示效果。常用的线性拉伸方式有 1%线性拉伸、2%线性拉伸、3%线性拉伸、5%线性拉伸。

（1）1%线性拉伸 a 取累计直方图的 1%，b 取累计直方图的 99%。

（2）2%线性拉伸 a 取累计直方图的 2%，b 取累计直方图的 98%。

（3）3%线性拉伸 a 取累计直方图的 3%，b 取累计直方图的 97%。

（4）5%线性拉伸 a 取累计直方图的 5%，b 取累计直方图的 95%。

图像的反色变换是线性拉伸的特殊情况。对图像进行反色变换是将原图灰度值翻转。反色变换的关系可用图像的最大值–图像值得到。

在【拉伸方式】中选择线性拉伸（1%、2%、3%、5%）、直方图均衡化、标准差拉伸、最大值最小值和直方图均衡化 2%拉伸，即可对当前图层进行相应的拉伸增强显示。

2）自定义拉伸

图像经彩色合成显示后，可以对各个波段分别进行线性或非线性拉伸处理，以便综合增强图像中的地物信息。选择【自定义拉伸】，如图 2-3 所示。

（1）颜色通道：选择待拉伸的颜色通道，分为红、绿、蓝、RGB 四个通道。

（2）直方图窗口：初始直方图为所选通道原始直方图，用户在直方图上点击即可添加节点，对直方图进行拉伸；也可通过右侧的节点值窗口自定义设置拉伸节点，对直方图进行拉伸。

（3）拉伸节点值窗口：显示拉伸折线或曲线的节点值坐标，用户在直方图上点击添加节点时，窗口中实时显示节点值坐标。

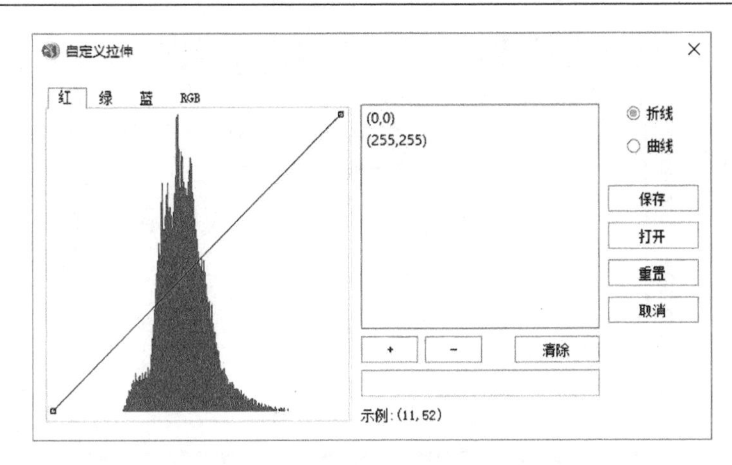

图 2-3　自定义拉伸对话框

（4）设置待添加的节点坐标，点击【+】按钮，即可将该节点添加到拉伸的节点，同时直方图实时拉伸。

（5）选中节点值窗口中的节点，点击【–】按钮，即可将选中的节点删除。

（6）清除：点击【清除】按钮，即可将拉伸节点值窗口中新增的节点值全部清除，恢复到初始状态。

（7）线形：设置自定义拉伸方式为折线型或曲线型。

（8）保存：点击【重置】按钮，设置拉伸后直方图的保存路径与文件名，即可将拉伸后的直方图进行保存。

（9）重置：自定义拉伸效果不满意时，点击【重置】按钮，当前波段恢复到没有任何拉伸效果时的状态。

（10）取消：点击【取消】按钮，即可取消拉伸直方图操作。

在【自定义拉伸】对话框中调整拉伸的数据范围及拉伸方式，拉伸效果可在视图中实时显示。

5. 亮度反转

对当前图层执行亮度反转操作。

6. 透明值

通过添加设置的透明值域对栅格影像的显示进行控制。选择【自定义透明度】，如图 2-4 所示。

（1）添加透明值域：输入透明值域的最大值和最小值。

（2）添加：设置透明值域信息后，点击【添加】按钮，将透明值域加载到左侧列表中，可增加多组透明值域。

（3）删除：选中左侧列表中的数值组，点击【删除】按钮，删除选中的信息。

（4）修改：点击列表中添加的透明值范围，可在最大最小值输入框中重新输入值，点击【修改】按钮，即可对选中的透明值范围进行更改。

（5）选中列表中的值域信息，点击【确定】按钮，对栅格影像中指定数值范围内的像元进行透明显示，并且关闭图层属性对话框；点击【取消】按钮，不对栅格数据进行透明显示，并且关闭图层属性对话框。

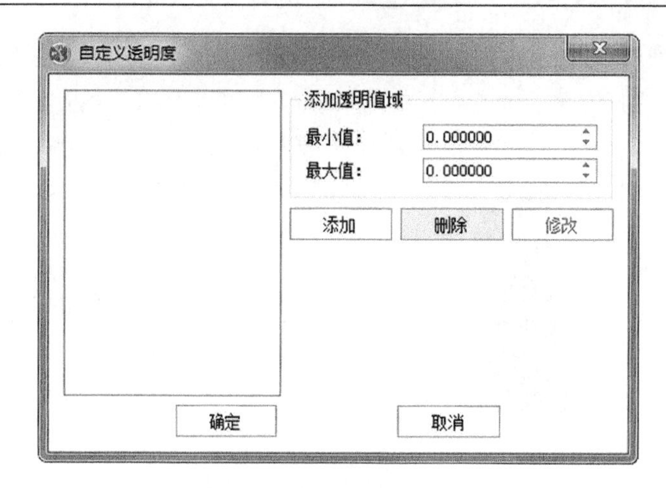

图 2-4 自定义透明度对话框

7. 重置

点击【重置】按钮，即可将当前图层恢复到原始状态。

2.2 图像信息查看与统计

图像信息查看与统计主要是对视图中的数据信息进行栅格或矢量数据信息查询以及图像特征的统计，包括直方图统计和波谱剖面图统计两种方法。

2.2.1 数据信息查看

1. 栅格数据信息查询

利用探针工具可对当前 Map 下的栅格数据的像素信息进行查询，包括当前鼠标点的 RGB 值、地理坐标、像素坐标、图层名称、数据值等内容。点击【探针工具】按钮，弹出对话框，在视图范围内移动鼠标，即可查看鼠标所在位置的像素信息，如图 2-5 所示。

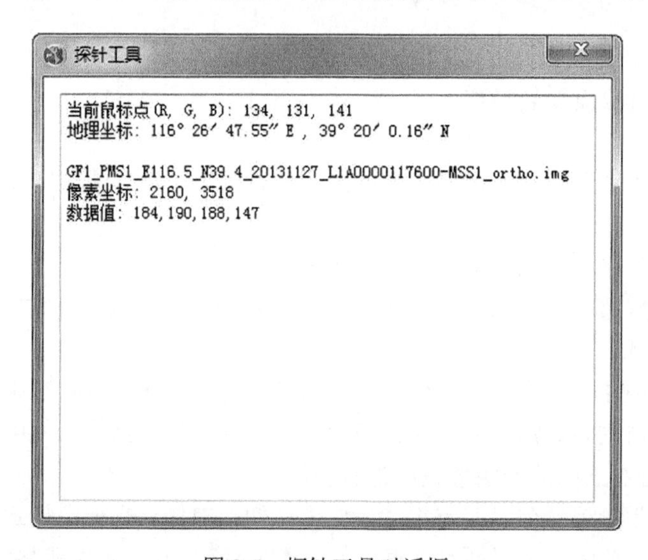

图 2-5 探针工具对话框

2. 矢量数据信息查询

属性查询主要用来查询矢量数据的属性信息。点击【属性查询】按钮，鼠标光标会增加带“i”号的形状，在矢量图层中点击鼠标左键，弹出对话框，如图 2-6 所示。

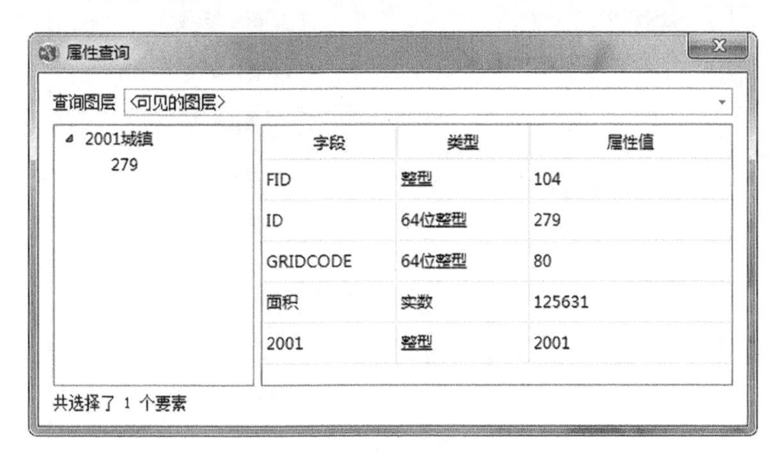

图 2-6　属性查询对话框

从【查询图层】的下拉列表中选择待查询的矢量图层，然后在视图范围内点击左键，即可在对话框中显示矢量数据的所有字段信息及字段属性信息。

2.2.2　图像特征统计

1. 直方图统计

直方图统计工具的主要功能是对输入波段进行像元信息的基本统计，包括像元最大值、最小值、中值、均值、标准差等。在“图像特征统计”中，点击【直方图统计】按钮，弹出对话框，选择要统计的图像和波段后，点击【应用】按钮，统计结果如图 2-7 所示。

（1）文件选择：从下拉列表中选择进行直方图统计的影像，需要事先在软件中加载影像。

（2）通道选择：从下拉列表中选择进行直方图统计的影像波段，直方图统计可以对影像单个波段逐一统计。

（3）参数设置：对统计采样的参数进行设置，可以设置采样比例或者不参与统计的值的范围。

（4）统计的内容包括最大值、最小值、中值、众值、均值、标准差等。移动直方图下方的滑片，可以实时查看当前像元值的相关信息，包括当前像元值、偏移量、频率、像元数等。

（5）在参数设置的非统计值菜单下，选择【连续】时，可在输入框中手动输入不参与统计的像元值域范围，或者选择【离散】选项，可在输入框中输入一个离散值或者以英文逗号隔开的多个离散值，从而使等于这些值的像元不参与统计。

（6）点击【符号化显示】按钮，弹出【数据报告窗口】对话框，窗口中显示了当前进行直方图统计的图像通道、最大值、最小值、中值、众值、均值、标准差等信息，点击【保存到文件】按钮可以将统计结果保存到文本文件中。

2. 波谱剖面图

波谱剖面图工具可以对一幅图像按照指定的方向绘制波谱曲线。点击【波谱剖面图】按钮，弹出对话框，选择要统计的栅格文件，设置曲线方向，并在图像上任意点击鼠标左键，波谱剖面图会随着更新，如图 2-8 所示。

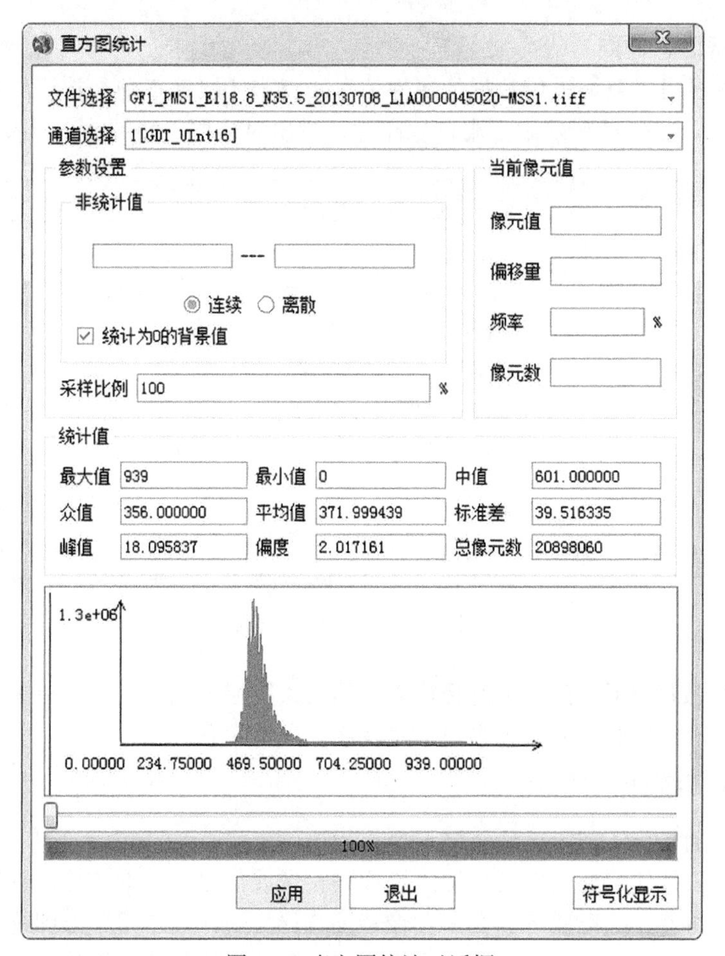

图 2-7　直方图统计对话框

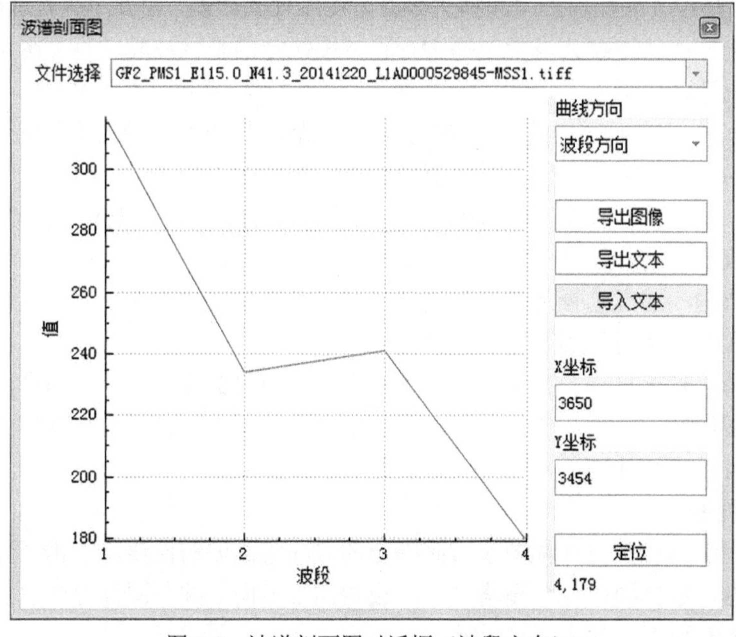

图 2-8　波谱剖面图对话框（波段方向）

（1）曲线方向：选择绘制波谱曲线的方向，可以按 *X* 方向（水平）、*Y* 方向（垂直）和波段方向绘制波谱曲线；设置曲线方向后，在图像上的不同位置点击鼠标左键，绘图内容会随之更新。

（2）导出图像：将当前绘图保存为图片并导出，支持导出为 bmp、jpg、png、jpeg 格式的图片。

（3）导出文本：将选定像元的光谱信息以文本的形式导出。

（4）导入文本：导入文本并进行绘制。

（5）X 坐标：当前图像上鼠标所在位置的 X 坐标。

（6）Y 坐标：当前图像上鼠标所在位置的 Y 坐标。

（7）定位：手动输入 X 坐标或 Y 坐标，点击【定位】按钮，即可定位到对应的点，并绘制相应的剖面图。

2.3　图像投影与几何变换

很多图像处理过程会涉及坐标系，常用到的地图坐标系有两种，即地理坐标系和投影坐标系。地理坐标系是以经纬度为单位的地球坐标系统，为球面坐标。投影坐标系是利用一定的数学法则把地球表面上的经纬线网表示到平面上，属于平面坐标系，坐标单位为米、千米等。将地理坐标转换到投影坐标的过程可以理解为投影（将地球椭球面上的点映射到平面上的方法，称为地图投影）。描述一个栅格文件的地理位置信息由两部分组成：坐标信息（map）和投影信息（projection）。坐标信息由起始点像素坐标以及对应的地理（投影）坐标和像素大小组成；投影信息就是坐标系信息。一般来说，如果坐标信息丢失，可以重新设定，也就是说，若一个软件设定的投影信息在另外的软件中不能识别，就可以通过修改投影信息来解决，不影响栅格文件的坐标信息。

图像的几何变换又称为图像空间变换，是将一幅图像中的坐标位置映射到另一幅图像中的新生位置。几何变换不改变图像的像素值，只是在图像平面上进行像素的重新安排。一个几何变换需要两部分运算，首先是空间变换所需的运算，如平移、旋转、镜像等，需要用它来表示输出图像和输入图像之间的像素映射关系；此外，还需要灰度差值算法，因为这种变换关系计算出的输出图像的像素很可能被映射到非整数坐标上。

2.3.1　投影转换

投影坐标系必须设定在某一个地理坐标系的基础上，其作用是使用某种投影方法将经纬度坐标转换为平面坐标。投影定义功能是指按照原有的投影方式为数据添加投影信息。一般有两种情况需要对影像进行投影定义：一是坐标信息丢失，此时文件将失去坐标；二是在某个软件中设定的投影信息在软件中不能识别，则需要对其进行投影定义。

1. 七参数计算

七参数计算主要用于通过输入控制点的源坐标和目标坐标计算投影转换的七参数。主要支持：不同椭球基准下不同坐标系的平面坐标系统间参数计算，不同椭球基准下不同坐标系的大地坐标系统间参数计算，不同椭球基准不同坐标系的大地和平面坐标系间参数计算。在【基础工具】标签下的【投影转换】组，点击【七参数计算】按钮，打开对话框，如图 2-9 所示。

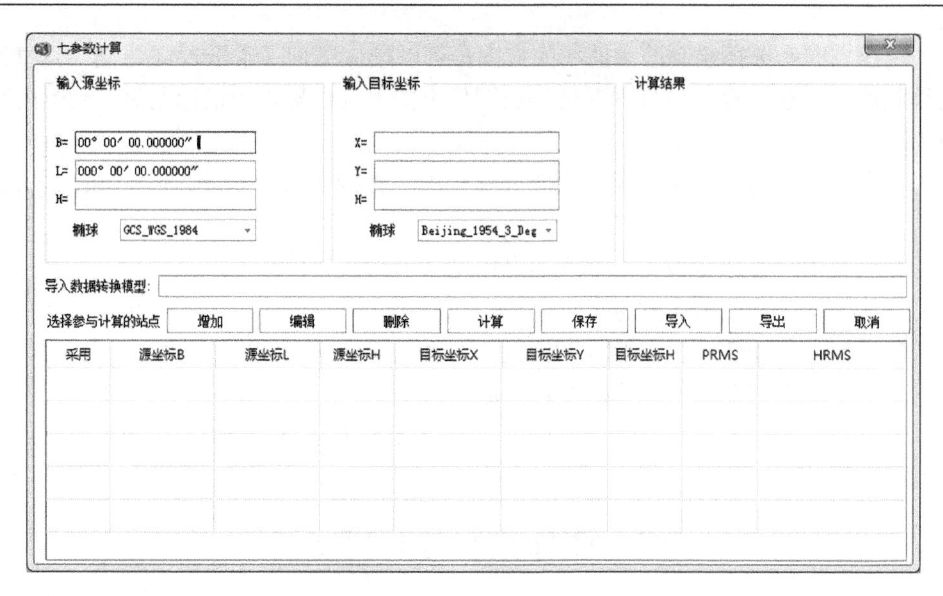

图 2-9　七参数计算对话框

（1）输入源坐标：输入转换前的原始点坐标并选择对应的投影椭球。

（2）输入目标坐标：输入对应的转换后的目标点坐标并选择对应的投影椭球。

（3）计算结果：显示七参数计算结果。

（4）参与计算站点的相关操作。①增加：输入一组源坐标和目标坐标后，点击【增加】按钮，该组坐标即被添加到站点列表中；②编辑：在站点列表中选择一组站点，点击【编辑】按钮，可对添加的坐标进行修改；③删除：在站点列表中选择一组站点，点击【删除】按钮，即可将其从列表中删除；④计算：添加三组以上的站点坐标后，点击【计算】按钮，即可进行七参数计算，在计算结果窗口中显示计算结果；⑤保存：点击【保存】按钮，将计算的七参数转换模型保存到系统中，可在坐标转换模块中调用；⑥导入：导入已有的站点坐标文件；⑦导出：将站点列表和计算结果导出保存，默认是 txt 文件；⑧取消：关闭七参数计算窗口。

2. 四参数计算

四参数计算主要是根据控制点信息计算两个坐标系统之间的四参数转换关系。支持相同椭球基准下不同坐标系的平面坐标系统间参数计算。在【投影转换】组，点击【四参数计算】按钮，打开对话框，如图 2-10 所示。

（1）输入源坐标：输入转换前的原始点坐标。

（2）输入目标坐标：输入转换后对应的目标点坐标。

（3）计算结果：显示四参数计算结果。

（4）参与计算站点的相关操作。①增加：输入一组源坐标和目标坐标后，点击【增加】按钮，该组坐标即被添加到站点列表中；②编辑：在站点列表中选择一组站点，点击【编辑】按钮，可对添加的坐标进行修改；③删除：在站点列表中选择一组站点，点击【删除】按钮，即可将其从列表中删除；④计算：添加三组坐标后，点击【计算】按钮，即可进行四参数计算，在计算结果窗口中显示计算结果；⑤保存：点击【保存】按钮，可将计算结果保存在系统中，在坐标转换模块调用；⑥导入：导入已有的站点坐标文件；⑦导出：将站点列表和计算结果导出保存，默认是 txt 文件；⑧取消：关闭四参数计算窗口。

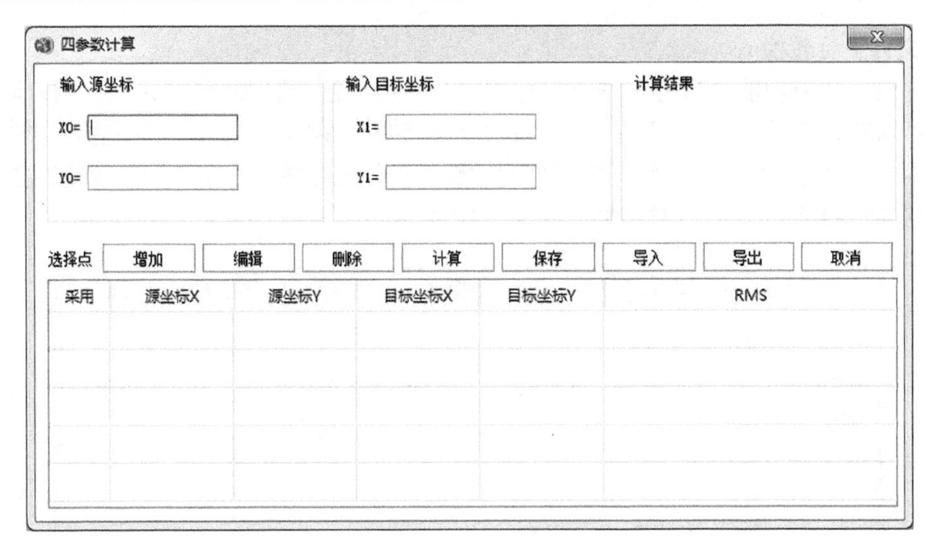

图 2-10　四参数计算对话框

3. 点坐标转换

点坐标转换功能是指将单个三维点坐标从一种地图投影类型转换到另一种地图投影类型。在【投影变换】组，点击【点坐标转换】按钮，打开对话框，如图 2-11 所示。

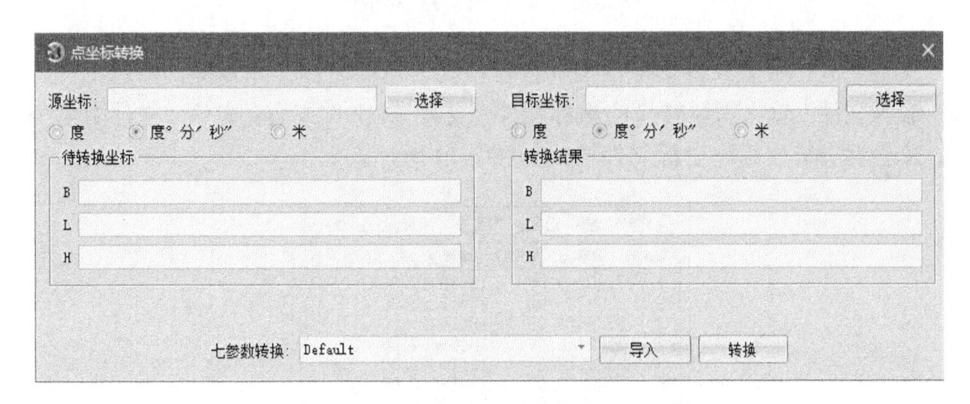

图 2-11　点坐标转换对话框

（1）源坐标：选择待转换点的原始投影坐标系，系统会根据坐标系自动选择坐标单位。

（2）待转换坐标：输入待转换点的坐标。

（3）目标坐标：选择需要转换的目标投影坐标系，系统会根据坐标系自动选择坐标单位。

（4）参数转换：选择投影转换需要的七参数或四参数，系统会根据投影转换类型提示调用的参数转换类型。①七参数转换：用于较大范围，最少需要 3 个控制点。可以在参数计算模块将七参数保存到列表中以供选择，也可以点击【导入】按钮填写已知的七参数。②四参数转换：用于较小范围，最少需要 2 个控制点。可以在参数计算模块将四参数保存到列表中以供选择，也可以点击【导入】按钮填写已知的四参数。

相同椭球基准下投影转换不需要调用转换参数，此时参数转换处于置灰状态，直接转换即可。

4. 文件坐标转换

文件坐标转换功能是指将三维点坐标文件从一种地图投影类型转换到另一种地图投影类型。可以简单理解为，对批量的坐标点进行坐标转换，需要在文本文档中输入待转换的批量点形成一个坐标文件，作为待转换文件通过软件进行坐标转换。在【投影转换】中，点击【文件坐标转换】按钮，打开对话框，如图 2-12 所示。

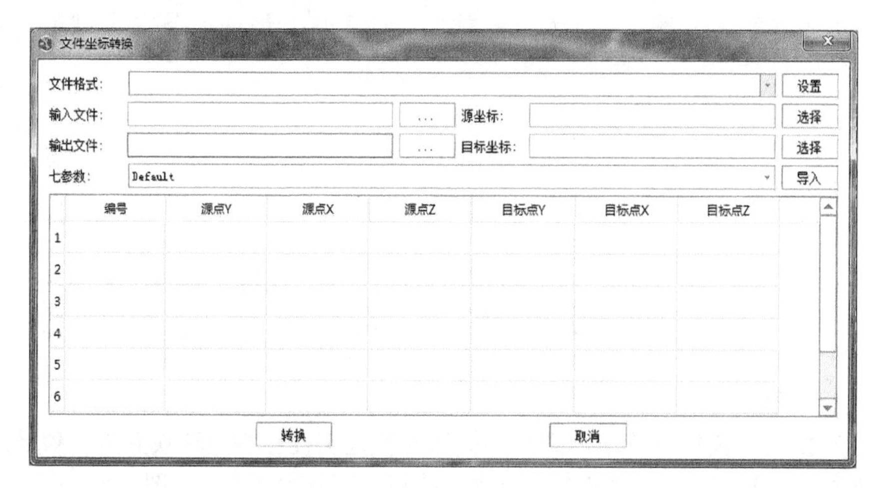

图 2-12　文件坐标转换对话框

（1）文件格式：设置软件读取的文件内容格式，包括名称、分隔符、标题。

（2）输入文件：输入需要转换的坐标文件，支持 txt 文件或 csv 文件，文件中至少包含坐标序号、X 坐标、Y 坐标。坐标文件格式如图 2-13 所示。

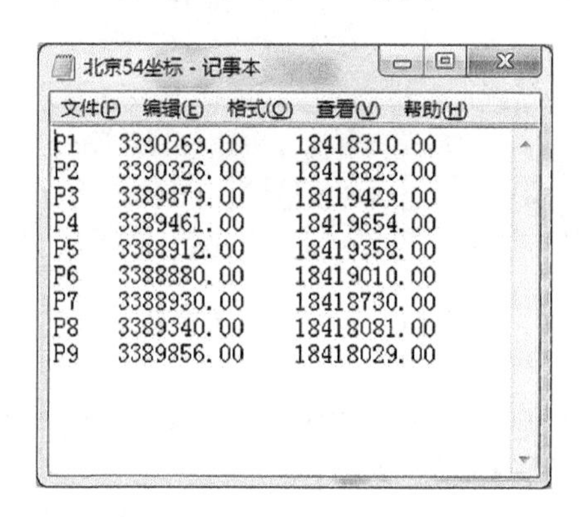

图 2-13　坐标文件格式

（3）源坐标：选择原始坐标的投影信息。

（4）输出文件：设置转换后的坐标文件的保存路径及文件名，输出保存为 txt 文件或 csv 文件。

（5）目标坐标：设置转换后文件的投影信息。

（6）参数转换：参数设置参考“点坐标转换”中相关内容。

5. 数据坐标转换

数据坐标转换功能的主要作用是将数据文件从一种地图投影类型转换到另一种投影类

型，包括栅格数据文件和矢量数据文件的坐标转换。在【投影转换】中，点击【数据坐标转换】按钮，打开对话框，参数设置如下。

（1）输入文件：选择待处理的影像文件或矢量文件。

（2）源坐标：确定输入文件后，系统会自动获取输入文件的坐标系统信息。

（3）输出文件：设置输出文件的保存路径及文件名。

（4）目标坐标：设置输出文件的坐标系统。

（5）参数转换：参数设置参考“点坐标转换”中相关内容。

6. 批量转换

批量转换功能可以用来批量完成数据文件的投影转换。在【投影转换】组，点击【批量转换】按钮，打开对话框，参数设置如下。

1）选择文件

（1）增加：点击【增加】按钮，批量添加待投影转换的文件（添加多个文件时，原始投影坐标系需保持一致）。

（2）删除：选择已添加的文件，点击【删除】按钮可将其从待转换列表中删除。

（3）清空：删除全部待转换文件。

2）输出文件夹

设置输出文件的存储路径。

3）目标坐标

设置输出文件的坐标系统：点击【选择】按钮，弹出【空间参考】对话框，如图 2-14 所示，设置输出投影参数。

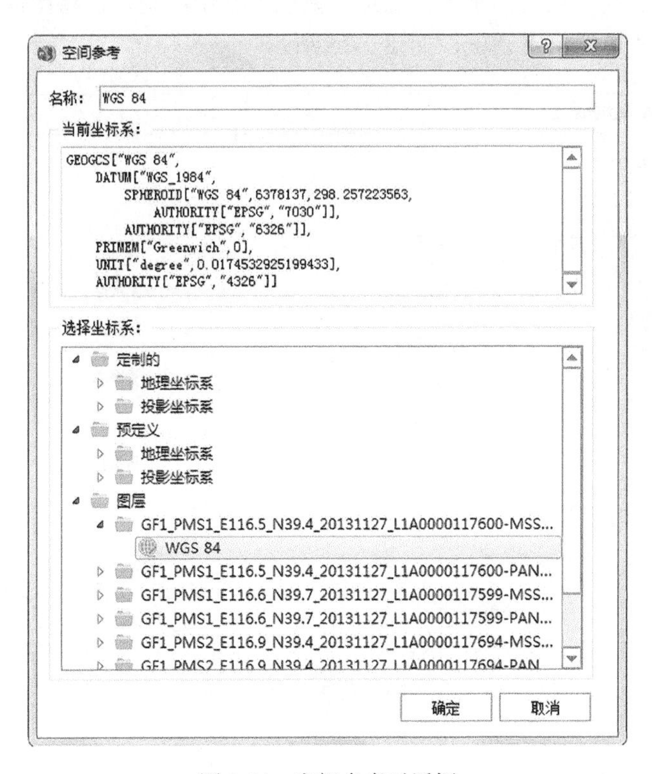

图 2-14　空间参考对话框

4）参数转换

选择投影转换需要的七参数或四参数，系统会根据投影转换类型提示调用的参数转换类型。参数设置参考“点坐标转换”中相关内容。

7. 投影定义

投影定义功能是指按照原有的投影方式为数据添加投影信息。在【投影变换】组，点击【投影定义】按钮，参数设置如下。

（1）输入文件：输入待投影定义的栅格数据或者矢量数据。

（2）坐标体系：设置文件的坐标系统。

（3）投影定义的方法主要有三种：①在【定制的】和【预定义】两个模块中为数据选择一个坐标系，【定制的】为数据处理中常用的坐标系，而【预定义】列表中是全部的坐标系。软件中坐标系统分为地理坐标系和投影坐标系，在进行坐标定义前需要确定数据的来源以便选择正确的坐标；②在软件中打开的数据图层选择一个与该数据投影坐标相同的图层，对无坐标信息的数据进行定义；③当已知某数据的坐标与待定义数据的坐标一致时，可以通过【导入】按钮，将该数据的坐标信息导入软件中，用以定义无坐标信息的数据。

选择以上其中一种投影定义的方式，点击【确定】按钮，该坐标信息就会在坐标体系中进行显示。

2.3.2 图像几何变换

1. 图像镜像

图像镜像可生成图像的水平镜像、垂直镜像和水平垂直镜像。水平镜像是图像以垂直中线为轴，将图像左右半部对调；垂直镜像是图像以水平中线为轴，将图像上下半部对调。点击【图像镜像】按钮，弹出对话框，如图 2-15 所示。

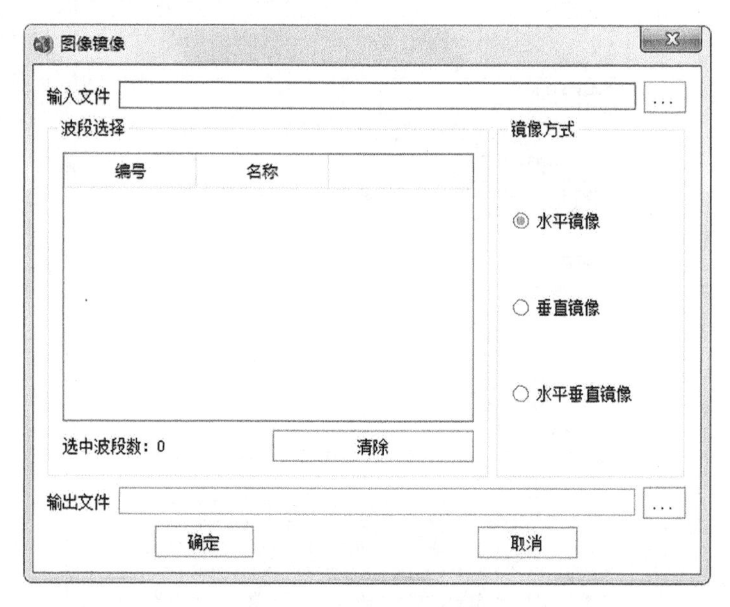

图 2-15　图像镜像对话框

（1）输入文件：选择待处理的影像文件。

（2）镜像方式：选择镜像处理方式，包括水平、垂直、水平垂直三种处理方式。

（3）波段选择：设置输入文件的处理波段，可以单个波段镜像，也可以多个波段镜像。

（4）输出文件：设置输出影像的保存路径及文件名。

2. 图像旋转

图像旋转可使图像以中心点为旋转中心沿特定方向旋转指定的角度。点击【图像旋转】按钮，弹出对话框，如图 2-16 所示。

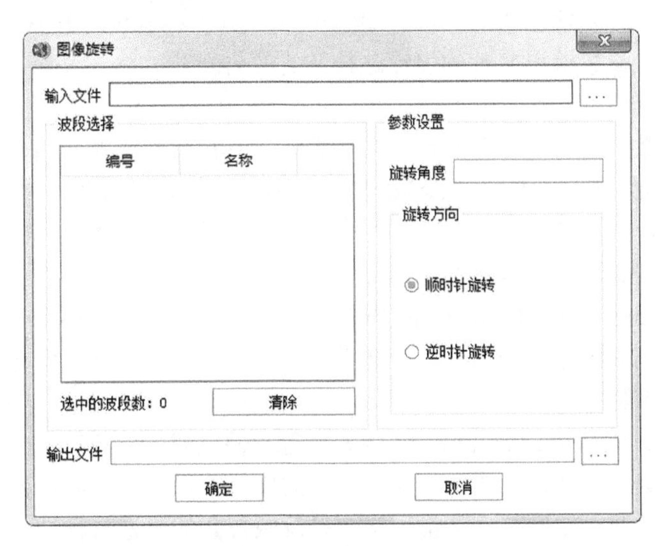

图 2-16　图像旋转对话框

（1）输入文件：选择待处理的影像文件。

（2）参数设置：①旋转角度，输入图像旋转的角度值；②旋转方向，选择图像旋转方向，分为顺时针旋转和逆时针旋转两种；③波段选择，设置输入文件的处理波段。

（3）输出文件：设置输出影像的保存路径及文件名。

2.4　图像格式转换

图像格式转换包括基础格式转换与矢栅转换两部分内容。通过格式转换能够实现通用栅格数据之间、矢量数据之间及矢量与栅格数据之间的自由转换。

2.4.1　格式转换

根据在二维空间的像元配置中存储波段信息的方式，通常将图像的存储格式分为三种，包括波段顺序（band sequential, BSQ）格式、波段按行交叉（band interleaved by line, BIL）格式和波段按像元交叉（band interleaved by pixel, BIP）格式。位深是指存储影像中每个像素所用的位数。位深的种类非常多，从 1bit 到 64bit，目前常用的卫星影像基本为 16bit 数据，如 GF 系列、ZY 系列、Landsat 8 等。有时为使用数据方便或减少数据量，需要对数据的位深进行转换，以便后期处理。同时，在进行遥感数据处理的过程中可能会涉及多个图像处理软件，不同图像处理软件的文件格式有所差异，因此需要对影像格式进行转换。

1. 影像格式转换

当用户使用两种不同软件进行数据处理时，数据成果格式可能不一致，这时需要对数据成果的格式进行转换，使不同软件的数据成果格式保持一致。在【格式转换】中点击【影像格式转换】按钮，打开对话框，参数设置如下。

（1）输入文件：输入待处理的影像（支持栅格和科学数据集）。

（2）数据集：当输入的文件是科学数据集时，可以点击下拉列表选择需要转换格式的数据图层。

（3）输出格式：设置输出格式，可选 GeoTIFF、ERDAS IMG、ENVI IMG。

（4）输出文件：设置输出文件的保存路径及文件名。

2. 存储格式转换

遥感数字图像数据的存储与分发，通常采用以下三种数据格式。

（1）BSQ（band sequential ）：像素按波段顺序存储，即先保存第一个波段，保存完毕后再保存第二个波段，以此类推。同一波段内的像素按行列顺序存储。BSQ 格式便于进行波段间的运算，能够直观表达图像区域的空间分布特征。

（2）BIP(band interleaved by pixel)：按像元顺序存储，即先保存第一个波段的第一个像元，再保存第二个波段的第一个像元，以此类推。BIP 格式便于进行像元间的运算，可以清晰地反映像元的光谱特征。

（3）BIL（band interleaved by line ）：像素按行存储，即先保存第一个波段的第一行，再保存第二个波段的第一行，以此类推。BIL 格式的优势：像素的空间位置在列的方向上是连续的，既可以形象地表达空间分布特征，又可以反映像素的光谱特征。

存储格式转换对话框参数设置如下。

（1）输入文件：选择输入待处理的栅格影像。

（2）输出格式：设置输出影像的存储格式，可选 BSQ、BIP、BIL。

（3）输出文件：设置输出文件的保存路径及文件名。

3. 位深转换

位深转换功能是一种用于更改输入文件数据范围的灵活方法，可以完全控制输入和输出直方图，以及输出数据类型（字节型、整型、浮点型等）。点击【位深转换】按钮，打开对话框，如图 2-17 所示。

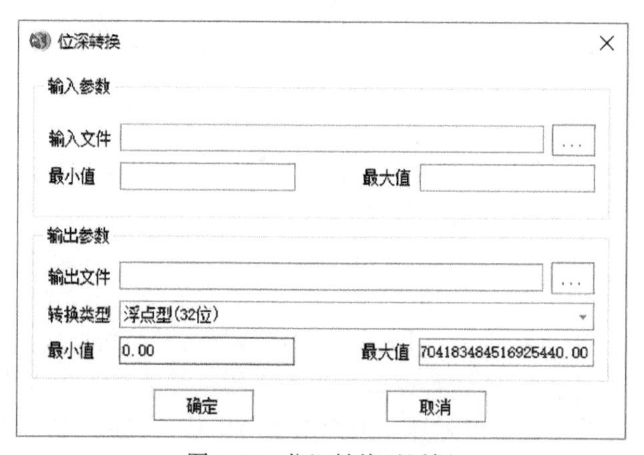

图 2-17　位深转换对话框

（1）输入文件：输入待处理的栅格影像。

（2）最小值、最大值：当输入栅格图像后，系统会自动填充像素最小值、最大值，该最小值、最大值是系统在输入的栅格影像中按一定比例随机抽样比较后的最值，并不是整个图像范围内的最小值、最大值。同时可以手动输入设置待处理的最小值、最大值。

（3）输出文件：设置输出文件的保存路径及文件名。

（4）转换类型：设置输出结果的存储类型。

（5）最小值：设置输出结果的像素最小值，一般选定转换类型后，系统会自动读取类型的像素最小值，也可以手动设置输出文件的像素最小值。

（6）最大值：设置输出结果的像素最大值，一般选定转换类型后，系统会自动读取该类型的像素最大值，也可以手动设置输出文件的像素最大值。

2.4.2　矢栅转换

1. 栅格矢量化

栅格模型是用等大的像元组成的行列矩阵来表达地理现象，其详细程度取决于像元的大小；矢量模型是用离散的坐标将地理要素表达为点、线或多边形。矢量模型在位置精确性和要素独立性方面要优于栅格模型。在实际应用中，经常需要将栅格数据转换为矢量数据，如将遥感影像解译分类得到的植被覆盖、土地利用类型等栅格数据转换为矢量的植被覆盖、土地利用类型。

栅格矢量化功能主要用于将分类栅格文件中的每个所选分类输出到单独的矢量层，或是将所有分类都输出到一个矢量层中。利用栅格转矢量功能将栅格数据转化为矢量数据。点击【栅格矢量化】按钮，弹出对话框，参数设置如下。

（1）输入分类文件：输入待处理的影像文件；目前仅支持对分类栅格文件的矢量化操作，因此应输入分类栅格文件。

（2）选择类别：设置要进行矢量化的类别，可选择某一类，也可选择所有类。

（3）输出选项：将各类别矢量化的结果输出方式设置为单文件输出或多文件输出。单文件输出指将所有分类结果转换成一个矢量文件；多文件输出指将每一类的分类结果分别转换成一个矢量文件。

（4）输出矢量：设置输出矢量的保存路径及文件名。

2. 矢量栅格化

栅格数据在表达无明显边界的连续地理现象及进行叠加分析等方面，比矢量模型有优势。在实际应用中，经常需要将矢量格式转换为栅格格式进行分析处理。

矢量栅格化功能主要用于将任何包含点要素、线要素或面要素的矢量转换为栅格数据，输入字段类型决定输出栅格的类型。如果字段是整型，则输出栅格为整型；如果字段为浮点型，则输出栅格也是浮点型。利用矢量栅格化功能将矢量数据转化为栅格数据。点击【矢量栅格化】按钮，弹出对话框，如图 2-18 所示。

（1）矢量文件：输入待转换的矢量文件。

（2）选择字段：选择将某字段值作为栅格像素值，字段类型要求是数字类型，如整型、实数、浮点型等。

（3）参数类型。

无效值：给输出结果设置无效值，一般默认值是 0。

分辨率：可以通过设置栅格的分辨率确定栅格的行列数范围，分辨率的单位是米，默认值为 16 米。

指定大小：通过设置影像的行列范围来指定影像的大小。

基准影像：选择基准影像时，生成的结果文件将与基准影像的大小保持一致。

（4）输出栅格：设置输出栅格文件的保存路径及文件名。

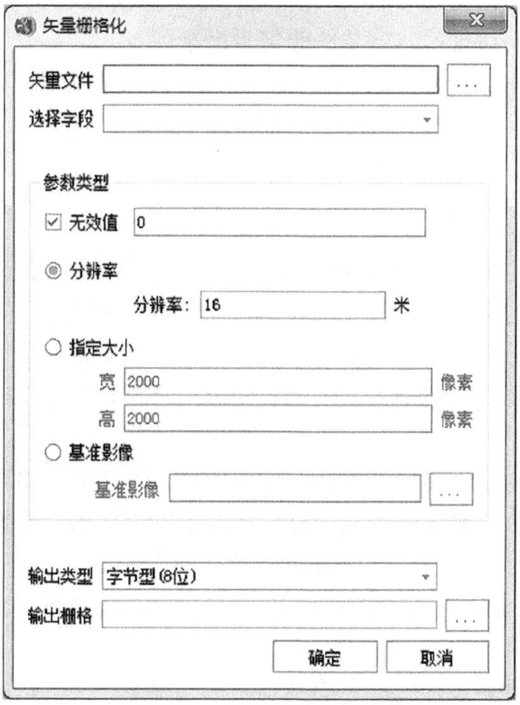

图 2-18　矢量栅格化对话框

2.5 图像运算

图像运算指以图像为单位进行的操作（该操作对图像中的所有像素同样进行），运算的结果是一幅灰度分布与原来参与运算图像灰度分布不同的新图像。具体的运算主要包括算术和逻辑运算，它们通过改变像素的值来得到图像增强的效果。

2.5.1　波段运算

每个用户都有独特的需求，因此利用此工具用户可以自己定义处理算法，并应用到某个波段或者整个图像中。波段运算实质上是对每个像素点对应的像素值进行数学运算，运算表达式中的每一个变量可以是同一幅影像中的不同波段，也可以是不同影像中的波段，但要求输入影像的幅宽大小保持一致。在【图像运算】中，点击【波段运算】，弹出对话框，参数设置如下。

（1）输入表达式：支持手动输入运算表达式或者复制粘贴表达式，其中变量名必须以“b”或“B”开头；目前支持的运算符包括加、减、乘、除、指数、三角、逻辑、对数等，例如，在【输入表达式】框中输入“b1+b2”表达式。

（2）加入列表：将输入的运算表达式加载到波段运算表达式列表（如果输入的运算表达式不合法，将给予提示）。

（3）清空列表：将波段运算表达式列表中的表达式一次性全部清除。

确定运算表达式后，点击【确定】按钮进入下一步，如图 2-19 所示。

图 2-19　波段运算对话框

（1）波段变量设置：分别设置波段运算表达式中各变量所对应的波段或多波段图像文件；波段设置通过在图像列表中选择对应的波段来实现；如果待处理的波段未加载到图像列表中，可通过点击【...】按钮将其加载到图像列表中再进行选择。

（2）输出文件：设置波段运算结果的保存路径及文件名。波段运算符号如表 2-1 所示。

表 2-1　波段运算符号说明

优先级	符号	说明
第一优先级	()	圆括号
第二优先级	^	指数运算
第三优先级	*	乘法运算
	/	除法运算
第四优先级	+	加法运算
	-	减法运算
第五优先级	AND	和运算，仅当 AND 函数的多个输入都为真时（至少两个输入），它的输出才是真
	OR	或运算，只要有一个输入出现了真（至少两个输入），它的输出就是真
	XOR	非运算，仅有一个输入，输入与输出相反；当输入为假，则输出为真；反之亦然
	NOT	异或运算，仅当一个输入或者另一个输入为真，但不是所有都为真（即输入变量值不同），它的输出才为真（即相同为假，不同为真）

2.5.2　波谱运算

通过使用波谱运算工具可以进行波谱间的运算。

（1）输入表达式：支持手动输入波谱运算表达式或者复制粘贴表达式，其中变量名必须以“s”或“S”开头；目前支持的运算符包括加、减、乘、除、指数、三角、逻辑、对数等。

（2）加入列表：将输入的波谱运算表达式加载到波谱运算表达式列表（如果波谱运算表达式不合法，将给予提示）。

（3）清空列表：将波谱运算表达式列表中的表达式一次性全部清除。

（4）波谱变量设置：分别设置表达式中各波谱变量，参与波谱运算的变量可以是图像数据也可以是光谱文件。图像或波谱文件设置通过在数据列表中选择对应的图像或波谱文件来实现。如果待处理的图像或波谱文件未加载到数据列表中，可通过点击【...】按钮将其加载到图像列表中再进行选择。

（5）输出路径：设置波谱运算结果的保存路径及文件名。

2.5.3　波段合成

波段合成功能主要用于将多幅图像合并为一个新的多波段图像（即波段的叠加打包，构建一个新的多波段文件），从而可根据不同的用途选择不同波长范围内的波段合成 RGB 彩色图像。点击【波段合成】按钮，弹出对话框，如图 2-20 所示。

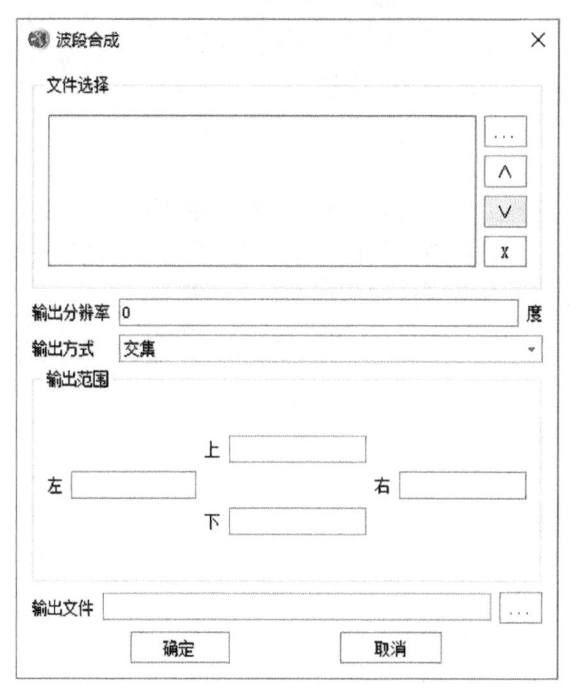

图 2-20　波段合成对话框

（1）文件选择：在该列表中显示所有待进行操作的文件或波段数据。

点击【...】按钮，弹出【文件选择】对话框，可设置待进行波段合成操作的文件、文件的空间范围和波段；支持从当前图层列表中选择文件或从外部文件中选择文件两种方式。

鼠标选中框中的文件，点击【∧】（上）或者【∨】（下）按钮，调整待合成波段的顺序。选中待删除的文件，点击【×】（删除）按钮，即可将其从输入影像列表中删除。

（2）输出分辨率：显示输出影像的分辨率，为系统默认读取。

（3）输出方式：可以设置为交集或并集，交集为两幅影像重合相叠加的部分，并集为包含全部的两幅影像的范围。

（4）输出范围：显示输出影像的空间范围，包括上、下、左、右四点的坐标，为系统默认读取。

（5）输出文件：设置波段合成结果的保存路径及文件名。

2.6　实 用 工 具

实用工具包括掩膜工具、图像重采样、创建金字塔、设置无效值、剔除栅格块、坏线修复等功能，能够完成对图像的初步处理。

2.6.1　掩膜工具

掩膜工具的主要功能是创建和应用掩膜。掩膜是一个由 0 和 1 组成的二值图像。当对一幅图像应用掩膜时，1 值的区域被保留，0 值的区域被舍弃（1 值区域被处理，0 值区域被屏蔽不参与计算）。

1. 创建掩膜

点击【创建掩膜】按钮，弹出对话框，如图 2-21 所示。

（1）基准文件：输入与创建掩膜相关联的栅格图像。

（2）文件类型：设置输入属性文件的类型，目前支持矢量文件和 ROI 感兴趣区文件。

（3）属性文件：根据选定的文件类型输入对应的属性文件，即矢量文件或者 ROI 感兴趣文件。

（4）输出文件：设置掩膜文件的输出保存路径及文件名。

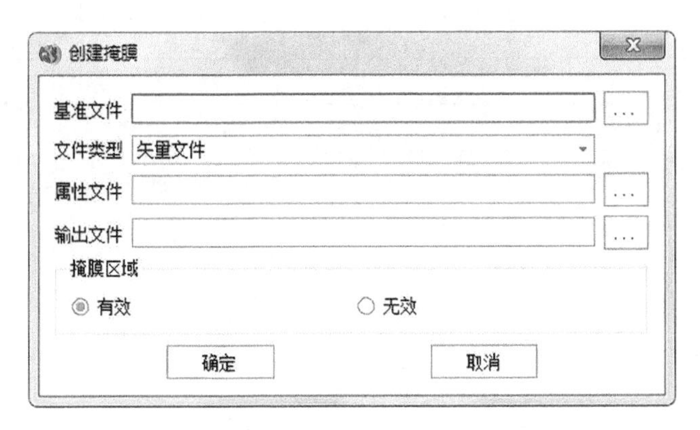

图 2-21　创建掩膜对话框

（5）掩膜区域：可选择有效或者无效；当选择有效时，属性文件范围内的掩膜区值为 1，即为处理保留区，属性文件范围外的区域为 0 值区；当选择无效时，属性文件范围内的掩膜区域为 0 值区，属性文件范围外的区域为 1 值区（边界与基准图像文件的边界范围一致）。

2. 应用掩膜

对栅格图像进行掩膜处理，点击【应用掩膜】按钮，弹出对话框，参数设置如下。

（1）输入文件：输入待应用掩膜的影像文件。

（2）掩膜文件：输入与影像文件对应的掩膜文件。

（3）掩膜值：设置掩膜值，范围为 0～255。

（4）输出文件：设置输出文件的保存路径及文件名。

2.6.2 图像重采样

图像重采样是对采样后形成的由离散数据组成的数字图像按所需的像元位置或像元间距重新采样，以构成几何变换后的图像。重采样过程本质上是图像恢复过程，它用输入的离散数字图像重建代表原始图像二维连续函数，再按新的像元间距和像元位置进行采样。其数学过程是根据重建的连续函数（曲线），用周围若干像元点的值估计或内插出新采样的值，相当于用采样函数与输入图像作二维卷积运算。点击【图像重采样】按钮，弹出对话框，如图 2-22 所示。

输入文件：通过浏览按钮【...】添加待重采样的影像。

波段选择：选择进行重采样的波段，默认对所有波段进行重采样。

采样方法：选择重采样的方法，包括最近邻域法、双线性内插法和三次卷积内插法。

1）最近邻域法

最近邻域法直接将与某像元位置最邻近的像元值作为该像元的新值。适用于表示分类或某种专题的离散数据，如土地利用、植被类型等。

2）双线性内插法

双线性内插法是取采样点到周围 4 邻域像元的距离加权计算栅格值。先在 Y 方向进行内插（或 X 方向），再在 X 方向（或 Y 方向）内插一次，得到该像元的栅格值。适用于表示某种现象分布、地形表面的连续数据，如 DEM、气温、降水量分布、坡度等。

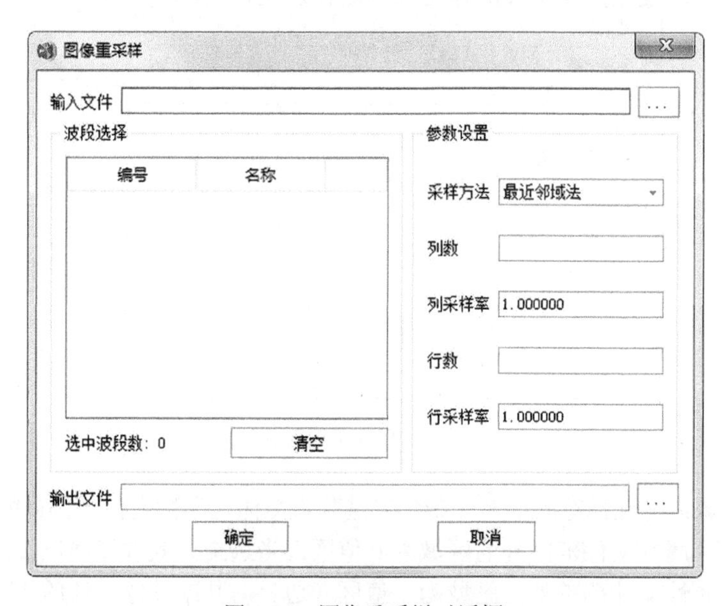

图 2-22　图像重采样对话框

3）三次卷积内插法

三次卷积内插法是一种精度较高的方法，通过增加参与计算的邻近像元的数目达到最佳的重采样结果。使用采样点到周围 16 邻域像元距离加权计算栅格值。适用于航片和遥感影像的重采样。

列数：设置重采样的列数，当输入待重采样影像后，系统会自动识别影像的列数，并填充。

列采样率：设置重采样比率，列采样比率=原影像列分辨率/采样后影像列分辨率，默认为 1。

行数：设置重采样的行数，当输入待重采样影像后，系统会自动识别影像的行数，并填充。

行采样率：设置重采样比率，行采样比率=原影像行分辨率/采样后影像行分辨率，默认为 1。

输出文件：设置输出影像的保存路径及文件名。

2.6.3　创建金字塔

创建金字塔工具主要用于为影像数据创建金字塔文件，使影像在浏览和其他处理过程中响应迅速。点击【创建金字塔】按钮，弹出对话框，参数设置如下。

（1）点击【添加】按钮，弹出【打开】对话框，选择需要创建金字塔的数据文件夹或者影像。可通过选择整个文件夹的形式，将文件夹下的所有影像添加到【选择影像文件】对话框中，也可以通过选择文件夹下的影像进行添加。

（2）点击【移除】按钮，可以将选中的影像进行移除。

（3）勾选待创建金字塔的影像，或者通过勾选【全选】选项，将列表中的所有影像勾选上，点击【确定】按钮，则开始对勾选的影像创建金字塔。创建完成时会弹出“金字塔已经创建！”提示，所创建的图像金字塔文件后缀是 ovr。

2.6.4　设置无效值

实际应用中影像经常会存在黑边现象，影像黑边的存在不仅影响了影像的处理效率，而且也影响了影像美观和影像浏览的便利，所以在处理或浏览数据时往往只希望关注影像的有效区域。设置无效值功能可以剔除影像黑边，使影像满足实际需求，提高影像成果质量。点击【设置无效值】按钮，弹出设置无效值对话框，参数设置如下。

（1）输入文件：输入需要设置无效值的影像数据。

（2）当前无效值：自动显示影像中当前无效值。

（3）设置无效值：输入作为无效值的像素值（一般为 0 值）。

2.6.5　剔除栅格块

剔除栅格块功能用于将影像中有异常的栅格块剔除，融合到周围的背景图像中。点击【剔除栅格块】按钮，弹出对话框，参数设置如下。

（1）输入文件：输入需要剔除栅格块的栅格数据。

（2）波段选择：选择需要剔除栅格块的影像波段。

（3）输出文件：设置输出结果的保存路径及名称。

（4）最小栅格块的像元数量：设置剔除的最小栅格块的像元数量，可以默认设置，也可以自定义设置。

2.6.6　坏线修复

坏线修复功能用于修复影像拍摄过程中出现的某些行列像元值异常或丢失问题。可通过输入坏线的行列号，自动修复所有影像上所有坏线数据，支持取左列（上行）影像值、取右列（下行）影像值及取左右列（上下行）影像均值等三种坏线修复算法。点击【坏线修复】按钮，弹出对话框，如图 2-23 所示。

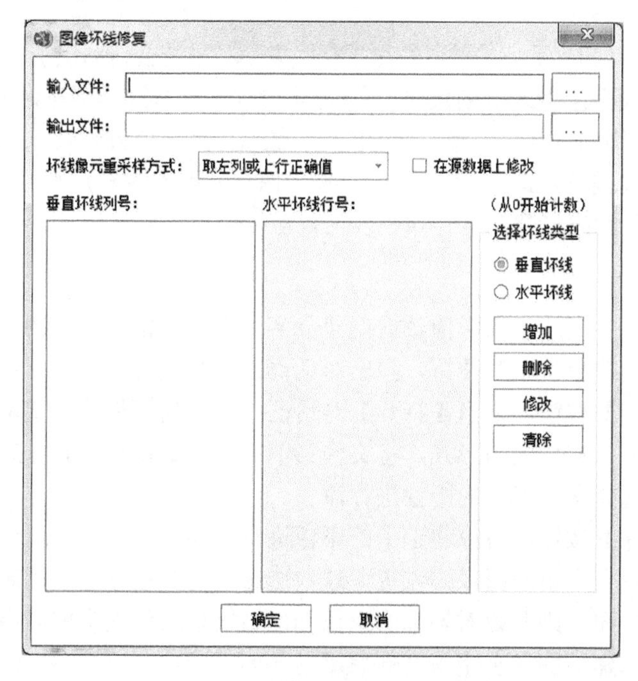

图 2-23　图像坏线修复对话框

（1）输入文件：输入需要进行坏线修复的影像数据。

（2）输出文件：设置输出文件的路径和名称。

（3）坏线像元重采样方式：选择坏线像元的修复方式，有取左列或上行正确值、取右列或下行正确值以及取左右列或上下行平均值等三种坏线修复算法。

（4）在源数据上修改：选择是否在源数据上直接修改，如果选择在源数据上修改，就不用再设置输出文件，如果不选择则需要设置输出文件。

（5）添加水平和垂直坏线行列号。

（6）选择坏线类型：根据影像的坏线类型选择垂直坏线或水平坏线。①增加：选择坏线类型后，点击【增加】按钮，可在相应的坏线列表中增加坏线行号或列号；②删除：在坏线列表中选中需要删除的坏线，点击【删除】按钮，可将其从坏线列表中删除；③修改：在坏线列表中选中需要修改的坏线，点击【修改】按钮，可修改坏线的行号或者列号；④清除：点击【清除】按钮，可将列表中添加的坏线全部删除。

第 3 章　图像预处理

3.1　辐 射 校 正

遥感传感器观测目标物辐射或反射的电磁能量时，遥感器本身的光电系统特征、太阳高度、地形及大气条件等因素都会引起光谱亮度的失真。传感器所记录的观测值与地物目标的真实辐射亮度之间的差值称为辐射误差，消除图像数据中依附在辐射亮度里的各种失真的过程即为辐射校正。辐射校正包括辐射定标、大气校正两部分。

3.1.1　辐射定标

正确地解读遥感图像数据需要在传感器所获得的观测值和真实值之间建立对应关系。辐射定标就是在用户需要计算地物的光谱反射率或光谱辐射亮度时，或者需要对不同时间、不同传感器获取的图像进行比较时，都必须将图像的亮度灰度值（digital number, DN）转换为绝对的辐射亮度值（辐射率）的过程，或者转换成与地表（表观）反射率、表面（表观）温度等物理量有关的相对值的处理过程。

1. 辐射定标的分类

按不同的使用要求或应用目的，辐射定标可以分为绝对定标和相对定标。

1）绝对定标

绝对定标是通过各种标准辐射源，建立亮度值与数字量化值之间的定量关系，如对于一般的线性传感器，绝对定标通过一个线性关系式完成数字量化值与辐射亮度值的转换。

2）相对定标

相对定标则指确定场景中各像元之间、各探测器之间、各波谱段之间及不同时间测得的辐射度量的相对值。

2. 辐射定标的阶段

传感器辐射定标可分为三个阶段：发射前的实验室定标；基于星载定标器的星上定标；发射后的定标（场地定标）。

1）实验室定标

在遥感器发射之前对传感器的波长位置、辐射精度、光谱特性等进行精确测量，也就是实验室定标。它一般包含以下两部分内容。

（1）光谱定标：确定遥感传感器每个波段的中心波长和带宽及光谱响应函数。

（2）辐射定标：在模拟太空环境的实验室中，建立传感器输出的量化值（DN）与传感器入瞳处的辐射亮度之间的模型，一般用线性模型表示。

2）星上定标

有些卫星载有辐射定标源、定标光学系统，在成像时实时、连续地进行定标。

3）场地定标

场地定标是指遥感器处于正常运行条件下，选择辐射定标场地，一般选择沙漠地区。通过选择典型的均匀稳定目标，用精密仪器在地面同步测量传感器过顶时的大气环境参量和地物反射率，利用遥感方程，建立图像与实际地物间的数学关系，得到定标参数以完成精确的传感器定标。

点击【辐射定标】按钮，打开参数设置对话框，具体参数设置如下。

（1）输入文件：输入待处理的卫星影像数据。

（2）元数据文件：默认自动读取该影像对应的元数据（xml）文件，也可以用户自定义（国产卫星数据元数据文件一般和数据是存放在一起的，软件会自动读取，Landsat 系列数据元数据文件是 MTL.txt）。

（3）定标类型：选择定标为表观辐亮度或者表观反射率，默认选项是表观反射率/亮温。

（4）输出文件：设置输出结果保存路径及文件名。

3.1.2 大气校正

大气校正的目的是消除大气对太阳辐射和目标辐射产生的吸收和散射作用的影响，从而获得目标反射率、辐射率、地表温度等真实物理模型参数。大多数情况下，大气校正同时也是反演地物真实反射率的过程。

按照校正后的结果可以分为两种大气校正方法：绝对大气校正和相对大气校正。

绝对大气校正方法是将遥感图像的 DN 值转换为地表反射率、地表辐射率、地表温度等的方法。相对大气校正方法校正后得到的图像，相同的 DN 值表示相同的地物反射率，其结果不考虑地物的实际反射率。

常见的绝对大气校正方法有基于辐射传输模型的 MORTRAN 模型、LOWTRAN 模型、ATCOR 模型和 6S 模型等；基于简化辐射传输模型的黑暗像元法；基于统计学模型的反射率反演。相对大气校正常见的是基于统计的不变目标法、直方图匹配法等。

软件中的大气校正模块基于 6S 大气辐射传输模型。6S 模型假定在无云大气的情况下，考虑了水汽、CO_2、O_3 和 O_2 的吸收，分子和气溶胶的散射，以及非均一地面和双向反射率的问题。光谱积分的步长为 2.5nm，可以模拟机载观测、设置目标高程、解释双向反射分布函数（bidirectional reflectance distribution function, BRDF）作用和邻近效应，增加了两种吸收气体的计算（CO、N_2O）。采用 SOS（successive order of scattering）方法计算散射作用以提高精度。

点击【大气校正】按钮，打开参数设置对话框，如图 3-1 所示。

（1）数据类型：设置待处理影像的数据类型，要与输入的文件保持一致，支持 DN 值、表观辐亮度和表观反射率三种数据类型；DN 值是没有经过辐射定标的原始影像数据，表观辐亮度和表观反射率是辐射定标输出的结果文件。

（2）输入文件：输入待处理的影像数据。

（3）元数据文件：默认自动输入该影像对应的元数据（.xml）文件，也可以用户自定义，一般默认系统读取。

（4）大气模式：选择大气模式，支持系统自动选择和手动选择两种方式。手动选择的模式有热带、中纬度夏季、中纬度冬季、副极地夏季、副极地冬季、美国 62 标准大气 6 种，根据影像的实际位置来选择。

（5）气溶胶类型：选择气溶胶类型，支持的气溶胶类型有大陆型、海洋型、城市型、沙尘型、煤烟型、平流层型。根据影像的地类情况进行选择。

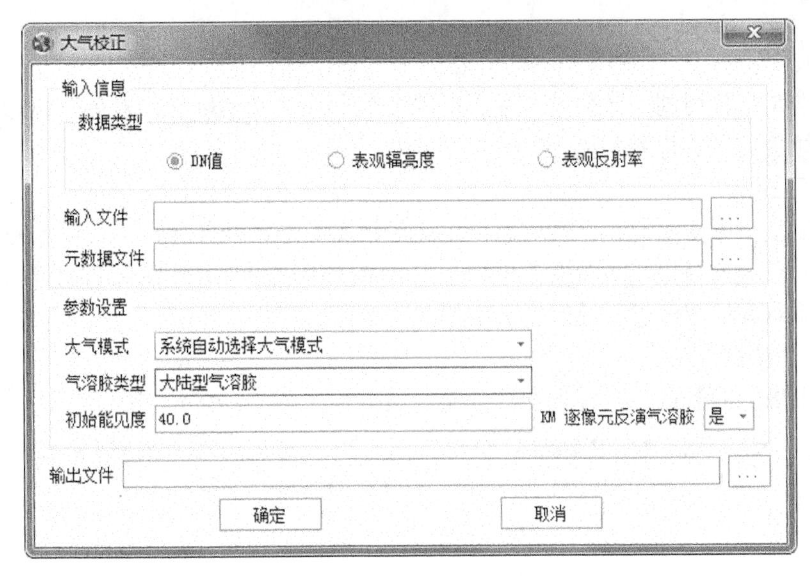

图 3-1　大气校正对话框

（6）设置初始能见度：可以自定义设置，也可以选择系统默认值，默认值是“40KM”。根据影像拍摄时的天气情况设置能见度，能见度设置如表 3-1 所示。

表 3-1　能见度设置参考表

天气状况	能见度/km
晴朗	40～1000
中度污染	20～30
重度污染	<15

（7）选择是否逐像元反演气溶胶：软件内置了反演气溶胶光学厚度的程序，选择“是”，表示进行气溶胶光学厚度的反演处理；选择“否”，则不做反演，使用初始能见度转换的 AOD 值赋给影像的每个像元，作为每个像元的初始气溶胶光学厚度。

（8）输出文件：设置生成的地表反射率影像的保存路径及文件名。

3.2　几 何 校 正

图像几何变形一般分为两大类：系统性和非系统性。系统性一般由传感器本身引起，有规律可循和可预测性，可以用传感器模型来校正，卫星地面接收站已经完成了这项工作；非系统性几何变形是不规律的，遥感数据获取过程受到传感器性能、飞行平台稳定性、地形起伏、大气传输和地球自转等因素的综合影响，不可避免地带来了成像空间定位方面的几何误差，降低了遥感成像质量，并影响遥感图像后续应用的地理定位精度。我们常说的几何校正就是消除这些非系统性几何变形。几何校正是利用地面控制点和几何校正数学模型来校正非系统因素产生的误差，同时也是将图像投影到平面上，使其符合地图投影系统的过程。几何校正的目的是纠正系统和非系统性因素引起的图像形变，生成一幅符合指定地图投影类型的新图像。几何校正模块包括影像配准和正射校正。

3.2.1　影像配准

影像配准是指使用同一区域的一景影像或多景影像（基准影像）对另一幅影像的校准，以使两幅图像中的同名像元配准。

1. 图像匹配

图像匹配是将不同时间、不同传感器（成像设备）或不同条件下（天候、照度、摄像位置和角度等）获取的两幅或多幅图像进行匹配、叠加的过程。通过图像匹配可以根据基准图像的几何坐标对其他图像进行地理坐标定位。

1）打开对话框

点击【影像配准】按钮，打开参数设置对话框，如图 3-2 所示。

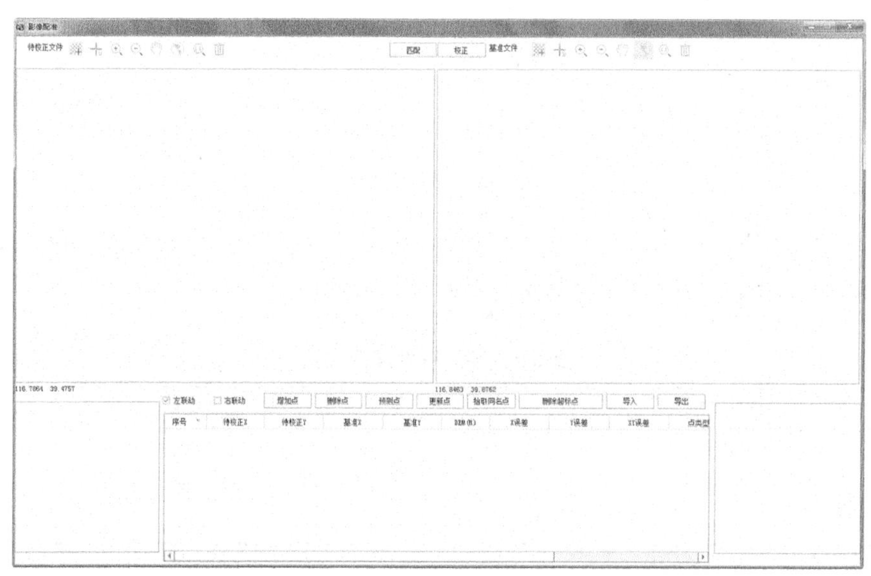

图 3-2　影像配准对话框

2）设置待配准影像和基准数据

（1）待配准影像：在左侧视图点击【添加】按钮，添加待配准影像。

（2）基准数据：在右侧视图点击【添加】按钮，添加基准数据。

3）选择控制点

在缺乏基准影像的前提下，支持手动选取外业实测控制点。

（1）在左侧待配准影像工具栏中点击【添加控制点】按钮，将十字丝的中心对准视图中的相应位置，然后鼠标右键选择输入实测点，选择对应的实测点投影坐标系，输入实测点 X，Y，Z 坐标。

（2）在有基准影像的前提下，提供手动选取控制点和自动选取控制点两种控制点选取方式。①手动选取控制点：分别在待配准影像和基准影像的工具栏中点击【添加控制点】按钮，将十字丝的中心对准视图中的相应位置，然后点击【增加点】按钮，即可向视图中增加一对控制点；②自动选取控制点：通过控制点匹配方法自动选取控制点，还可通过读取待配准影像的 RPC 文件、DEM 文件提高影像之间的匹配精度。点击【匹配】按钮，弹出“匹配”对话框，如图 3-3 所示。

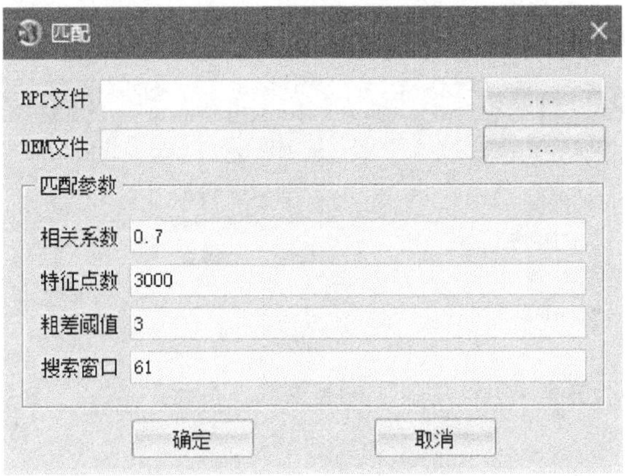

匹配

RPC文件 ...

DEM文件 ...

匹配参数

相关系数 0.7

特征点数 3000

粗差阈值 3

搜索窗口 61

确定　取消

图 3-3　匹配对话框

RPC 文件：自动读取待校正影像的 RPC 文件。

DEM 文件：输入该区域的 DEM 数据。

相关系数：用灰度相关系数作为相似性度量标准，在粗配准参数所确定的范围内搜索对应特征点，并且要求相关系数大于某一预先设定的阈值。当自动匹配的控制点数较少时，可适当调低该阈值（但一般不低于 0.65）；当自动匹配的控制点数较多时，可适当调高该阈值。

特征点数：设置自动匹配控制点的个数，该参数只起参考作用，最终匹配的控制点个数在该值附近。

粗差阈值：粗差自动剔除时的阈值，当匹配的控制点误差大于这个值时，就会被剔除。对于匹配控制点数较少的影像，可以增大粗差剔除阈值，多保留一些匹配控制点。

（3）控制点相关操作如下。

增加点：从待配准影像和基准影像中选取一对控制点，点击【增加点】按钮，该对控制点即被加到控制点列表中。

删除点：在控制点列表中选中待删除的控制点对，点击【删除点】按钮，即可删除该对控制点。

更新点：在控制点列表中选中待更新的控制点对，在视图中调整控制点的位置，调整完毕后点击【更新点】按钮，即可更新该对控制点。

预测点：在待配准影像上选取一个控制点，点击【预测点】按钮，在基准影像上便会显示预测的与之对应的控制点的位置，该功能需要至少选取三对控制点后才能使用。

删除超标点：点击【删除超标点】按钮，弹出【设置误差范围】对话框，选择或输入误差范围，即可将误差大于误差范围的控制点删除，并重新计算误差。

拾取同名点：获取同名点在匹配视窗中进行关联显示，并在控制点列表中高亮显示拾取同名点信息。

导入：导入外部的控制点文件，要求为 gcp 文件。

导出：将控制点列表中的控制点导出到外部文件中。

2. 几何精校正

控制点选取完毕后，点击【校正】按钮，在下拉菜单中选择【几何精校正】，弹出参数设置界面，设置校正模型、重采样方式、重采样精度等参数，点击【确定】按钮，即可进行几何精校正处理，如图 3-4 所示。

图 3-4　几何精校正对话框

几何精校正参数设置如下。

（1）校正模型：校正模型分为多项式模型和三角网校正模型。三角网校正模型适合于控制点分布不规则的情况。

（2）采样方式：提供最近邻域法、双线性内插法和三次卷积内插法三种重采样方法。

（3）输出分辨率：设置输出影像的 X 分辨率和 Y 分辨率。

（4）其他参数：设置多项式的次数，目前多项式次数仅支持 1 次和 2 次（当纠正模型设置为三角网校正模型时不需要设置此参数）。

（5）输出投影：设置输出文件的投影信息。

（6）输出文件：选择输出结果的保存路径和名称。

3.2.2　正射校正

正射校正一般是通过在相片上选取一些地面控制点，并利用原来已经获取的该相片范围内的数字高程模型（DEM）数据，对影像同时进行倾斜改正和投影差改正，将影像重采样成正射影像。将多个正射影像拼接镶嵌在一起，并进行色彩平衡处理后，按照一定范围内裁切出来的影像就是正射影像图。

1. 有控正射校正

在有控正射校正操作中，系统会自动默认读取待校正影像的 RPC 系数及选取的控制点参与到正射校正计算中，因此，在进行正射校正前需要先生成待校正影像的控制点。此处控制点可以由两种方式产生：

（1）待校正影像和基准影像手动/自动生成的控制点。

（2）通过参考地面控制点，在待校正影像上选择的控制点。

点击【校正】按钮，在下拉菜单中选择【正射校正】，弹出对话框，设置数字高程、重采样精度等参数，如图 3-5 所示。

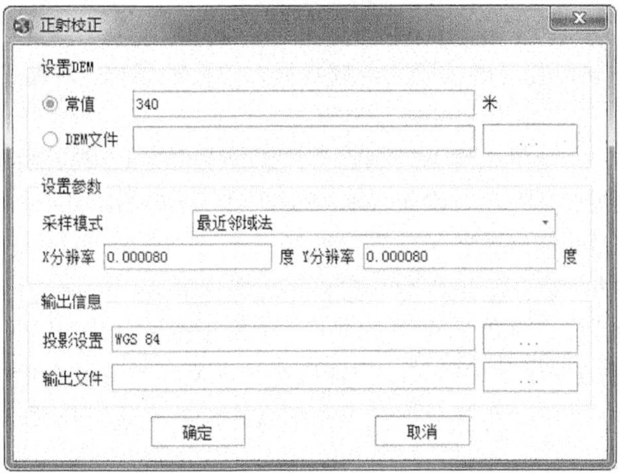

图 3-5　有控正射校正对话框

设置 DEM：设置待校正影像的高程，通常在保证精度的情况下，建议输入 DEM 文件，如果缺乏 DEM 文件，可以选择输入常值（该地区的平均海拔）。

选择输出影像的采样模式，设置输出影像的 X 分辨率、Y 分辨率：默认输出的是待校正影像的原始分辨率，也可以根据需要自行调整。

输出文件：选择输出结果的保存路径、名称及投影信息。

2. 无控正射校正

若待配准影像没有对应的基准影像作为参考，也没有地面控制点做支持，软件可仅通过待校正影像的 RPC 文件对其进行正射校正。点击【正射校正】按钮，打开参数设置对话框，如图 3-6 所示。

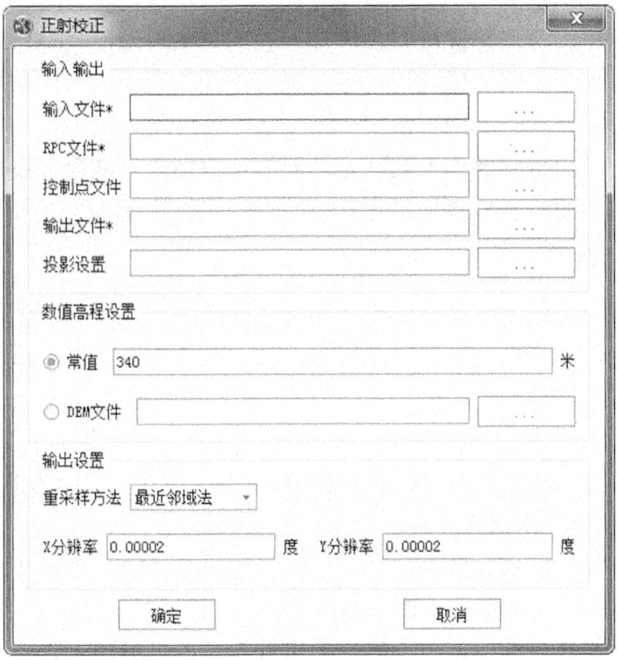

图 3-6　无控正射校正对话框

（1）输入文件：首先需要输入待校正影像。

（2）RPC 文件：软件会自动读取与影像数据相对应的 RPC 系数文件，该文件是卫星数据自带的。

（3）控制点文件：此处可为地面控制点文件或外业采集的控制点文件，也可以为通过图像匹配处理获得的控制点文件，若没有控制点文件可以不输入。

（4）输出文件：设置输出路径及文件名。

（5）投影设置：为输出的正射影像设置一个投影方式。

（6）数字高程设置：软件提供两个选项，若待校正影像具有相同区域的 DEM 数据，则选择 DEM 文件，并将 DEM 数据输入；否则可选择常值并为影像设置一个高程值。

（7）设置重采样方法：软件提供三种重采样方法，包括最近邻域法、双线性内插法、三次卷积内插法。

（8）X、Y 分辨率：设置输出影像 X、Y 的分辨率，单位默认为度。

3.3 图像融合

图像融合是指将多源信道所采集到的关于同一目标的图像数据经过图像处理和计算机处理，最大限度地提取各自信道中的有利信息，最后综合成高质量的图像，以提高图像信息的利用率、改善计算机解译精度和可靠性、提升原始图像的空间分辨率和光谱分辨率，利于监测。其目的在于以下几点：

（1）提高空间分辨率。采用高分辨率的全色影像与低分辨率的多光谱影像进行融合，在基本保留多光谱信息的同时，使影像的总体空间分辨率得到提高。

（2）增强目标特征。多传感器影像融合可以增强影像的解译能力，并可以得到单一传感器难以得到的增强特征信息。

（3）提高分类精度。多源影像可以提供互补的信息来对地面物体进行分类和解译。

（4）动态监测。由于不同的遥感卫星平台重访周期不同，同一区域在不同的时间内被不同的卫星重复观测，将不同时相的影像融合后经适当解译就可以得到相应的动态信息。

（5）信息互补。不同传感器由于其观测功能的片面性，不能全面反映地物的整体信息，将不同类型或不同时相的传感器数据进行针对性融合可以实现信息互补。

3.3.1 色彩标准化融合

色彩标准化融合对彩色图像和高分辨率图像进行数学合成，从而使图像得到锐化。色彩归一化变换也被称为能量分离变换，它是用来自融合图像的高空间分辨率波段对输入图像的低空间分辨率波段进行增强。该方法仅对包含在融合图像波段的波谱范围内对应的输入波段进行融合，其他输入波段被直接输出而不进行融合处理。融合图像波段的波谱范围由波段中心波长和半波全宽 FWHM 值限定。点击【图像融合】按钮，弹出图像融合菜单，选择【色彩标准化融合】，打开波段设置对话框，如图 3-7 所示。

（1）输入文件：如果影像已经在软件中打开，可以在 MAP 列表中进行选择，如果影像未在软件中打开，可通过点击影像设置右侧的【...】按钮打开文件并加载到影像设置列表中。

（2）波段设置：多光谱影像波段选择需要进行融合的低分辨率影像 RGB 波段；高分辨率图像波段选择需要进行融合的高分辨率影像波段。

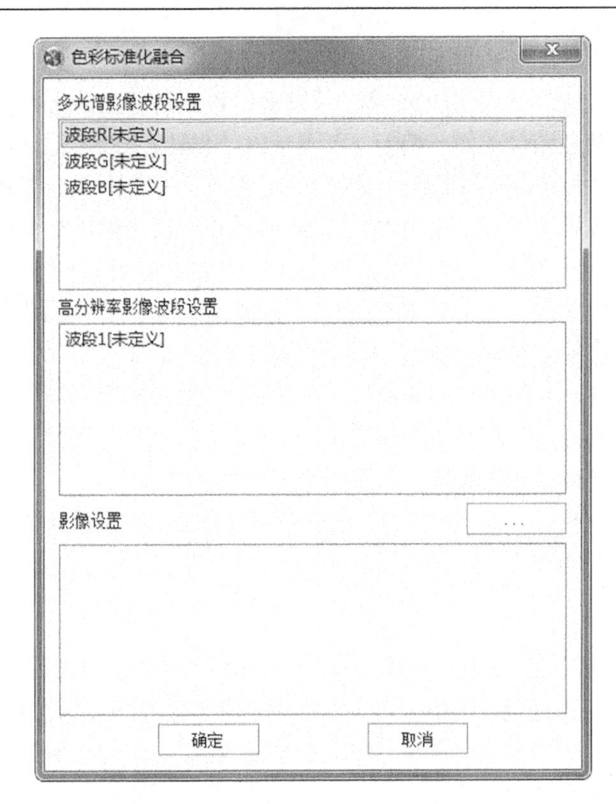

图 3-7　色彩标准化融合波段设置对话框

（3）影像设置：多光谱影像图像 RGB 波段和高分辨率图像波段设置完毕后，点击【确定】按钮，弹出“色彩标准化融合”参数设置对话框。

（4）重采样方法：软件提供最近邻域法、双线性内插法和三次卷积内插法三种。

（5）输出文件：设置输出影像的保存路径及文件名。

3.3.2　SFIM 融合

SFIM 融合方法全称为基于平滑滤波的亮度变换。该算法的基本原理是将高分辨率影像通过低通滤波抑制其高频空间信息而保留低频信息，再将原高分辨率影像与通过低通滤波的高分辨率影像进行比值运算，以抵消光谱及地形反差，增强纹理结构信息，最后将比值运算的结果融入低分辨率影像中。点击【图像融合】按钮，弹出菜单，选择【SFIM 融合】，参数设置方法与“3.3.1 色彩标准化融合”相同。

3.3.3　PCA 融合

主成分分析（principal component analysis, PCA）是离散变换的简称，是在统计特征基础上进行的一种多维（多波段）正交线性变换，数学上称为 K-L 交换。Pearson 于 1901 年首先提出概念，随后由 Hotelling、Jackson 等学者对其进行了发展，后来研究者用概率论的形式再次描述了 PCA 算法，使其得到更进一步的发展。

在遥感应用领域这一方法目前主要用于数据压缩，用少数几个主成分代替多波段遥感信息。对遥感图像数据进行主成分变换首先需要计算出一个标准变换矩阵，通过变换矩阵使图像数据转换成一组新的图像数据——主成分数据。PCA 融合分三步实现，首先将多光谱数据进行主成分变换；然后用高分辨率单波段替换第一主成分波段，在此之前，高分辨率波段已被匹配到第一主成分波段，从而避免波谱信息失真；最后进行主成分逆变换得到融合图像。

此方法的理论基础是图像的统计特征，对于具有相关因子的多源遥感影像数据进行融合具有显著优势，可以大大减少数据冗余。经过 PCA 变换后的几个主分量图像模式彼此之间是相互独立的，有利于应用变换后的主分量图像对不同地物信息做出全面的综合解译。

主成分变换法在保留原多光谱影像的光谱特征方面比较好，即光谱特征的扭曲程度较小，同时保留了原图像的高频信息。融合图像上目标的细部特征更加清晰，光谱信息更加丰富，增强了多光谱影像的判读和量测能力。并且可以对三个或三个以上的多光谱波段进行融合，克服了变换只能同时对三个波段影像融合的局限。然而变换的第一主分量的信息量要比全色波段影像的信息量高，当用拉伸后的全色波段影像的灰度值代替第一主分量，再进行反变换得到增强后的多光谱波段影像时，其信息量会受到损失。

点击【图像融合】按钮，弹出菜单，选择【PCA 融合】，打开参数设置对话框，参数设置方法与“3.3.1 色彩标准化融合”相同。

3.3.4　Pansharp 融合

Pansharp 融合是基于最小二乘逼近法来计算多光谱影像和全色影像之间灰度值关系，其目标是使用高空间分辨率的全色图像（Pan）来增加多光谱或高光谱图像（MS）的空间分辨率，以获得高空间分辨率的多光谱图像，从而降低融合过程中的光谱失真问题。因为对大多数传感器影像都能顺利拟合全色波段，所以其融合效果具有数据独立性。具体过程是利用最小方差技术对参与融合的波段灰度值进行最佳匹配，以减少融合后的颜色偏差。该融合方法不受波段限制，可以实现多个波段的同时融合，能最大限度地保留多光谱影像的颜色信息（高保真）和全色影像的空间纹理信息。具体融合步骤如下。

（1）选取多光谱影像的若干波段，参与拟合全色影像。选取原则为所选取的多光谱波段波谱范围总和应该最为接近全色波段波谱范围。

（2）为了降低算法对数据的依赖性，在融合前对多光谱的所有波段及全色波段进行直方图调整，使它们具有接近的均值及标准差。这也可以确保多光谱各个波段对融合影像的贡献均衡，减少颜色偏差。共同均值及方差的确定建议如下：①求参与融合的所有波段的最大灰度范围，确定共同均值为最大灰度范围中间值；②以所有波段中的最小标准差为共同标准差，这样在调整直方图的同时，可以对影像进行平滑，抑制影像中的噪声；

（3）利用最小二乘拟合得到拟合系数。点击【图像融合】按钮，弹出菜单，选择【Pansharp 融合】，打开参数设置对话框，参数设置方法与“3.3.1 色彩标准化融合”相同。

3.4　图像裁剪

图像裁剪的目的是将研究区域外的影像去除，获取选定的影像范围区域，从而进行该区域影像的处理与分析等工作。通过软件的图像裁切工具包括像素范围裁切、文件裁切、几何图元裁切和指定区域裁切四种方式。点击【图像裁剪】按钮，打开参数设置对话框，如图 3-8 所示。

（1）范围：勾选范围框后，设置裁剪结果数据的四角坐标作为影像的裁剪依据。

（2）文件：勾选文件框后，加载待裁切边界的矢量文件（面文件）或者栅格图像作为影像裁剪依据。

（3）几何图元：勾选几何图元框后，可用鼠标点击其下的多边形、矩形、圆形或者椭圆形按钮，在视图中选取裁剪范围；若需删除所画的图元，可点击【删除】按钮，并在图元上点击左键或者在下拉框中选中图元，再次点击【删除】按钮即可将图元删除。

（4）指定区域：勾选指定区域选择框后，可在被裁剪的影像上刺点，再设置裁剪长宽，软件会以该点为中心，裁剪出一个矩形区域，裁剪单位可以设置为米或千米。

（5）无效值：裁剪方式选择完成后，若需将某值设置为无效值，如 0 或 255，则勾选无效值复选框并在文本框中输入 0 或 255，若无需设置可不勾选。

（6）输出文件：设置输出结果的路径及文件名。

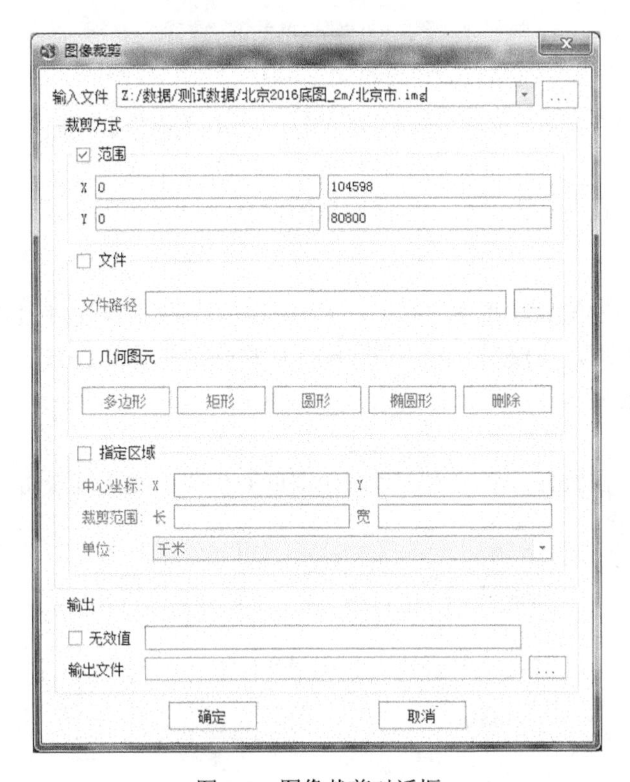

图 3-8 图像裁剪对话框

3.5 图像镶嵌

3.5.1 图像快速拼接

图像快速拼接可针对经过几何校正处理的标准分幅影像、重叠区较少或者没有重叠区的影像之间的拼接处理。点击【快速拼接】按钮，弹出对话框，如图 3-9 所示。

（1）输入文件：输入待拼接的经过几何校正处理后的影像。

（2）添加：点击该按钮，在“打开”对话框中选择待处理的图像，确定后则会添加到左侧的列表中。

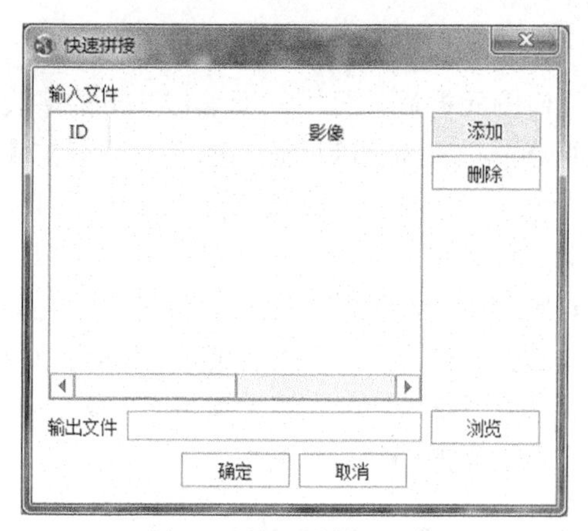

图 3-9　快速拼接对话框

（3）删除：选中左侧列表中的一行或者多行，点击【删除】按钮，则可将添加的图像从列表中删除。

（4）输出文件：设置输出的快速拼接图像的保存路径及文件名。

3.5.2　图像镶嵌

图像镶嵌是在一定的数学基础控制下，对一幅或若干幅图像通过预处理、几何镶嵌、色调调整、去重叠等处理，镶嵌到一起生成一幅大的图像的影像处理方法。需要影像之间有重叠区域，且重叠区的要求是当影像行列数为 1000×1000 时影像间至少存在 5 个像素的接边。

1. 镶嵌面生成

加载待镶嵌的影像数据，然后点击【图像镶嵌】模块中的【镶嵌面生成】按钮，弹出对话框，如图 3-10 所示。

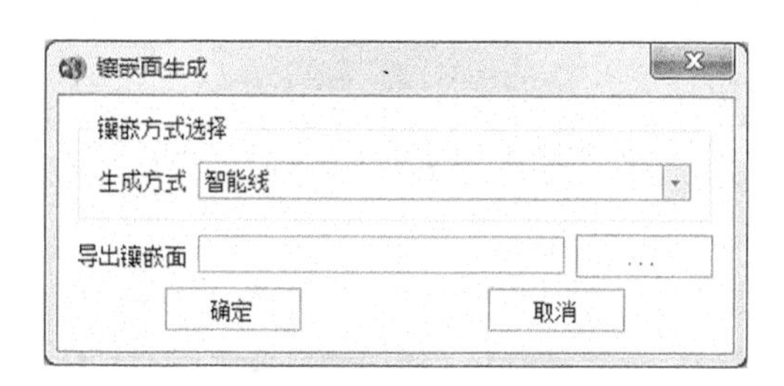

图 3-10　镶嵌面生成对话框

（1）生成方式：选取镶嵌面生成的方式，有简单线、优化线、智能线可供选择，智能线镶嵌效果最好，但时间较长，适用于镶嵌接边复杂的图像；简单线用时最短，适用于接边简单的图像，优化线处于简单线和智能线之间，一般推荐智能线。

（2）导出镶嵌面：设置保存路径及文件名。

2. 镶嵌面导入

导入镶嵌面是把已有的镶嵌面文件直接导入使用，点击“图像镶嵌”模块的【导入镶嵌面】按钮，读取镶嵌面文件，要求是矢量 shp 格式。

3. 镶嵌线编辑

（1）折线编辑。点击【折线编辑】按钮，然后在需要修改的镶嵌线上绘制折线，折线与镶嵌线第一个交点和最后一个交点之间的那一段镶嵌线会被新绘制的折线替换。

（2）套索编辑。点击【套索编辑】按钮，然后在需要修改的镶嵌线上绘制套索，套索与镶嵌线第一个交点和最后一个交点之间的那一段镶嵌线会被新绘制的套索边界替换。

4. 羽化参数设置

编辑完成后进行参数设置。点击【参数设置】按钮，弹出对话框，如图 3-11 所示。

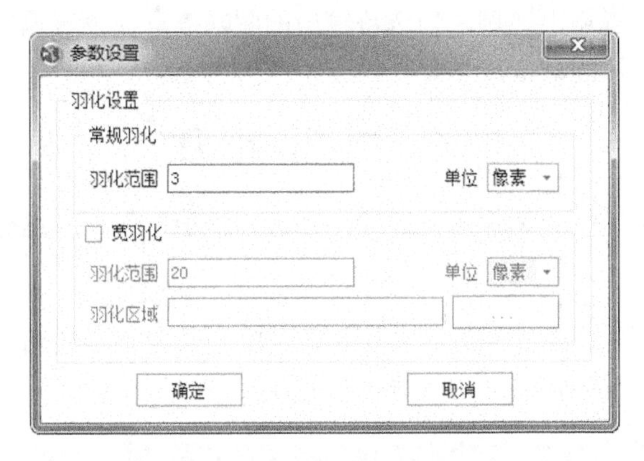

图 3-11　参数设置对话框

（1）常规羽化：设置羽化范围和羽化单位，单位为像素或者米。

（2）宽羽化：勾选宽羽化按钮，设置羽化范围和羽化单位，单位为像素或者米；添加羽化区域矢量文件，确定羽化范围，点击【确定】按钮完成羽化参数设置。

5. 输出成图

点击【图像镶嵌】对话框中的【输出成图】按钮，弹出镶嵌输出对话框，如图 3-12 所示。

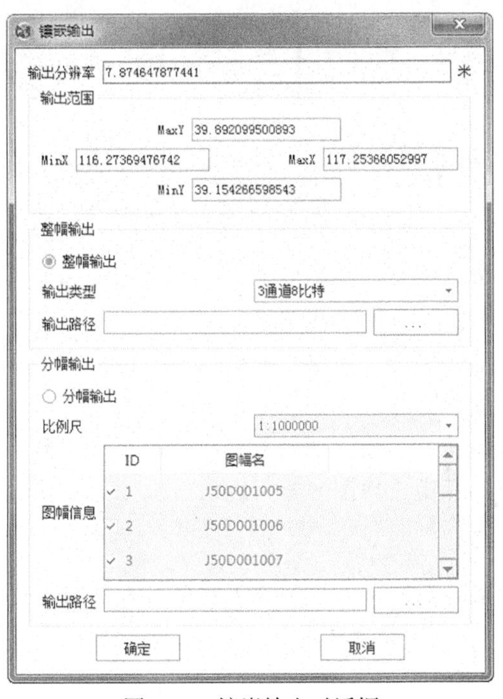

图 3-12　镶嵌输出对话框

（1）输出分辨率：设置输出影像的空间分辨率，可以自定义，也可以设置为系统默认的分辨率。

（2）输出范围：系统自动显示输出影像的范围。

（3）整幅输出：设置输出类型，3 通道 8 比特或者原始数据格式，设置输出路径及名称，点击【确定】按钮，输出整幅镶嵌结果数据。

（4）分幅输出：设置输出比例，勾选待输出的图幅信息，设置输出路径。点击【确定】按钮，输出勾选的分幅后的镶嵌结果数据。

3.6 分幅处理

分幅处理是对校正后的数据按照一定的规则进行裁切，包括标准分幅和矢量分幅。

3.6.1 标准分幅

标准分幅是对于正射影像按照预定的比例尺、幅面长宽和西南角点坐标和经纬度间隔裁切。点击【标准分幅】按钮，打开对话框，如图 3-13 所示。

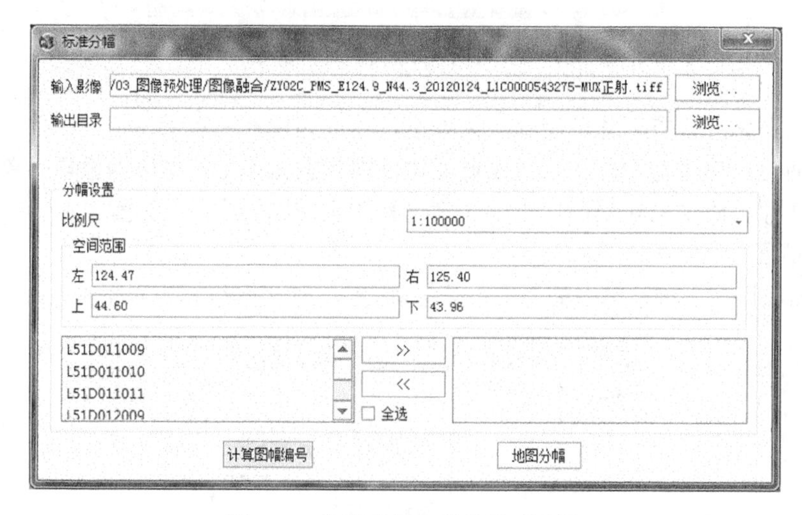

图 3-13 标准分幅参数设置对话框

（1）输入影像：输入待分幅处理的影像。

（2）输出目录：设置输出结果的存储路径。

（3）比例尺：选择分幅比例尺，系统会根据选择的比例尺进行图幅计算。

（4）空间范围：自动读取影像文件的四至范围。

（5）设置完成后，点击【计算图幅编号】按钮来计算分幅编号，然后将需要输出的图幅号移动到地图分幅窗口中，点击【地图分幅】按钮，执行分幅处理。

3.6.2 矢量分幅

矢量分幅用于生成分幅矢量格网。点击【矢量分幅】按钮，打开【矢量分幅】对话框，如图 3-14 所示。

图 3-14　矢量分幅对话框

（1）比例尺：选择分幅比例尺，系统会根据选择的比例尺进行图幅计算。

（2）投影信息：设置输出的分幅投影坐标系。

（3）地理坐标：设置分幅的地理坐标范围。

（4）输出文件：设置输出文件的路径及文件名。

第 4 章　图 像 增 强

4.1　图 像 变 换

图像变换是将图像从空域变换到其他域如频域的数学变换。图像变换可以使图像处理问题简化，并且有利于图像特征的提取。

4.1.1　彩色空间变换

空间颜色模式有多种，其中以 RGB 模式应用最为普遍， 在影像处理系统中用来显示影像的监视器几乎都用该颜色模式。RGB 颜色模式坐标系统如图 4-1 所示，它是一个三维坐标系统，红、绿、蓝分别为 3 个坐标轴，通过原点的一条对角线为灰度线。

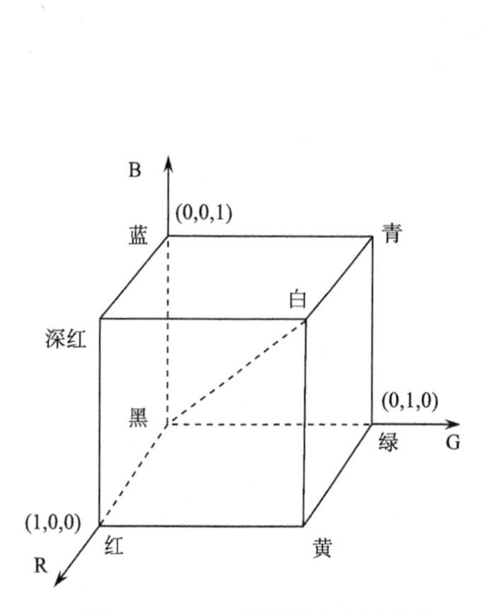

图 4-1　RGB 颜色模式坐标系统

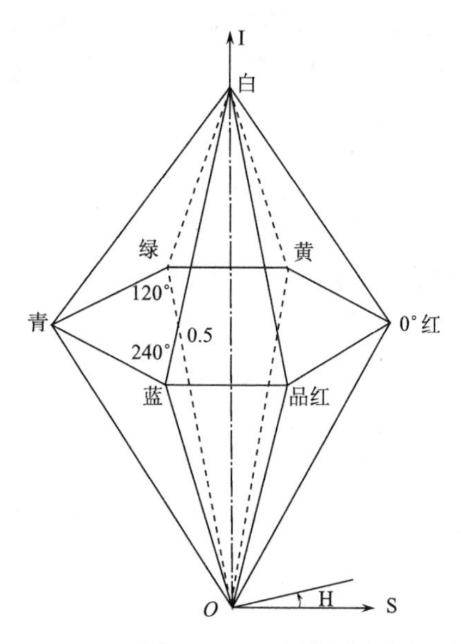

图 4-2　HIS 颜色模式坐标系统

HIS 模式是另一种空间颜色模式，是基于视觉原理的一个显色系统。它用明度（I），色调（H）和饱和度（S）来为定位参数描述颜色，能更好地表示出色光本身的物理特性及与人眼视觉之间的关系，使图像的颜色与人眼看到的效果更为接近。该颜色模式的坐标系统如图 4-2 所示，环绕垂直轴的圆周代表色调（H），以红色为 0°，逆时针旋转，每隔 60°改变一种颜色并且数值增加 1，一周 360°刚好 6 种颜色，顺序为红、黄、绿、青、蓝、品红。垂直轴代表明度（I），取黑色为 0，白色为 1，中间为 0.5。从垂直轴向外沿水平面的发散半径代表饱和度（S），与垂直轴相交处为 0，最大饱和度为 1。

1. 彩色空间正变换

使用彩色空间正变换功能可以将 RGB 图像变换到 HIS 彩色空间。该变换将产生范围为 0°～360°的色度（0°为红，120°为绿，240°为蓝）、范围为 0～1（浮点型）的亮度和饱和度。运行该功能前，必须先打开1个至少包含3个波段的输入文件，或1个彩色显示。输入的RGB值必须是字节型数据，其范围为0～255。点击【彩色空间变换】按钮下的下拉箭头，选择【彩色空间正变换】，打开参数设置对话框，如图4-3所示。

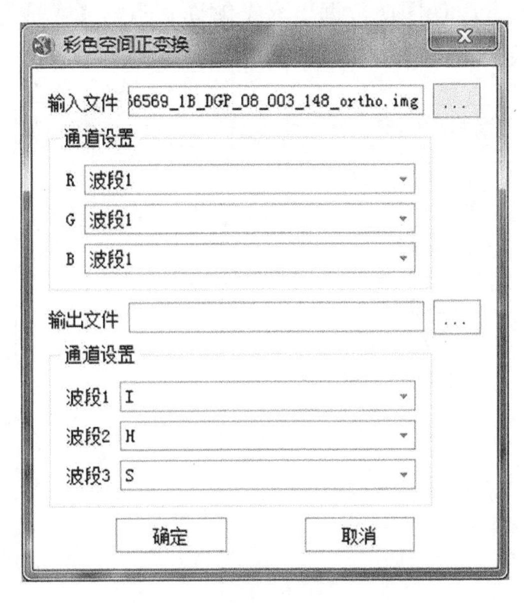

图4-3 彩色空间正变换对话框

（1）输入文件：首先输入待变换的影像，软件会自动读取影像波段信息。

（2）通道设置：对进行变换的波段进行设置，分别在R、G、B的下拉框中选择对应的波段序号。

（3）输出文件：设置输出结果的保存路径及文件名；同时，需要对通道进行设置，在波段1、2、3下拉框中选择与之对应的变换结果。

2. 彩色空间逆变换

使用彩色空间逆变换功能可以将一幅HIS图像变换回RGB彩色空间。输入的色度、亮度、饱和度波段必须为以下数据范围：色度变化范围为0°～360°（0°为红，120°为绿，240°为蓝）、亮度和饱和度的范围为0～1（浮点型）。生成的RGB值是字节型数据，范围为0～255。点击【彩色空间逆变换】按钮，打开参数设置对话框。

（1）输入文件：选择一景彩色空间正变换影像加载到软件中。

（2）通道设置：在通道设置中分别设置通道I、H、S所对应的待处理影像中的波段。

（3）输出文件：设置输出文件的保存路径及文件名。

4.1.2 主成分变换

主成分波段是原始波谱波段的线性合成，它们之间是互不相关的。第一主成分包含最大的数据方差百分比，第二主成分包含第二大的数据方差百分比，依次类推，最后的主成分波段由于包含很小的方差（大多数由原始波谱的噪声引起），因此显示为噪声。由于数据的不相关，主成分波段可以生成更多种颜色的彩色合成图像。其基本原理是：计算两幅原始影像的协方差矩阵，利用得到的协方差矩阵求其特征值和特征向量，最后确定两幅影像的加权系数，加权系数一般是最大特征值对应的特征向量。

1. 主成分正变换

主成分正变换是一种常用的数据压缩方法，它可以将具有相关性的多波段数据压缩到完全独立的较少的几个波段上，使图像数据更易于解译。点击【主成分变换】按钮下的下拉箭头，选择【主成分正变换】，打开参数设置对话框，如图 4-4 所示。

图 4-4　主成分正变换对话框

1）输入文件

输入待变换的图像。

2）波段设置

需要对影像变换的波段进行设置。主成分波段有两种选择模式：

（1）当勾选“根据特征值排序选择”选项时，可以选择根据协方差矩阵或相关系数矩阵计算主成分波段。一般计算主成分时，选择使用协方差矩阵；但当波段之间数据范围差异较大时，会选择相关系数矩阵，并且需要标准化。

（2）当不勾选“根据特征值排序选择”选项时，需要在输出的主成分波段数右侧的文本框中设置输出的主成分波段数。

3）统计文件

设置输出统计文件的保存路径和名称，统计信息将被计算，并列出每个波段和其相应的特征值，同时也列出每个主成分波段中包含的数据方差的累积百分比。

4）结果文件

设置输出影像的保存路径和文件名。

5）输出数据类型

设置输出影像的数据类型，可选择的类型有：字节型（8 位）、无符号整型（16 位）、整型（16 位）、无符号长整型（32 位）、长整型（32 位）、浮点型（32 位）、双精度浮点型（64 位）。

6）零均值处理

当勾选“零均值处理”选项时，需要对输出结果进行零均值处理，即将输出结果中的每个像素值减去均值。

2. 主成分逆变换

主成分逆变换就是将经主成分正变换获得的图像重新恢复到RGB彩色空间，应用时输入的图像必须是由主成分正变换得到的图像，而且必须有当时的特征矩阵参与变换。点击【主成分变换】按钮下的下拉箭头，选择“主成分逆变换”，打开参数设置对话框，如图4-5所示。

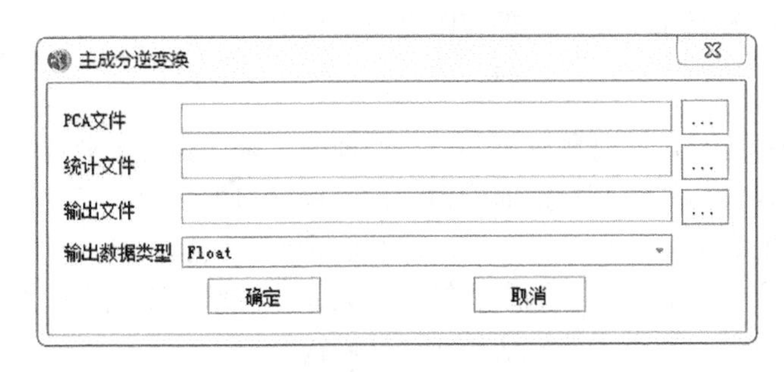

图4-5 主成分逆变换对话框

（1）PCA文件：选择一景主成分正变换结果影像并确认加载。

（2）输入统计文件：选择与待处理影像对应的统计文件（一般由主成分正变换生成）并输入到软件中。

（3）输出文件：设置输出文件的存储位置及数据类型，点击输出文件右侧【...】选择一个输出路径并设置文件名。

（4）输出类型：点击输出数据类型下拉框选择一个数据的输出类型，软件提供的数据类型包括字节型（8位）、无符号整型（16位）、整型（16位）、无符号长整型（32位）、长整型（32位）、浮点型（32位）、双精度浮点型（64位）。

4.1.3 最小噪声分离变换

最小噪声分离（minimum noise fraction，MNF）变换用于判定图像数据内在的维数（即波段数），分离数据中的噪声，减少随后处理中的计算需求量。MNF本质上是两次层叠的主成分变换。第一次变换（基于估计的噪声协方差矩阵）用于分离和重新调节数据中的噪声，这步操作使变换后的噪声数据只有最小的方差且没有波段间的相关；第二步是对噪声白化（noise-whitened）数据的标准主成分变换。

为了进一步进行波谱处理，通过检查最终特征值和相关图像来判定数据的内在维数。数据空间可被分为两部分：一部分与较大特征值和相对应的特征图像相关，其余部分与近似相同的特征值及噪声占主导地位的图像相关。

1. 最小噪声正变换

最小噪声正变换用来判定哪些波段包含相关图像（根据对图像和特征值的检验）。点击【最小噪声变换】按钮下的下拉箭头，选择【最小噪声正变换】，打开参数设置对话框，参数设置如下。

（1）输入文件：输入变换的影像。

（2）输出文件：设置输出文件的保存路径及文件名。输出文件为统计文件和正变换结果文件，分别设置两种文件的保存路径及文件名。

2. 最小噪声逆变换

最小噪声逆变换用波谱子集（只包括“好”波段）或在逆变换前平滑噪声的方法来消除噪声。点击【最小噪声逆变换】按钮，打开对话框，参数设置如下。

（1）输入文件：输入变换所需文件，选择一景最小噪声正变换影像并确认加载。

（2）统计文件：输入与待处理影像对应的统计文件（一般由最小噪声正变换生成）。

（3）输出文件：设置输出文件的保存路径及文件名。

4.1.4　小波变换

小波变换是一种进行信号时频分析和处理的理想工具，具有多分辨率分析的特点，而且在时频两域都具有表征信号局部特征的能力，是一种窗口大小固定不变但其形状可变，时间窗和频率窗都可变的时频局部化分析方法。即在低频部分具有较高的频率分辨率和时间分辨率，在高频部分具有较高的时间分辨率和较低的频率分辨率，很适合探测正常信号中的瞬态反常现象并展示其成分，被誉为分析信号的“显微镜”。

小波变换继承和发扬了短时傅里叶变换局部化思想，同时克服了窗口大小不随频率变化等缺点，提供一个随频率改变的“时间-频率”窗，是进行信号时频分析和处理的理想工具。小波变换的特性如下。

（1）小波变换是一个满足能量守恒方程的线形运算，它把一个信号分解成对空间和尺度（即时间和频率）的独立贡献，同时又不失原信号所包含的信息。

（2）小波变换相当于一个具有放大、缩小和平移等功能的数学显微镜，通过检查不同放大倍数下信号的变化来研究其动态特性。

（3）小波变换不一定要求是正交的，小波基不唯一。小波函数系的时宽-带宽积很小，且在时间和频率轴上都很集中，即展开系数的能量很集中。

（4）小波变换巧妙地利用了非均匀的分辨率，较好地解决了时间和频率分辨率的矛盾；在低频段用高的频率分辨率和低的时间分辨率（宽的分析窗口），而在高频段则用低的频率分辨率和高的时间分辨率（窄的分析窗口），这与时变信号的特征一致。

（5）小波变换将信号分解为在对数坐标中具有相同大小频带的集合，这种以非线性的对数方式而不是以线形方式处理频率的方法对时变信号具有明显的优越性。

（6）小波变换是稳定的，是一个信号的冗余表示。由于 a、b 是连续变化的，相邻分析窗的绝大部分是相互重叠的，相关性很强。

（7）小波变换同傅里叶变换一样，具有统一性和相似性，其正反变换具有完美的对称性。小波变换具有基于卷积和正交镜像滤波器组（quadrature mirror filter, QMF）的塔形快速算法。

1. 小波正变换

点击【小波变换】按钮下的下拉箭头，选择【小波正变换】，打开对话框。参数设置如下。

（1）输入文件：输入待变换影像并确认加载。

（2）输出文件：设置小波正变换影像的保存路径及文件名。

2. 小波逆变换

点击【小波变换】按钮下的下拉箭头，选择【小波逆变换】，打开对话框，参数设置如下。

（1）输入文件：选择一景小波正变换影像并确认加载。

（2）输出文件：设置输出文件的保存路径及文件名。

4.1.5 缨帽变换

缨帽变换（K-T 变换）是根据多光谱遥感中土壤、植被等信息在多维光谱空间中信息分布结构对图像做的经验性线性正交变换。软件支持对 Landsat MSS、Landsat 5 TM、Landsat 7 ETM 数据进行变换。此变换既可以实现信息压缩，又可以帮助解译分析农作物特征，主要用于处理陆地资源卫星数据，包括 MSS、TM 和 ETM+传感器的图像。K-T 变换可以将波谱空间变换到几个有物理意义的方向上去，即 $Y = BX$，式中，Y 为变换后的新坐标空间的像元矢量；X 为变换之前多光谱空间的像元矢量；B 为变换矩阵。

对于 TM 和 ETM+图像，K-T 变换的前 3 个分量的实际物理意义为：①亮度，第一分量，反映了总体的反射值；②绿度，第二分量，用亮度和绿度两个分量组成的二维平面可称为“植被”；③湿度，第三分量，湿度和亮度两个分量组成的一维平面可定义为“土壤”。

点击【缨帽变换】按钮，打开对话框，参数设置如下。

（1）输入文件：输入待变换的影像，选择待变换影像加载到软件。

（2）传感器类型：软件支持 Landsat MSS、Landsat 5 TM、Landsat 7 ETM 三种类型数据的缨帽变换。

（3）输出文件：设置缨帽变换影像的保存路径及文件名。

4.1.6 傅里叶变换

傅里叶变换能把遥感图像从空域变换到只包含不同频域信息的频域中。原图像上的灰度突变部位（如物体边缘）、图像结构复杂的区域、图像细节及干扰噪声等，经傅里叶变换后，其信息大多集中在高频区；而原图像上灰度变化平缓的部位，如植被比较一致的平原、沙漠和海面等，经傅里叶变换后，大多集中在频率域中的低频区。在频率域平面中，低频区位于中心部位，而高频区位于低频区的外围，即边缘部位。

1. 傅里叶正变换

点击【傅里叶正变换】按钮，打开对话框，参数设置如下。

（1）输入文件：输入待变换的影像。

（2）波段设置：软件会自动读取影像波段信息并显示在波段设置列表中；在波段设置列表中，用户可根据需求选择要处理的波段。

（3）输出文件：设置傅里叶正变换影像的保存路径及文件名。

2. 傅里叶逆变换

点击【傅里叶逆变换】按钮，打开对话框，参数设置如下。

（1）输入文件：选择一景傅里叶正变换影像并确认加载。

（2）输出类型：软件提供 7 种数据类型，包括 Byte（字节型 8 位）、UInt16（无符号整型 16 位）、Int16（整型 16 位）、UInt32（无符号长整型 32 位）、Int32（长整型 32 位）、Float（浮点型 32 位）和 Double（双精度浮点型 64 位）。

（3）输出文件：设置输出文件的保存路径及文件名。

4.1.7　去相关拉伸

使用去相关拉伸工具来消除多光谱数据集中的高度相关性，从而生成一幅色彩亮丽的彩色合成图像。选择【图像处理】标签下的【图像变换】组，点击【去相关拉伸】按钮，打开对话框，参数设置如下。

（1）输入文件：输入待进行去相关拉伸处理的数据。

（2）输出文件：设置输出文件的保存路径及文件名。

4.2　图像滤波

滤波通常通过消除特定的空间频率来使图像增强，在尽量保留图像细节特征的条件下对目标图像噪声进行抑制。图像滤波是利用图像的空间相邻信息和空间变化信息，对单个波段图像进行的滤波处理。图像滤波可以强化空间尺度信息，突出图像的细节或主体特征，压抑其他无关信息，因此，图像滤波是一种图像增强方法。

图像滤波可分为空间域和频率域两种方法。空间滤波通过窗口或者卷积核进行，它参照相邻像素来改变单个像素的灰度值。频率域滤波是对图像进行傅里叶变化，然后对变换后的频率域图像中的频谱进行滤波。

4.2.1　空域滤波

使用空域模板进行的图像处理，称为空域滤波，模板本身为空域滤波器。空域滤波的机理就是在待处理的图像中逐点地移动模板，滤波器在该点的响应通过事先定义的滤波器系数与滤波模板扫过区域的相应像素值的关系来计算。

空域滤波是在图像空间（x、y）对输入图像应用滤波函数（核、模板）来改进输出图像的处理方法，主要包括平滑和锐化处理，强调像素与其周围相邻像素的关系，常用的方法是卷积运算。空域滤波属于局部运算，随着采用的模板窗口的扩大，空域滤波的运算量会越来越大。运算方法如图 4-6 所示，从图像左上角开始开一个与模板同样大小的活动窗口，图像窗口与模板像元的亮度值对应相乘再相加。将计算结果 $r(i,j)$放在窗口中心的像元位置，成为新像元的灰度值。然后活动窗口向右移动一个像元，再与模板做同样的运算，仍旧把计算结果放在移动后的窗口中心位置上，依次进行，逐行扫描，直到全幅图像扫描一遍结束，新图像生成。

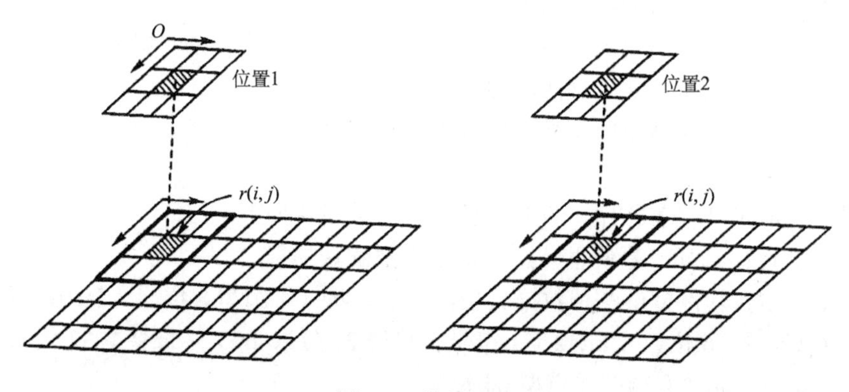

图 4-6　模板移动

图像中出现某些亮度变化过大的区域，或出现不该有的亮点（噪声）时，采用平滑方法可以减小变化，使亮度平缓或去掉不必要的“噪声”点。为了突出图像的边缘、线状目标或某些亮度变化率大的部分，可采用锐化方法。

1. 常用滤波

点击【空域滤波】按钮下的下拉箭头，选择【常用滤波】，打开参数设置对话框，如图4-7所示。

1）输入文件

输入待滤波的影像。

2）波段设置

选择待处理的波段。

3）参数设置

对滤波参数进行设置，选择滤波方法，主要包括以下几种。

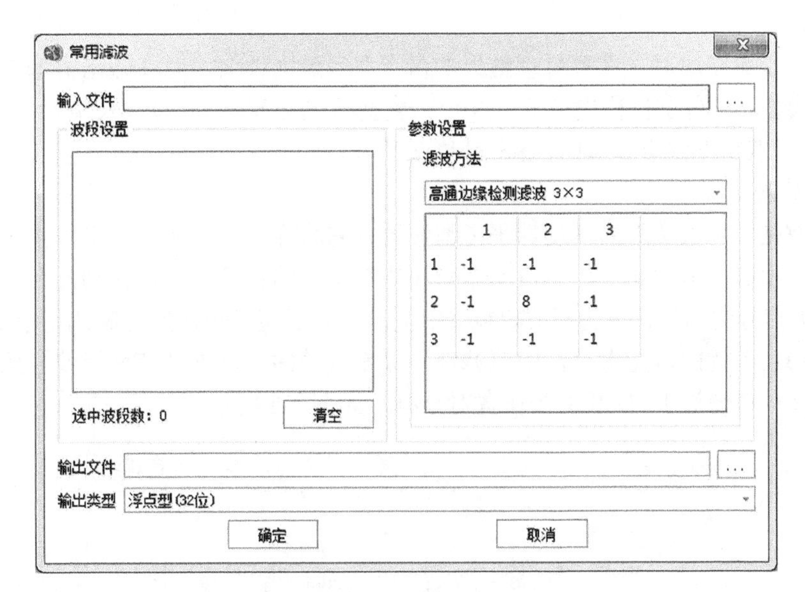

图4-7 常用滤波对话框

（1）高通滤波：线性滤波器，只对低于某一给定频率以下的频率成分有衰减作用，而允许这个频率以上的频率成分通过。图像处理中主要用于突出图像中的细节或者增强被模糊了的细节，加大滤波窗口可以使图像增强效果更好。高通滤波模板有3×3、5×5、7×7三种模式窗口。

（2）低通滤波：线性滤波器，只对高于某一给定频率以上的频率成分有阻碍、衰减作用，而允许这个频率以下的频率成分通过。邻域可以有不同的选取方法。邻域越大平滑效果越好，但会使边缘信息损失变大，加大滤波窗口可以使图像增强效果更好。模板有3×3、5×5、7×7三种模式窗口。

（3）水平滤波：水平方向的定向滤波。

（4）垂直滤波：垂直方向的定向滤波。

（5）快速滤波器：矩阵之和大于1，输出图像亮度变亮，增强边缘效果。模板有3×3、5×5、7×7三种模式窗口，各窗口模板在选项下有显示。

（6）拉普拉斯滤波：是一种二阶导数算子，各向同性，能对任何走向的界线和线条进行锐化，无方向性。这是拉普拉斯算子区别于其他算法的最大优点。拉普拉斯 1 算子，使用 4-邻域，即取某像素的上下左右 4 个相邻像素的值相加的和减去该像素的 4 倍，作为该像素的灰度值。拉普拉斯 2 算子，是一个 8-邻域的算子。拉普拉斯 1 模板和拉普拉斯 2 模板都主要是对图像进行锐化，强调图像细节，都只有 3×3 窗口模板。

（7）高通边缘检测：图像的边缘是指图像局部区域亮度变化显著的部分，该区域的灰度剖面一般可以看作一个阶跃，即从一个灰度值在很小的缓冲区域内急剧变化到另一个灰度相差较大的灰度值。边缘检测主要是图像的灰度变化的度量、检测和定位，图像边缘检测的步骤为滤波、增强、检测和定位。高通边缘检测滤波模板有 3×3、5×5、7×7 三种模式窗口，加大滤波窗口可以使图像增强效果更好。

（8）高通边缘增强：高通边缘增强和边缘检测很像，首先找到边缘，然后把边缘加到原来的图像上面，这样就强化了图像的边缘，使图像看起来更加锐利。

4）输出

滤波参数设置完成后，设置处理结果的保存路径及文件名，并在输出类型下拉框中选择文件的输出类型。软件支持输出字节型 8 位、整型/无符号整型 16 位、长整型/无符号长整型/浮点型 32 位、双精度浮点型 64 位等多种位深类型。

2. 中值滤波

中值滤波是一种最常用的非线性平滑滤波器，它将窗口内的所有像素值按高低排序后，取中间值作为中心像素的新值。中值滤波对噪声有良好的滤除作用，特别是在滤除噪声的同时，能够保护信号的边缘，使之不被模糊。中值滤波对于随机噪声的抑制比均值滤波差一些，但对于脉冲噪声干扰的椒盐噪声，中值滤波是非常有效的。点击【空域滤波】按钮下的下拉箭头，选择【中值滤波】，打开参数设置对话框，如图 4-8 所示。

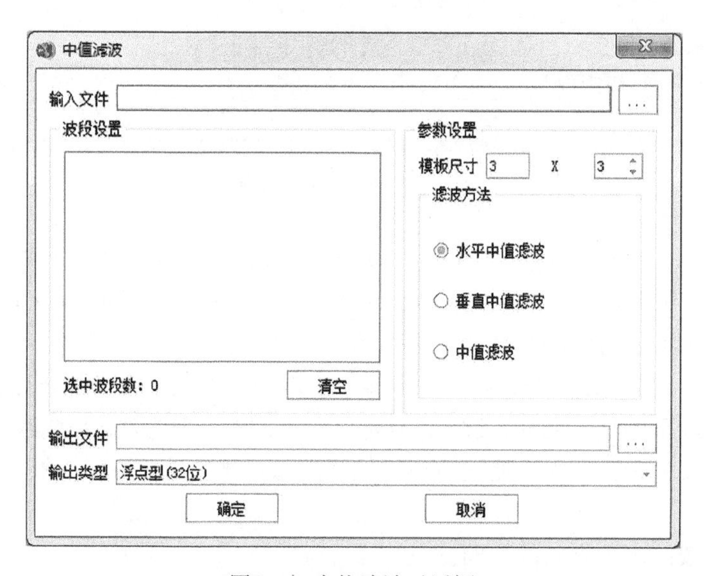

图 4-8　中值滤波对话框

1）输入文件

输入需要滤波处理的影像。

2）波段设置

选择待处理的波段。

3）参数设置

（1）模板尺寸：设置滤波的模板尺寸，行和列的值只能为奇数，尺寸可从 3×3 到 33×33；

（2）滤波方法：设置滤波的方式，包括水平中值滤波、垂直中值滤波和中值滤波三种。

4）输出文件

设置处理结果的保存路径及文件名。

5）输出类型

设置文件的输出类型，支持输出字节型 8 位、整型/无符号整型 16 位、长整型/无符号长整型/浮点型 32 位、双精度浮点型 64 位等多种位深类型。

3. 均值滤波

均值滤波是最常用的线性低通滤波，基本原理是对于每个像素，取邻域像素值的平均值作为该像素的新值。均值滤波算法简单，计算速度快，对高斯噪声比较有效。从频率域的角度看，相当于进行了低通滤波。点击【空域滤波】按钮下的下拉箭头，选择【均值滤波】，打开参数设置对话框，如图 4-9 所示。

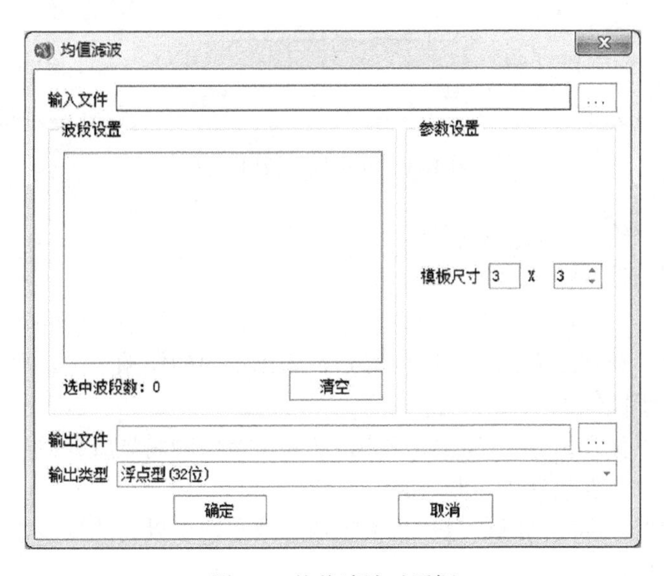

图 4-9　均值滤波对话框

（1）输入文件：输入需要滤波处理的影像。

（2）波段设置：选择待处理的波段。

（3）模板尺寸：设置滤波的模板尺寸，行和列的值只能为奇数。

（4）输出文件：设置处理结果的保存路径及文件名。

（5）输出类型：设置文件的输出类型，支持输出字节型 8 位、整型/无符号整型 16 位、长整型/无符号长整型/浮点型 32 位、双精度浮点型 64 位等多种位深类型。

4.2.2　频域滤波

1. 频率域滤波

频率域滤波的基本工作流程为：空间域图像的傅里叶变换→频率域图像→设计滤波器→傅里叶逆变换→其他应用。低通滤波是对频率域的图像通过滤波器削弱或抑制高频部分而保留低频部分的滤波方法，可以起到压抑噪声的作用，同时，强调了低频成分，图像会变得比较平滑。高通滤波是对频率域图像通过滤波器来削弱或抑制低频成分，来突出图像的边缘和轮廓，进行图像锐化的方法。点击【频域滤波】按钮下的下拉箭头，选择【频率域滤波】，打开参数设置对话框，如图 4-10 所示。

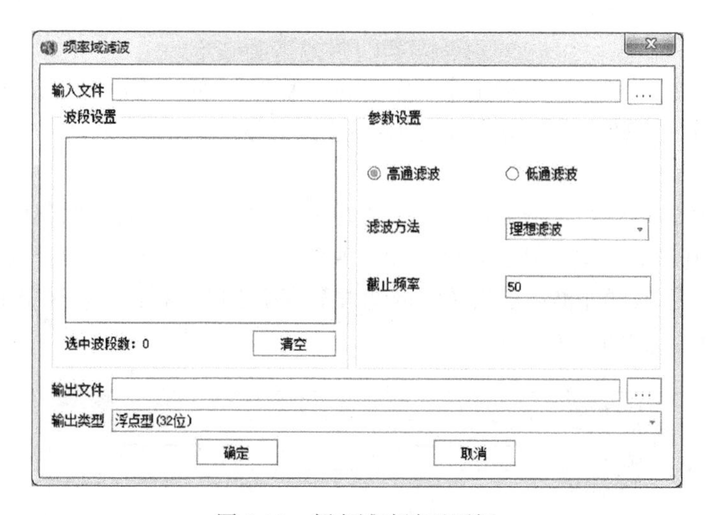

图 4-10　频率域滤波对话框

（1）输入文件：输入待滤波的影像。

（2）波段设置：选择待处理的波段。

（3）参数设置：对滤波参数进行设置，包括滤波类型、滤波方法和截止频率。

（4）高通滤波：在保持高频信息的同时，消除图像中的低频成分，可以用来增强不同区域之间的边缘，用于图像锐化。

（5）低通滤波：保存图像中的低频成分，消除图像中的高频成分，用于图像平滑。

（6）滤波方法：主要包括以下几种。

理想低通滤波器：因为高频信息包含大量边缘信息，所以用此滤波器处理后会导致边缘损失、图像边缘模糊。

理想高通滤波器：处理后的图像边缘有抖动现象。

巴特沃斯低通滤波方法：用此滤波器处理后图像边缘的模糊程度大大降低。

巴特沃斯高通滤波方法：锐化效果比较好，边缘抖动现象不明显，但计算比较复杂。

指数滤波低通滤波器：指数滤波抑制噪声同时，图像边缘的模糊程度比巴特沃斯低通滤波器大，无明显的振铃效应。

指数高通滤波：滤波效果比巴特沃斯高通滤波效果差，但无明显的振铃效应。

梯形低通滤波：对理想低通滤波器和完全平滑低通滤波器的折中，滤波结果介于理想滤波器和巴特沃斯低通滤波器之间。

梯形高通滤波：结果介于理想滤波器和巴特沃斯高通滤波器之间，梯形高通滤波器会产生微振铃效果，计算简单，比较常用。

（7）输出文件：设置处理结果的保存路径及文件名。

（8）输出类型：选择文件的输出类型，支持输出字节型 8 位、整型/无符号整型 16 位、长整型/无符号长整型/浮点型 32 位、双精度浮点型 64 位等多种位深类型。

2. 同态滤波

同态滤波是减少低频增加高频，从而减少光照变化并锐化边缘或细节的图像滤波方法。同态滤波的流程为：空间域图像→对数运算→傅里叶正变换→同态滤波→傅里叶逆变换→指数运算→同态滤波结果。不同空间分辨率的遥感图像，使用同态滤波的效果不同。如果图像中的光照是均匀的，那么进行同态滤波产生的效果不大。但是，如果光照明显是不均匀的，那么同态滤波有助于表现出图像中暗处的细节。点击【频域滤波】按钮下的下拉箭头，选择【同态滤波】，打开参数设置对话框，如图 4-11 所示。

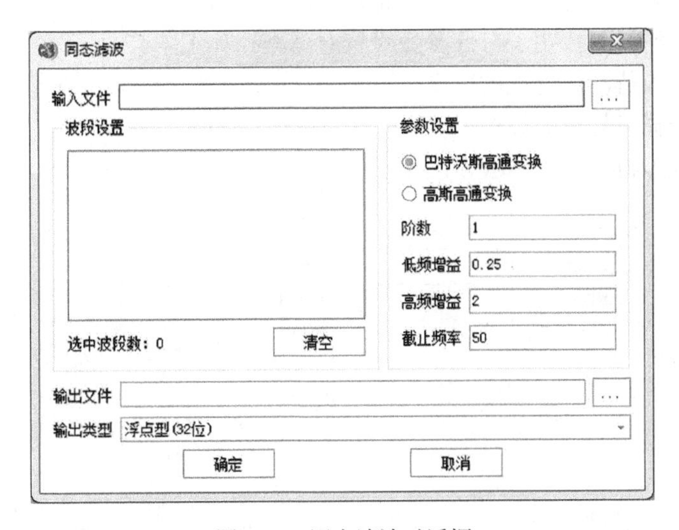

图 4-11　同态滤波对话框

（1）输入文件：输入待滤波处理的影像。

（2）波段设置：选择待处理的波段。

（3）参数设置：设置滤波类型、阶数、低频增益、高频增益及截止频率，其中，截止频率和阶数是针对滤波器设定的。

滤波类型：可选巴特沃斯高通变换或高斯高通变换。

阶数：指过滤谐波的次数，一般来讲，同样的滤波器，其阶数越高，滤波效果就越好，但是，阶数越高，成本也就越高，因此，选择合适的阶数是非常重要的。

低频增益：指低频的放大倍数，数值范围为(0, 1)，默认值为 0.25。

高频增益：指高频的放大倍数，设置数值大于 1，默认值为 2。

截止频率：指一个系统的输出信号能量开始大幅下降的边界频率，当信号频率高于这个截止频率时，信号得以通过；当信号频率低于这个截止频率时，信号输出将被大幅衰减，这个截止频率即被定义为通带和阻带的界限。设置的值越大，图像越亮，默认值为 50。

（4）输出文件：设置输出结果的保存路径及文件名。

（5）输出类型：设置文件的输出类型，支持输出字节型 8 位、整型/无符号整型 16 位、长整型/无符号长整型/浮点型 32 位、双精度浮点型 64 位等多种位深类型。

4.2.3　自定义滤波

自定义滤波可以自由设置滤波模板，对数据进行处理，一般规则要求如下。

（1）滤波器的大小应该是奇数，这样它才有一个中心，如 3×3、5×5 或 7×7。有中心，就有了半径，例如，5×5 大小的核的半径就是 2。

（2）滤波器矩阵所有的元素之和应该要等于 1，这是为了保证滤波前后图像的亮度保持不变，但不是硬性要求。

（3）如果滤波器矩阵所有元素之和大于 1，那么滤波后的图像就会比原图像更亮，反之，如果和小于 1，那么得到的图像就会变暗。如果和为 0，图像不会变黑，但也会非常暗。

（4）对于滤波后的结构，可能会出现负数或者大于 255 的数值。对这种情况，将它们直接截断到 0 到 255 之间即可。对于负数，也可以取绝对值。

点击【自定义滤波】按钮，打开参数设置对话框，如图 4-12 所示。

输入文件：输入待滤波处理的影像。

波段选择：选择待处理的波段。

参数设置：设置窗口大小和模板因子。

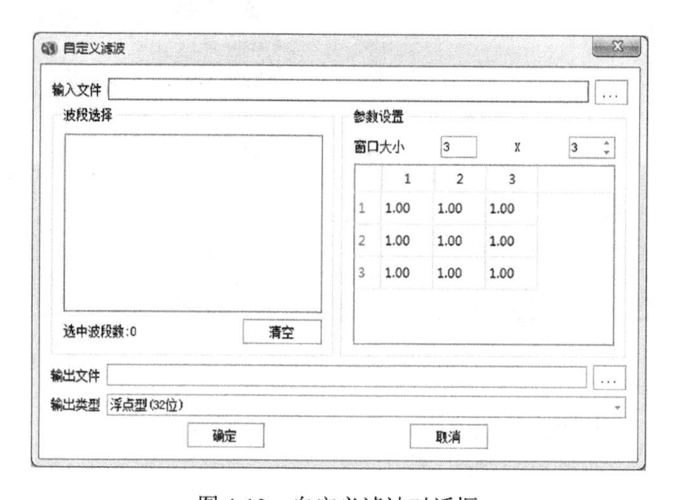

图 4-12　自定义滤波对话框

（1）窗口大小：设置滤波模板的大小，行和列的值只能为奇数。

（2）编辑模板因子：在对话框左下角的模板因子框中，通过鼠标左键点击框中的模板因子，即可对空域模板进行编辑。

输出文件：设置输出结果的保存路径及文件名。

输出类型：设置文件的输出类型，支持输出字节型 8 位、整型/无符号整型 16 位、长整型/无符号长整型/浮点型 32 位、双精度浮点型 64 位等多种位深类型。

4.3 边缘增强

边缘增强是图像增强处理的一种。它是将图像（或影像）相邻像元（或区域）的亮度值（或色调）相差较大的边缘（即影像色调突变或地物类型的边界线）处加以突出强调的技术方法。经边缘增强后的图像能更清晰地显示出不同的地物类型或现象的边界，或线形影像的行迹，以便于不同的地物类型的识别及其分布范围的圈定。为突出图像中的地物边缘、轮廓或线状目标，可以采用锐化的方法。锐化提高了边缘与周围像素之间的反差，因此也称为边缘增强。

4.3.1 定向滤波

定向滤波又称为匹配滤波，是通过一定尺寸的方向模板对图像进行卷积计算，并以卷积值代替各像元点灰度值，强调的是某一些方向的地面形迹，如水系、线性影像等。方向模板是一个各元素大小按照一定规律取值，并对某一方向灰度变化最敏感的矩阵。将方向模板的中心沿图像像元依次移动，在每一位置上把模板中每个点的值与图像上相对的像元点值相乘后再相加。点击【定向滤波】按钮，打开参数设置对话框，如图 4-13 所示。

图 4-13　定向滤波对话框

（1）输入文件：输入待滤波处理的影像。

（2）参数设置：选择滤波方法，目前支持横向滤波、纵向滤波、斜向 45° 滤波、斜向 135° 滤波四种锐化方式。

（3）波段设置：选择待处理的波段。

（4）输出文件：设置输出结果的保存路径及文件名。

（5）输出类型：设置文件的输出类型，支持输出字节型 8 位、整型/无符号整型 16 位、长整型/无符号长整型/浮点型 32 位、双精度浮点型 64 位等多种位深类型。

4.3.2 微分锐化

微分锐化是通过微分使图像的边缘或轮廓突出、清晰。导数算子具有突出灰度变化的作用，对图像运用导数算子，灰度变化较大的点处算得的值较高。将图像的导数算子运算值作为相应的边界强度，可以通过对这些导数值设置阈值，提取边界的点集。点击【微分锐化】按钮，打开参数设置对话框，如图 4-14 所示。

图 4-14 微分锐化对话框

（1）输入文件：输入待滤波处理的影像。

（2）波段选择：选择待处理的波段。

（3）参数设置：选择锐化方式，目前支持 Prewitt 算子、Sobel 算子、Roberts 算子三种锐化方式。

Prewitt 算子是加权平均算子，对噪声有抑制作用，对灰度渐变和噪声较多的图像处理效果较好，但边缘较宽，而且间断点多。

Sobel 算子是以滤波算子的形式来提取边缘，X，Y 方向各用一个模板，两个模板组合起来构成 1 个梯度算子。X 方向模板对垂直边缘影响最大，Y 方向模板对水平边缘影响最大。Sobel 算子对灰度渐变和噪声较多的图像处理效果较好。

Roberts 算子是一种梯度算子，它用交叉的差分表示梯度，是一种利用局部差分算子寻找边缘的算子。Roberts 算子对具有陡峭的低噪声的图像处理效果最好。

（4）输出文件：设置处理结果的保存路径及文件名。

（5）输出类型：设置文件的输出类型，支持输出字节型 8 位、整型/无符号整型 16 位、长整型/无符号长整型/浮点型 32 位、双精度浮点型 64 位等多种位深类型。

4.4 纹理分析

纹理分析是指通过一定的图像处理技术提取出纹理特征参数，从而获得纹理的定量或定性描述的处理过程。灰度共生矩阵是通过研究灰度的空间相关特性来描述纹理的常用方法，共生矩阵法是有关图像亮度变化的二阶统计特征，它通过图像灰度级之间二阶联合条件概率密度来表示。描述灰度共生矩阵的统计指标有很多，常见的有逆差距（homogeneity）、对比度（contrast）、方差（variance）、相异性（dissimilarity）、熵（entropy）、角二阶矩（angular second moment）、相关（correlation）和均值（mean）等。一般使用以下五个描述纹理效果较好的特征量来提取图像纹理特征：对比度（惯性矩）、角二阶矩（能量）、熵、相关性、逆差矩。

（1）对比度是为了测量图像的纹理沟纹深度和图像清晰度。

（2）角二阶矩用于测量图像纹理粗细和图像灰度的均匀度，数值越大，图像纹理越细密，纹理变化越均匀。

（3）熵测量的是图像纹理的随机性，数值越大，图像灰度分布规律性越低。

（4）相关性表示的是矩阵元素间的数值差；相关值较大时表明矩阵元素值相同，相关值小时表明矩阵元素间的数值差较大。

（5）逆差矩表示图像纹理局部区域变化情况；逆差矩数值较大表示影像纹理在不同区域间的变化较小，基本相似。反之，图像纹理在不同区域间的变化较大。

点击【纹理分析】按钮，打开参数设置对话框，如图4-15所示。

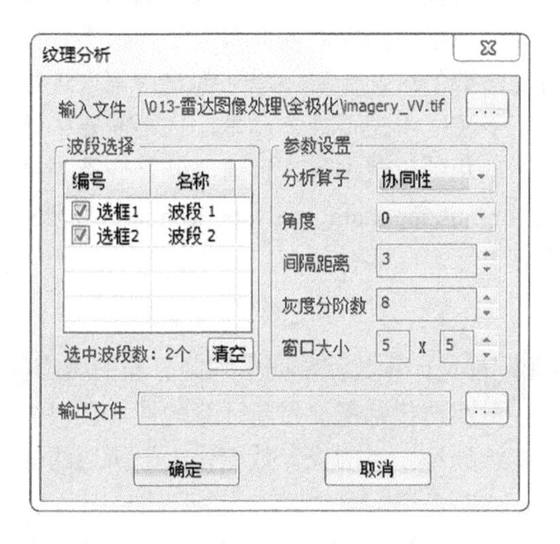

图4-15 纹理分析对话框

（1）输入文件：设置输入影像。

（2）波段选择：显示数据的波段信息以及标记将处理的波段信息。

（3）分析算子：从下拉列表中选择所需的分析，包括协同性、反差Con、非相似性、均值、方差、角二阶矩、相关性、GLDV角二阶矩、GLDV熵、GLDV均值、GLDV反差；

（4）角度：提供四种分析角度，0°、45°、90°或135°。

（5）间隔距离：设置间隔距离，1、2或3。

（6）灰度分阶数：由于纹理分析时灰度共生矩阵的统计是一个耗时的计算过程，一般在计算前会把图像按照一定的阶数（如8阶、16阶）重新量化后再进行统计，以加快计算。

（7）窗口大小：设置处理窗口的大小。

（8）输出文件：设置处理结果的保存路径及文件名。

第5章　图 像 分 类

5.1　非监督分类

遥感图像分类是指通过计算机对遥感图像的光谱信息、纹理信息及空间信息进行分析、特征提取，并按照某种算法或者规则将图像的每个像元划分为不同的类别。图像分类的过程中应该保证数据的严谨性、算法的合理性，争取做到分类后的不同区域之间的差异性尽可能大，同区域之间的差异性尽可能小，并且区域内具有平稳性。

非监督分类是在没有先验类别知识（训练场地）的情况下，以不同影像地物在特征空间中的差异性作为判别标准，以聚类分析作为理论基础的图像分类算法，所以非监督分类又称为聚类分析。它是一种从纯统计学的角度对图像数据进行归类合并，通过计算机对图像聚类分析，基于待分类样本特征参数的统计分析，建立判定决策来进行分类的方法。非监督分类的优点是不需要过多的人工干预，不需要训练样本，也不需要了解分类信息，缺点是不合适的初始类中心有可能得到不理想的收敛结果。目前非监督分类的主要方法有迭代式自组织数据分析技术（iterativc self-organizing data analysis technique algorithm，ISODATA）分类、K-Means 分类、神经网络分类等。

5.1.1　ISODATA 分类

ISODATA 的大致原理是首先计算数据空间中均匀分布的类均值，然后用最小距离规则将剩余的像元进行迭代聚合；每次迭代都需要重新计算均值，且根据所得的新均值，对像元进行再分类；这一处理过程持续到每一类的像元数变化少于所选的像元变化阈值或者达到了迭代的最大次数。

ISODATA 算法通过设置初始参数而引入人机对话环节，并使用归并和分裂等机制。当两个聚类中心的标准差小于某个阈值时，将它们合并为一类；当某类的标准差大于某一阈值或其样本数目超过某一阈值时，将其分裂为两类；在某类样本数目小于某一阈值时，将其取消。这样根据初始聚类中心和设定的类别数目等参数迭代，最终得到一个比较理想的分类结果。点击【ISODATA 分类】按钮，打开对话框，如图 5-1 所示。

1）输入文件

设置待分类的影像。

2）波段选择

选择需要分类的波段，可以选择所有波段，也可以选择部分波段。

3）参数设置

（1）预期类数：期望得到的最终分类数。

（2）初始类数：初始给定的聚类个数，可自定义也可保持默认。

（3）最少像元数：形成一类所需的最少像元数，如果某一类中的像元数小于构成一类所需的最少像元数，该类将被删除，其中的像元被归并到距离最近的类中。

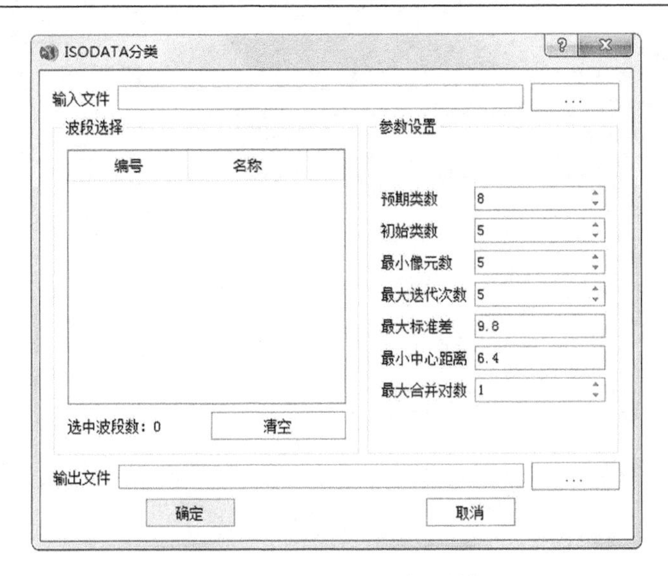

图 5-1　ISODATA 分类对话框

（4）最大迭代次数：最大的运行迭代次数（一般 6 次以上），理论上迭代次数越多，分类结果越精确。

（5）最大标准差：如果某一类的标准差比该阈值大，该类将被拆分成两类。

（6）最小中心距离：如果两类中心点的距离小于输入的最小值，则类别将被合并。

（7）最大合并对数：一次迭代运算中可以合并的聚类中心的最多对数。

4）输出文件

设置输出文件保存路径和文件名。

5.1.2　K-Means 分类

K-Means 算法的基本思想是：以空间中 k 个点为中心进行聚类，对最靠近它们的对象归类。通过迭代的方法，逐次更新各聚类中心的值，直至得到最好的聚类结果。

算法首先随机从数据集中选取 k 个点作为初始聚类中心，然后计算各个样本到聚类中心的距离，把样本归到离它最近的那个聚类中心所在的类。计算新形成的每一个聚类的数据对象的平均值来得到新的聚类中心，如果相邻两次的聚类中心没有任何变化，说明样本调整结束，聚类准则函数已经收敛。K-Means 算法的一个特点是在每次迭代中都要考察每个样本的分类是否正确。若不正确，就要调整，在全部样本调整完后，再修改聚类中心，进入下一次迭代。如果在一次迭代算法中，所有的样本被正确分类，则不会有调整，聚类中心也不会有任何变化，这标志着已经收敛，因此算法结束。点击【K-Means 分类】按钮，打开对话框，如图 5-2 所示。

（1）输入文件：设置待处理的影像。

（2）波段选择：选择需要分类的波段，可以选择所有波段，也可以选择部分波段。

（3）预期数类：设置期望得到的类数。

（4）最大迭代数：设置最大的运行迭代次数（一般设置 6 次以上），理论上迭代次数越多，分类结果越精确。

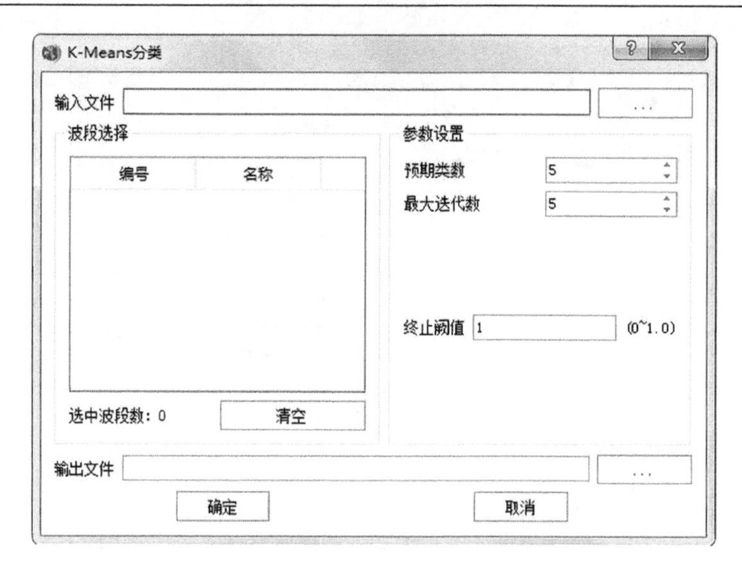

图 5-2　K-Means 分类对话框

（5）终止阈值：设置终止运算的阈值，当迭代计算的新聚类中心与原聚类中心重叠或距离小于阈值，则终止迭代计算（阈值范围为 0～1）。

（6）输出文件：设置输出文件保存路径和文件名。

5.1.3　BP 神经网络分类

BP 神经网络是人工神经网络中应用最广，研究最多的网络之一。BP 神经网络算法是多层前馈网络的算法，对网络中各层的权系数进行修正，是一种有教师指导的模型，建立在梯度下降法的基础上。BP 神经网络是模仿人脑神经系统的组成方式与思维过程而构成的信息处理系统，具有非线性、自学性、容错性、联想记忆和可以训练性等特点。在神经网络中，知识和信息的传递是由神经元的相互连接来实现的，分类时采用非参数方法，不需对目标的概率分布函数作某种假定或估计，因此网络具备了良好的适应能力和复杂的映射能力。

神经网络的运行包括两个阶段：一是训练或学习阶段（training or learning phase），向网络提供一系列的输入-输出数据组，通过数值计算和参数优化，不断调整网络节点的连接权重和阈值，直到从给定的输入能产生期望的输出为止；二是预测（应用）阶段（generalization phase），用训练好的网络对未知的数据进行预测。点击【非监督分类】按钮下的下拉箭头，选择【神经网络聚类】，打开参数设置对话框，如图 5-3 所示。

（1）输入文件：设置待处理的影像。

（2）波段选择：选择需要分类的波段，可以选择所有波段，也可以选择部分波段。

（3）分类类别：选择分类规则，有交互传播网络，自组织特征映射网络。

（4）分类数：设置分类个数，至少 2 个。

（5）窗口大小：选择分类窗口大小，即 1×1、3×3、5×5。

（6）迭代次数：设置迭代运算的最大次数，理论上迭代次数越大，分类结果越准确。

（7）收敛速率：设置分类收敛的速率，即连续 2 次误差的比值的极限。

（8）输出文件：设置输出文件保存路径和文件名。

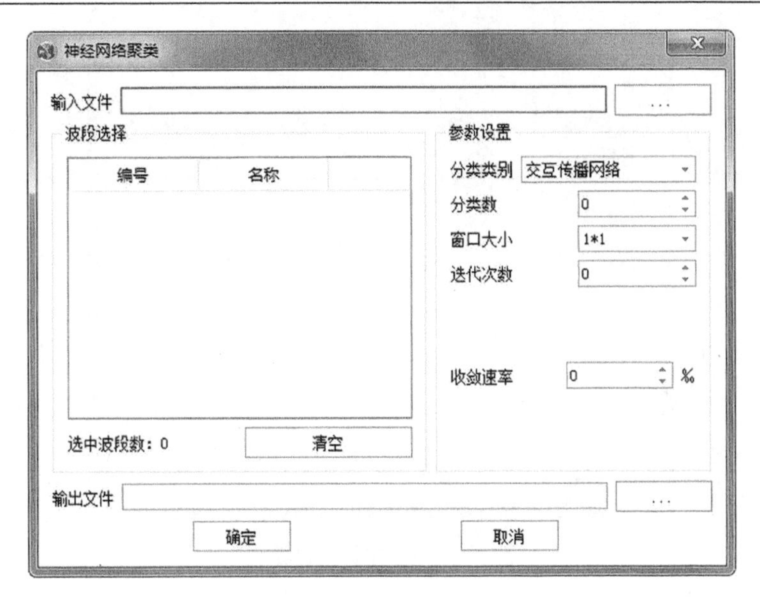

图 5-3　神经网络聚类对话框

5.2　监 督 分 类

监督分类又称为训练场地法，是基于训练区提供的样本，通过概率统计的方法对分类遥感图像进行图像分类。监督分类要求训练区具有典型性和代表性，监督分类结果的准确性高低与训练区的选取有着很大的关系。在分类过程中遵循若判别准则满足精度需求，则判别成立，反之则需要重新建立判别准则，直至分类结果满足精度要求为止。

监督分类优点在于可以充分利用分类地区的先验知识，预先确定分类的类别；可控制训练样本的选择并反复检验训练样本以提高分类精度。缺点在于需要人工干预，人的主观因素强；程序运行时间的长短很大程度依赖于训练样本的数量。常用的监督分类方法有最小距离分类、最大似然法分类等。监督分类的基本过程是：首先根据已知的样本类别和类别的先验知识确定判别准则，计算判别函数，然后将未知类别的样本值代入判别函数，根据判别准则对该样本所属的类别进行判定。在这个过程中，利用已知的特征值求解判别函数的过程称为学习或训练。

5.2.1　样本采集

监督分类的关键是训练样本的选取，训练样本质量关系到分类能否取得良好的效果。训练样本指的是图像上那些已知其类别属性，可以用来统计类别参数的区域。因为监督分类关于类别的特征都是从训练样本获得的，所以训练样本的选取一定要保证具有典型性和代表性。训练样本选取不正确便无法得到正确的分类结果。

1. ROI 工具

ROI 工具用来制作监督分类使用的样本，也可以导入已做好的 ROI 文件进行监督分类。点击【样本采集】按钮下的下拉箭头，选择【ROI 工具】，打开 ROI 工具设置界面，如图 5-4 所示。

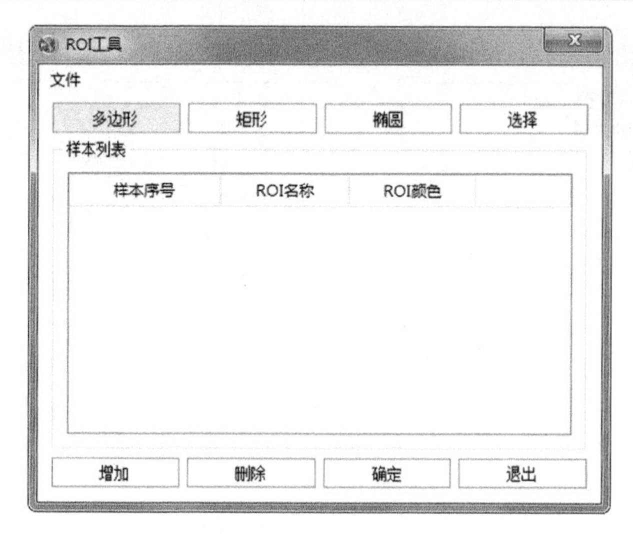

图 5-4　ROI 工具设置界面

点击【增加】按钮，建立一个新样本，在样本列表中设置该样本的名称和颜色，根据地物形状选择【多边形】【矩形】【椭圆】中的一种。在影像窗口绘制 ROI，绘制完毕后双击鼠标左键，ROI 感兴趣区域即添加到训练样区中。重复上述方法，建立多个新样本。

1）样本序号

填写新建的样本的编号。

2）ROI 名称

当创建一个新样本时，样本名称为类别数，点击 ROI 名称框即可修改新样本的名称。

3）样本颜色

双击样本颜色框，弹出【选择颜色】对话框，即可修改该样本的颜色，如图 5-5 所示。

（1）选择：点击【选择】按钮，在主视图区需要选择的样本上点击鼠标左键，即可选中该样本。再次点击【选择】按钮，取消样本选择功能。

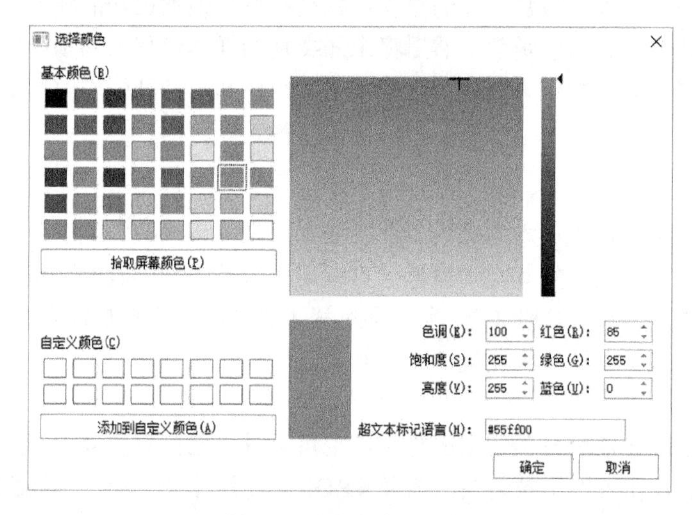

图 5-5　选择颜色对话框

（2）增加：点击【增加】按钮，即可建立一个新样本。

（3）删除：选中待删除的某类 ROI 样本，点击【删除】按钮，即可删除该类样本；如要删除某个 ROI 样本，需要通过【选择】按钮选中该样本，然后点击键盘上的【Delete】按钮。

（4）确定：点击【确定】按钮，即可完成感兴趣区域的选择。

（5）取消：点击【取消】按钮，即取消选择的感兴趣区域。

2. 颜色设置

颜色设置功能是对分类文件中的类别的颜色进行设置。点击【颜色设置】，打开对话框，如图 5-6 所示。

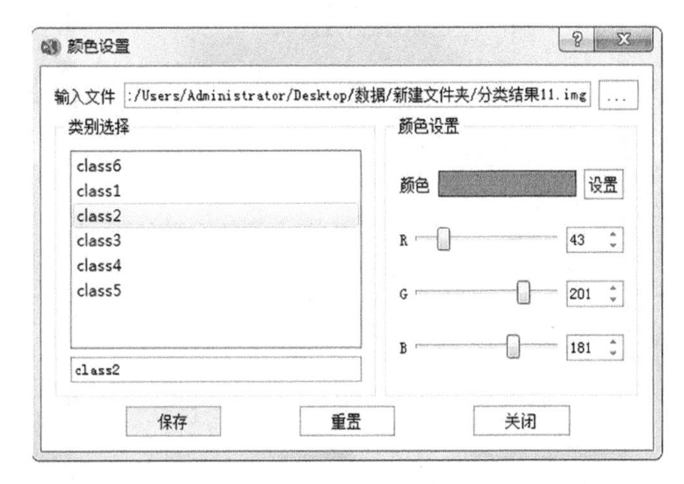

图 5-6 颜色设置对话框

（1）输入文件：选择待进行颜色设置的分类影像文件，输入完成后，【类别选择】列表中显示输入的分类影像文件的类别信息。

（2）类别选择：设置待进行颜色设置的类别。

（3）颜色设置：设置所选类别的颜色，可以设置类别颜色的 RGB 值；也可以通过点击【设置】按钮，利用弹出的自定义颜色表来设置类别的颜色。

（4）保存：保存设置后的类别颜色。

（5）重置：恢复分类影像的原始颜色。

5.2.2 距离分类

距离分类是利用训练样本数据计算出每一类别均值向量及标准差向量，然后以均值向量作为该类在特征空间中的中心位置，计算输入图像中每个像元到各类中心的距离。距离分类提供了最小距离和马氏距离两种分类器。最小距离分类使用每个端元的均值矢量，计算每个未知像元到每类均值矢量的欧氏距离，将未知类别向量归属于距离最小的一类。马氏距离分类是一个应用了每个类别统计信息的方向灵敏的距离分类器，它与最大似然分类相似，但是假定所有类别的协方差是相等的，所以是一种较快的分类方法。计算流程如下。

（1）假定拟定 N 个类别，并分别确定各个类别的训练区。根据训练区，计算出每个类别的平均值，以此作为类别中心。

（2）计算待判像素 x 与每一个类别中心的距离，并分别进行比较，取距离最小的类作为该像素的分类。依此方法对每个像素判别归类。

用 ROI 工具添加 ROI 样本区域后，在“图像分类”组，点击【监督分类】按钮下的下拉箭头，选择【距离分类】，打开对话框，如图 5-7 所示。

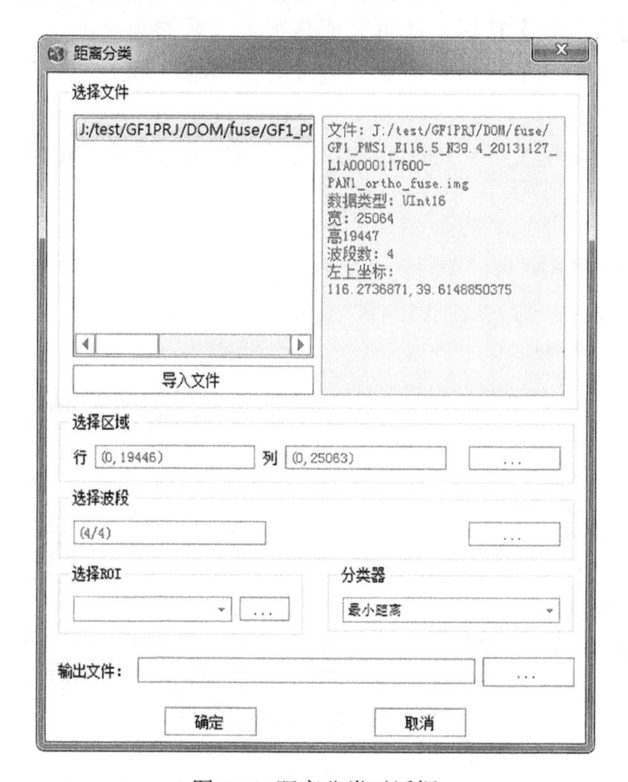

图 5-7　距离分类对话框

（1）选择文件：选择上一步的裁剪的结果数据。

（2）导入文件：导入待分类的影像数据，如果要进行处理的文件不在文件列表中，可以通过点击【导入文件】按钮，添加需要处理的文件到文件列表中。

（3）选择区域：设置待分类处理的区域，这里默认对裁剪出来的数据进行全图分类。

（4）选择波段：选择需要分类的波段，默认是全部波段参与分类。

（5）选择 ROI：选择 ROI 文件，这里会自动读取制作的 ROI 样本文件。

（6）分类器：设置监督分类规则（最小距离或马氏距离）。

（7）输出文件：设置输出影像的保存路径和名称。

5.2.3　最大似然分类

最大似然分类假定每个波段中每类的统计都呈正态分布，并计算出给定像元属于特定类别的概率。除非选择一个概率阈值，否则所有像元都将参与分类。每一个像元都被归到概率最大的那一类里（也就是最大似然）。

用 ROI 工具添加 ROI 样本区域后，点击【监督分类】按钮下的下拉箭头，选择【最大似然分类】，打开对话框，参数设置如下。

（1）选择文件：选择上一步的裁剪的结果数据。

（2）导入文件：导入待分类的影像数据，如果要进行处理的文件不在文件列表中，可以通过点击【导入文件】按钮，添加需要处理的文件到文件列表中。

（3）选择区域：设置待分类处理的区域，这里默认对裁剪出来的数据进行全图分类。

（4）选择波段：选择需要分类的波段，默认是全部波段参与分类。

（5）选择 ROI：选择 ROI 文件，这里会自动读取制作的 ROI 样本文件。

（6）分类器：设置监督分类规则（最大似然）。

（7）输出文件：设置输出影像的保存路径和名称。

5.3　分类后处理

分类后处理是对分类的结果做进一步的精细纠正。一般通过两种方式进行分类结果的纠正，第一种方式是针对大面积分类结果不准确情况，可以手动调整样本，进行再次分类；第二种是针对小面积分类结果不准确情况，可以采用类别转换的方式调整分类结果。常见的分类后处理包括分类统计、分类合并、过滤、聚类、主/次要分析、精度分析及分类后变化检测等操作。

5.3.1　分类统计

分类统计主要基于分类结果计算相关输入文件的统计信息，如各类别的分类点数（像元个数）、百分比及面积。点击【分类后处理】按钮下的下拉箭头，选择【分类统计】，打开对话框，如图 5-8 所示。

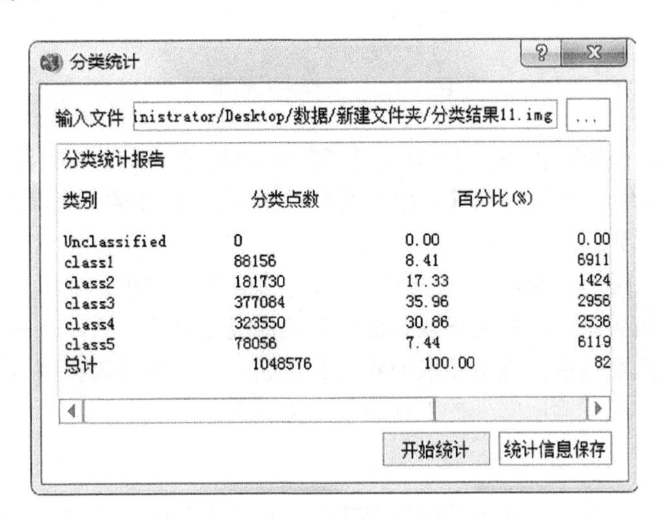

图 5-8　分类统计对话框

（1）输入文件：选择待进行分类统计的分类影像文件。

（2）开始统计：分类统计报告，显示分类统计信息，各类别的像元数、占所有像元的百分比以及面积。

（3）统计信息保存：将分类统计信息保存为 txt 文件。

5.3.2　分类合并

分类合并功能是将分类文件中所设置的对应类别进行合并，点击【分类后处理】按钮下的下拉箭头，选择【分类合并】，打开对话框，如图 5-9 所示。

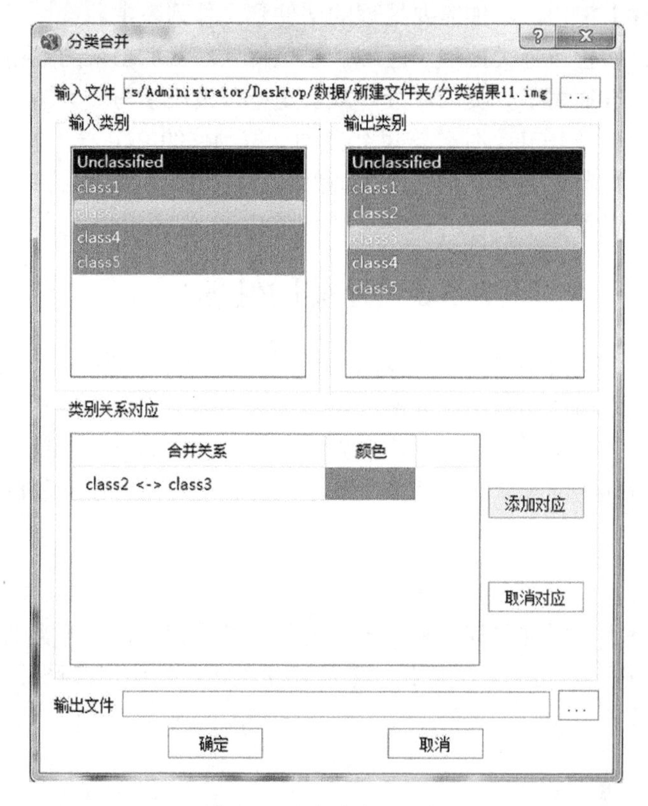

图 5-9　分类合并对话框

（1）输入文件：选择待进行分类合并的分类影像文件。输入完成后，【输入类别】列表中显示输入的分类影像文件的类别信息，【输出类别】列表中显示输出的分类影像文件的类别信息。

（2）设置输入类别与输出类别的对应类别关系：在【输入文件】列表的输入类别和【输出文件】列表的输出类别中各选一类，然后点击【添加对应】按钮，【类别关系对应】列表中显示添加的类别对应关系，重复上述操作添加其他的类别对应关系；点击【类别关系对应】列表中的一项类别匹配关系，点击【取消对应】按钮，可以取消该类别对应关系。

（3）输出文件：设置输出文件的保存路径和文件名。

5.3.3　过滤

过滤功能使用斑点分组方法来消除分类文件中被隔离的分类像元，用以解决分类图像中出现的孤岛问题。当分类图像中存在“孤岛”现象，点击【分类后处理】按钮下的下拉箭头，选择【过滤】，打开参数设置对话框，如图 5-10 所示。

（1）输入文件：选择待进行过滤处理的分类影像文件，输入完成后，【选择类别】列表中显示输入的分类影像文件的类别信息。

（2）选择类别：选择待处理的类别。

（3）过滤阈值：设置过滤阈值，该阈值为大于 1 的整数，若分类影像的某一类中被分组的像元少于设定的阈值，这些像元会被从该类中删除。

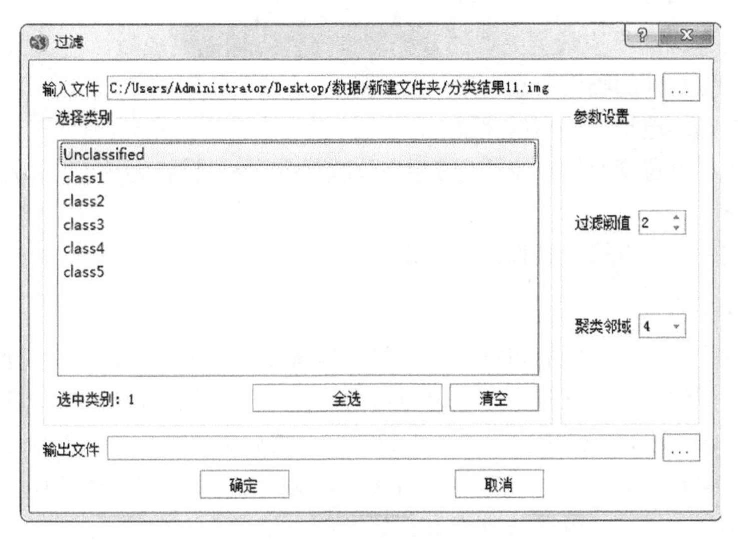

图 5-10　过滤对话框

（4）聚类邻域：选择聚类邻域，为 4 或 8，即观察周围的 4 个或 8 个像元，判定一个像元是否与周围的像元同组。

（5）输出文件：设置输出文件的保存路径和文件名。

5.3.4　聚类

聚类处理是运用形态学算子（腐蚀和膨胀）将邻近的类似分类区域聚类并合并。分类图像经常缺少空间连续性(分类区域中斑点或洞的存在)。低通滤波虽然可以用来平滑这些图像，但是类别信息常被邻近类别的编码干扰。聚类处理解决了这个问题：首先将被选的分类用一个膨胀操作合并到一起，然后用指定了大小的变换核对分类图像进行侵蚀操作。聚类处理是运用形态学算子将临近的类似分类区域聚类并合并处理。点击【分类后处理】按钮下的下拉箭头，选择【聚类】，打开参数设置对话框，如图 5-11 所示。

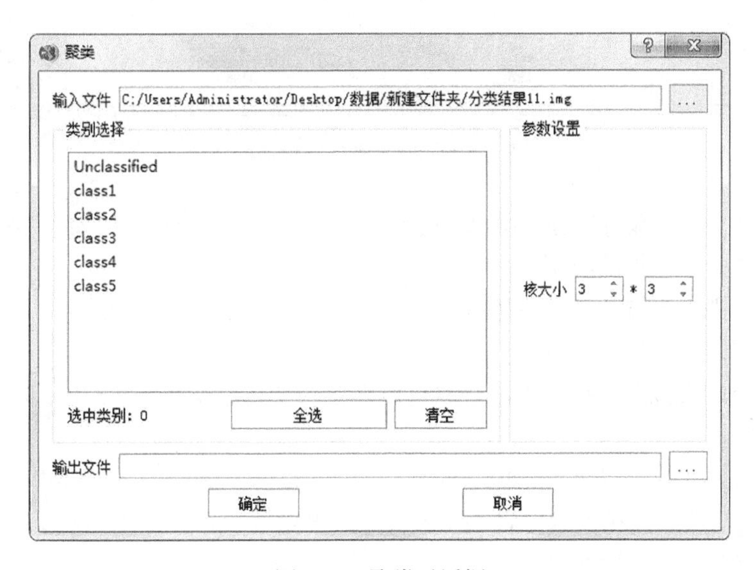

图 5-11　聚类对话框

（1）输入文件：选择待聚类处理的分类影像文件，输入完成后，【类别选择】列表中显示输入的分类影像文件的类别信息。

（2）类别选择：选择待处理的类别。

（3）核大小：设置变换核大小，一般数值设置为奇数，默认为 3×3。设置的数值越大，分类图像越平滑。

（4）输出文件：设置输出文件的保存路径和文件名。

5.3.5　主/次要分析

图像分类往往会产生一些面积很小的图斑，主/次要分析采用类似于卷积滤波的方法将较大类别数中的虚假像元归到该类中。主要分析功能是采用类似卷积滤波的方法将较大类别中的虚假像元归到该类中，首先定义一个变换核尺寸，然后用变换核中占主要地位（像元最多）类别数代替中心像元的类别数；次要分析相反，用变换核中占次要地位的像元的类别数代替中心像元的类别数。点击【分类后处理】按钮下的下拉箭头，选择【主/次要分析】，打开对话框，如图 5-12 所示。

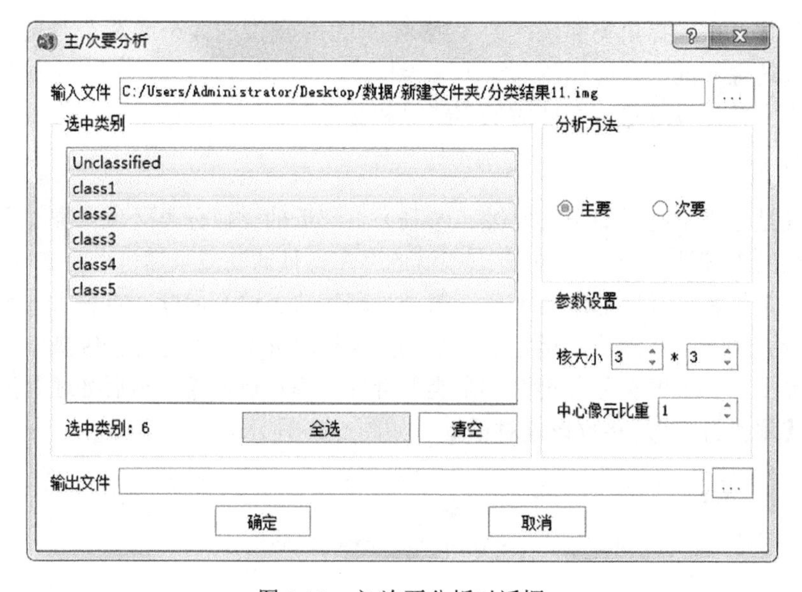

图 5-12　主/次要分析对话框

（1）输入文件：选择待进行主/次要分析的分类影像文件，输入完成后，选中类别列表中显示输入的分类影像文件的类别信息。

（2）选中类别：设置待进行主/次要分析的类别，一般大于等于两类。

（3）分析方法：设置分析方法，包括主要和次要两种。

（4）核大小：设置变换核大小，一般数值设置为奇数，默认为 3×3；设置的数值越大，分类图像越平滑。

（5）中心像元比重：设置中心像元权重，即中心像元类别被计算的次数。例如，中心像元比重设置为 1，则只计算 1 次中心像元类别；如果设置为 5，则中心像元类别计算 5 次。

（6）输出文件：设置输出文件的保存路径和文件名。

5.3.6　精度分析

精度分析的基本目标是对分类结果的总体分类精度和各类地物的精度进行评价。混淆矩阵法是目前遥感中应用最广的精度评价方法之一，能简单地概括主要的分类精度信息，如总体精度、生产者精度、用户精度等。选择【精度评价】，打开对话框，如图5-13所示。

图5-13　精度分析对话框

（1）分类图像文件：选择待进行精度分析的分类影像文件，输入完成后，【分类图像分类数据】列表中显示真实地面分类数据的类别个数。

（2）真实地面影像：软件支持输入真实地面影像或真实地面矢量进行精度分析处理；若要利用真实地面影像进行精度分析处理，则选择真实的地面分类数据，通常是历史的分类栅格文件；若要利用真实地面矢量进行精度分析处理，则选择真实的地面矢量数据，该矢量数据为真实的地面分类数据矢量化处理后的矢量数据，若已设置真实地面影像，此项参数无须再设置；真实地面分类文件设置完成后，真实地面分类数据列表中显示真实地面分类数据的类别个数。

（3）当选择真实地面影像进行精度分析处理时，无须进行属性设置；当利用真实的地面矢量数据进行精度分析处理时，选择真实地面矢量文件中用于精度分析的属性字段，一般选择类别名字段。

（4）设置真实地面分类数据与分类图像分类数据中的类别匹配关系。系统支持自动匹配和手动匹配。点击【自动匹配】按钮进行真实地面分类数据中类别与分类图像分类数据中类别的自动匹配，匹配结果列表中显示真实地面分类数据与分类图像分类数据中的类别匹配结果；若需要手动选择类别匹配关系，则点击真实地面分类数据列表中的类别，再点击分类图像分类数据列表中的类别，点击【添加匹配】按钮，添加的类别匹配关系显示到【匹配结果】列表中，重复上述操作添加更多的类别匹配关系；点击【匹配结果】列表中的一项类别匹配关系，点击【取消匹配】按钮，可以取消该类别匹配关系。

5.3.7　分类后变化检测

分类后变化检测是指对同一地区不同时间或不同条件下的遥感影像，识别与量化地表类型变化、空间分布状况和变化量，确定变化前后的地面类型、界限及变化趋势。选择【变化检测】，打开对话框，如图 5-14 所示。

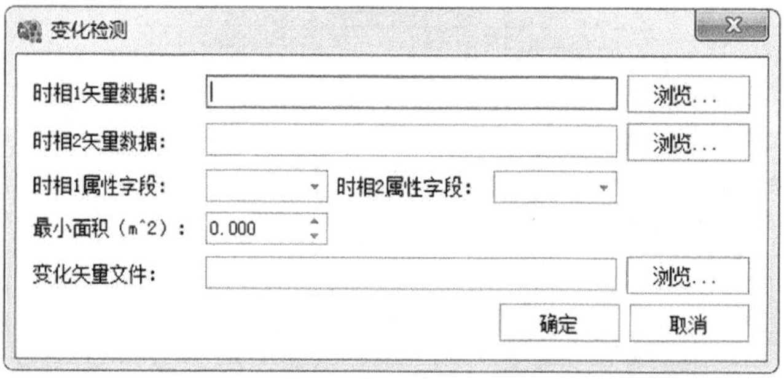

图 5-14　变化检测对话框

（1）时相 1 矢量数据：输入检测区域前一时相的分类矢量数据。

（2）时相 2 矢量数据：输入检测区域后一时相的分类矢量数据。

（3）时相 1 属性字段：输入前一时相类别编号字段。

（4）时相 2 属性字段：输入后一时相类别编号字段。

（5）最小面积（m^2）：设置面积阈值，剔除变化面积较小的图斑。

（6）变化矢量文件：设置输出文件的名称和路径。

5.4　智能化信息提取

信息提取模块提供了自动化的地物提取工具，包括魔术棒、元素整形、元素裁切和矢量生成四个功能。其中元素整形、元素裁切和矢量生成三个功能是针对魔术棒提取的结果进行操作，如图 5-15 所示。

图 5-15　综合判读的信息提取菜单

1. 魔术棒

魔术棒功能可以实现单体地物的智能化提取，原理是根据图像像元的 RGB 三个数值的均值提取像素区域，而不是根据影像的光谱信息进行提取。对图像的拉伸显示效果不同可能导致提取出的效果不同。在视图中打开待处理的栅格图像，点击【综合判读】模块的【信息提取】组的【魔术棒】按钮，在视图中的栅格图像待提取区域点击，获取感兴趣的像素区域。在视图内点击鼠标右键，弹出右键菜单，可以进行阈值设置操作，如图 5-16 所示。

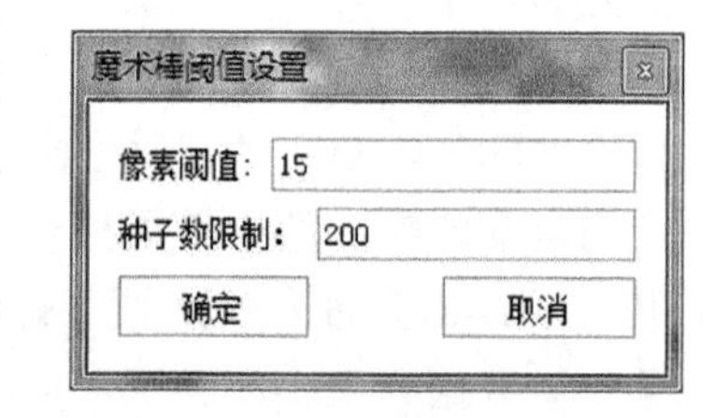

图 5-16　魔术棒阈值设置对话框

（1）像素阈值：是以当前标记的中心点为准，不断向周边进行标记搜索，以中心点的 RGB 均值与周边像素 RGB 均值求差值，当差值小于等于阈值时，则会被提取出来，否则不进行标记。用户可以根据影像内像素特征及提取结果自行调整。阈值设置的数值越大，则选取范围的半径越大。

（2）种子数限制：从绘制提取线上捕捉的种子点个数限制，如需绘制的提取线比较长，可以调大这个参数；如需绘制的提取线比较短，适当调小这个参数。该参数设置用来防止划线误操作，导致提取种子点过多，用户等待时间过长。

2. 元素整形

元素整形是对魔术棒提取的地物边界进行修正。点击【元素整形】按钮，在魔术棒提取的感兴趣区绘制裁切线，面积较小的部分会直接被删除。当提取的区域中有空洞时，可进行滑线操作，按住鼠标左键穿过空洞边界划线，可将空洞填补，合并到感兴趣区。

3. 元素裁切

元素裁切工具可以对魔术棒提取的感兴趣区按照所绘制的裁切线进行裁切，裁切后的多边形要素的属性值是裁切前属性值的复制。点击【元素裁切】按钮，在魔术棒提取的感兴趣区绘制裁切线，裁切线与原始多边形任意两边相交，原始多边形元素按照绘制的裁切线分割成两个多边形，结束裁切线的绘制。

4. 矢量生成

矢量生成工具可将魔术棒提取的感兴趣区输出保存为矢量面文件。点击【矢量生成】按钮，弹出【另存为矢量文件】对话框，设置输出的路径和文件名，保存类型为矢量文件。

第6章　矢量数据处理

6.1　矢量创建

矢量数据是用X、Y坐标表示地图图形或地理实体位置的数据，具有精度高、数据结构严密、数据量小、便于空间分析及制图精美等优点。要素类主要存储矢量数据。要素类用离散坐标将地理要素表达为点、线、面，矢量适合表达离散的一些地物，如行政边界、河流等。要素类包含要素的几何特征，也包含要素的属性描述信息。

创建一个矢量图层时，需要定义其类型。要素类型主要包括点矢量、线矢量及面矢量，创建完成之后，要素类型不能修改。点击【创建图层】按钮，弹出对话框，具体参数设置如下。

（1）输出文件：设置创建的矢量图层的保存路径及名称。

（2）坐标系统：指定创建的矢量图层的坐标系统，设置坐标系统的过程同投影定义或投影转换。

（3）要素类型：选择创建的图层类型，矢量要素类型一般分为点要素、线要素或者面要素。

（4）属性字段：为创建的矢量图层添加属性字段。点击【添加】按钮，弹出一条属性信息框，新建一个属性字段；如果要删除某个属性字段，只需在属性列表中将其选中，然后点击【删除】按钮即可。

6.2　矢量编辑

矢量编辑包括编辑控制、要素移动、添加要素、删除要素、编辑要素、旋转要素、属性编辑、撤销和恢复九部分，如图6-1所示。

图6-1　矢量编辑功能

进行矢量编辑一般要经过以下五个步骤。

（1）加载编辑数据（或创建矢量数据）：点击【加载矢量数据】按钮，选择需要加载的数据层；若已创建矢量，则直接进行下一步操作。

（2）开始编辑数据：点击【编辑控制】下拉列表中的【开始编辑】按钮，选中的矢量图层处于可编辑状态，即可对其进行编辑操作。

（3）执行数据编辑：确定编辑操作的目标数据层，选择编辑命令，对选中的要素进行编辑。

（4）保存编辑数据：完成矢量编辑后，点击【保存】按钮，即可保存当前编辑结果，鼠标退出编辑状态。

（5）结束数据编辑：点击【控制编辑】菜单下的【结束编辑】按钮，选择“是否保存编辑结果”，结束编辑。

数据编辑过程如下。

1）要素移动

图层处于可编辑状态，选中需要移动的要素后，点击【要素移动】后拖动选中要素即可对该要素进行移动。

2）添加要素

包括点要素添加、线要素添加和面要素添加。点击【添加要素】按钮，弹出对话框，选取添加要素的图层。

（1）添加点要素：选中点矢量图层，要素工具中显示点要素信息，鼠标点击点要素，可在视图中添加。

（2）添加线要素：选中线矢量图层，要素工具中显示线要素信息，鼠标点击线要素，可在视图中添加。

（3）添加面要素：选中面矢量图层，要素工具中显示面要素信息，鼠标点击面要素，可在视图中添加。

3）删除要素

选中待删除要素，点击【删除要素】按钮，即可删除该要素。

4）编辑要素

无论线要素还是面要素，都由若干节点组成，在数据编辑操作中，可以根据需要添加节点、删除节点、移动节点，实现要素局部形态的改变。

（1）添加节点：在需要添加节点的位置上点击右键，选择“添加节点”命令，则添加一个节点。

（2）删除节点：在需要删除节点的位置上点击右键，选择“删除节点”命令，则删除该节点。

（3）移动节点：移动节点是改变要素形状的常用途径，利用鼠标左键拖动节点即可以实现对线矢量和面矢量节点的移动。

5）旋转要素

选中线要素或者是面要素，点击【旋转要素】按钮，会在要素中心出现十字，该十字为旋转中心。使用鼠标左键旋转要素，松开鼠标，要素旋转成功。

6）属性编辑

在图层处于可编辑状态下，选中需要进行属性编辑的要素，点击【属性编辑】后，弹出对话框，可对选中的要素编辑属性信息；当多个要素属性信息一致时，也可以同时选中，批量编辑属性值。

7）撤销

点击【撤销】按钮后，撤销矢量图层上对要素进行的某项操作。

8）恢复

点击【恢复】按钮后，矢量图层恢复到执行撤销操作之前的状态。

6.3 矢量工具

矢量工具包括选择要素、清除选择、裁切要素、合并要素、拆分要素、整形要素、分割提取、面修补和矢量文件合并九部分，如图 6-2 所示。

图 6-2　矢量处理的矢量工具

1）选择要素

点击【选择要素】按钮后，框选矢量要素，该矢量要素即高亮显示。选中要素后可以通过鼠标左键拖动进行移动，也可以通过键盘【Delete】键删除元素。

2）清除选择

点击【清除选择】按钮后，高亮显示的选中要素变为非高亮状态。

3）裁切要素

要素裁切工具可以分为线要素裁切和面要素裁切；对线要素可以任意定义一点进行裁切，裁切后的多边形要素的属性值是裁切前属性值的复制；对面要素按照所绘制的裁切线进行裁切，裁切后的多边形要素的属性值是裁切前属性值的复制。

（1）线要素裁切：选择需要裁切的线要素，点击【裁切要素】按钮，在线要素上画出任意一条裁切线，将选中的要素按照裁切线分成两段，通过【选择】按钮把该线要素拉开查看。

（2）面要素裁切：选择需要裁切的面要素，点击【裁切要素】按钮，绘制裁切线，裁切线与原始多边形任意两边相交，原始多边形要素按照绘制的裁切线分割成两个多边形，结束裁切线的绘制。

4）合并要素

合并要素可以完成同层要素的空间合并，无论是相邻还是分离，都可以合并生成一个新要素，新要素一旦生成，原来的要素自动被删除。点击【选择要素】按钮，选择需要合并的要素，点击【合并要素】按钮，弹出对话框，选中一个目标要素对象后该要素会在视图中以高亮显示，点击【确定】完成要素合并，生成一个要素组。

5）拆分要素

选中多要素组矢量，该要素组的组成要素不相交，此时，拆分要素按钮显示为可选择状态。点击【拆分要素】按钮，选中的要素分为多个独立要素。

6）整形要素

选中矢量图层中的一个要素，点击【整形要素】按钮，在该要素标注裁切线，根据裁切线隐去被裁切得较小的一部分。

7）分割提取

点击分割提取按钮，打开分割提取窗口，输入对应的要素、分割要素及分割字段，并指定到目标目录后，即可完成分割提取，如图 6-3 所示。

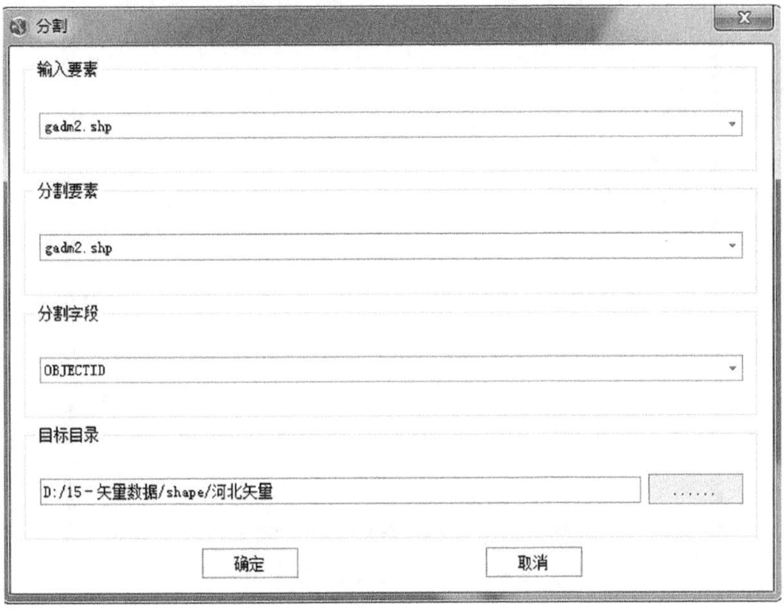

图 6-3　矢量处理的分割提取

8）面修补

选中一个矢量面要素，如果面要素中有空洞，点击【面修补】按钮，可自动修补空洞。

9）矢量文件合并

用于将输入的多个矢量面图层合并到一个面图层中，并且将图层中存在重叠、相邻、相交等关系的多个面要素合并成一个面要素，如图 6-4 所示。

（1）增加：添加待合并的矢量图层。

（2）删除：删除在列表中选中的矢量图层。

（3）清除：删除全部矢量图层。

（4）选择指定字段：下拉列表中会显示输入图层的公共字段，选择其中一个字段，系统会将该字段值相同的且存在重叠、相邻、相交等关系的多个面对象合并成一个面要素，并保留该属性字段值；当不设置“指定字段”时，系统将所有存在重叠、相邻、相交等关系的多个面对象合并成一个面要素，属性字段值取合并前的任一个面对象的属性值。

（5）属性合并字段：下拉列表中会显示输入图层都有的文本型字段，要素合并时，若设置了“属性合并字段”，系统会将合并前所有面对象的该字段值全部保留，写入合并后的面对象相应的字段中，用分号隔开；若不设置“属性合并字段”，则属性字段值取合并前的任一个面对象的属性值。

（6）输出文件：设置输出的文件名称和路径。

图 6-4　矢量处理的矢量合并

6.4　捕捉参数设置

捕捉功能可在矢量编辑的状态下，对要素对象进行点、折点、线和追踪等操作，如图 6-5 所示。

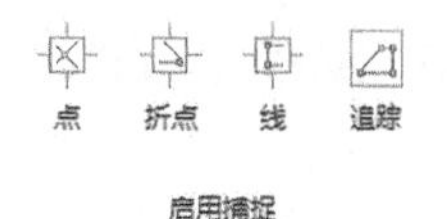

图 6-5　启用捕捉对话框

（1）点：点击【点】按钮，点捕捉功能处于激活状态，添加要素时鼠标放在点上，会捕捉到选中点的图层名称和点信息，并显示到界面上。点按钮只能捕捉单点要素的信息。

（2）折点：点击【折点】按钮，折点捕捉功能处于激活状态，添加要素时鼠标放在线要素或者面要素的折点上，会捕捉到选中要素的图层名称和要素的折点信息，并显示到界面上。折点捕捉功能只能捕捉到线要素或者面要素的折点。

（3）线：点击【线】按钮，线捕捉功能处于激活状态，添加要素时鼠标放在线上，会捕捉到选中要素的图层名称和要素的信息，并显示到界面上。线捕捉功能只能捕捉到线要素或者面要素的线。

（4）追踪：追踪根据拓扑算法对矢量要素边进行追踪，使之重合显示。点击【追踪】按钮，折点按钮处于激活状态，在视图中添加新要素，鼠标放在起点上，会捕捉到选中要素的起点或者拐点信息，并显示到界面上。鼠标点击起点或者拐点信息，使新增加的要素与原要素边界重合。

6.5　矢量统计分析

矢量统计分析法是运用数学方式，建立数学模型，对通过影像获得的各种矢量数据进行数理统计和分析，形成定量结论的方法。

6.5.1　要素缓冲区分析

要素缓冲区分析是指在围绕选中的矢量要素一定距离处，自动建立其周围一定宽度范围内的缓冲多边形实体，从而实现空间数据在水平方向得以扩展的信息分析方法。缓冲区分析主要用于分析事物对周围的影响，是地理信息系统重要的和基本的空间操作功能之一。先选中待缓冲分析的面要素，然后点击【要素缓冲区分析】按钮，弹出对话框，具体参数设置如下。

（1）图层：选中待处理的矢量图层。

（2）范围：设置缓冲区范围，单位根据坐标系而定，若图层采用的是地理坐标系则单位是度，采用的是平面投影坐标系则单位是米。

6.5.2　文件缓冲区分析

文件缓冲区分析是指对矢量文件中的每一个要素周围建立一定宽度范围的缓冲多边形实体。文件缓冲区分为点、线、面分析三种。在矢量缓冲区中，有可以分为基于点特征的缓冲区、基于线特征的缓冲区和基于面特征的缓冲区。

基于点特征的缓冲区是在点特征（如地震的震源、独立地物等）的周围以点为圆心、按照设定的距离为半径作的圆，靠近的圆可以相互重叠，以此表示点特征的影响范围或服务区域，如地震波及的范围和超市服务的区域。

基于线特征的缓冲区是根据缓冲距离在线的两侧作平行线，在线的端点处作半圆与平行线连接成封闭的区域，生成缓冲距离为半径的多边形。相互靠近的线的缓冲区可以相互重叠。

基于面特征的缓冲区与线的缓冲区类似，生成缓冲距离为半径的多边形，可以在面的外部作缓冲区，也可在面的内部作缓冲区，同样可以在内外都生成缓冲区。面矢量的缓冲带有正缓冲区与负缓冲区之分，多边形外部为正缓冲区，内部为负缓冲区。点击【文件缓冲区分析】按钮，弹出对话框，如图 6-6 所示。

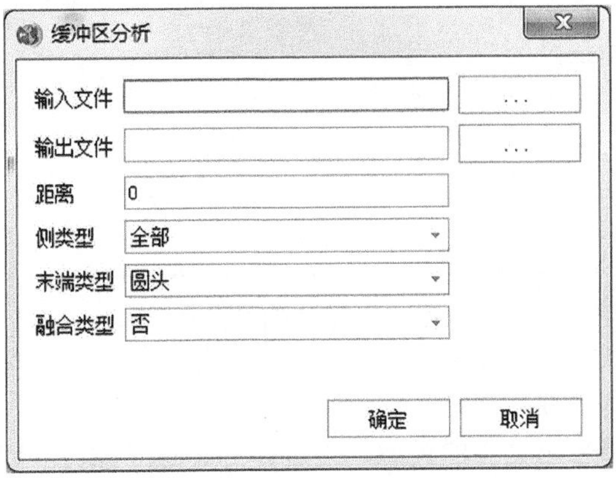

图 6-6　缓冲区分析对话框

（1）输入文件：输入需要做缓冲区分析的矢量文件。

（2）输出文件：设置输出文件名称和存储路径。

（3）距离：设置缓冲距离。

（4）侧类型：选择缓冲区位置，当缓冲对象是线要素时可选择左侧缓冲、右侧缓冲、左右两侧全部缓冲；当缓冲对象是点要素或面要素时只能选择全部缓冲。

（5）末端类型：选择缓冲区的末端类型，有圆头和平头可供选择。

（6）融合类型：选择是否将缓冲图斑合并处理。

6.5.3　图斑面积自动计算

图斑面积自动计算功能主要用来计算矢量文件中要素的面积。点击【图斑面积自动计算】按钮，弹出【图斑面积计算】对话框，输入矢量文件后，可以自动计算显示每个矢量图斑的面积，单位默认是平方米。

6.5.4　热力图

热力图图层可以将点要素绘制为相对密度的代表表面，并用色带加以渲染，以此表现点的相对密度等信息，描述诸如人群分布、密度和变化趋势等。热力图图层除了可以反映点要素的相对密度，还可以表示根据属性进行加权的点密度，以此考虑点本身的权重对于密度的贡献。点击【热力图】，弹出对话框，如图 6-7 所示。

图 6-7　热力图对话框

（1）输入文件：输入点要素矢量文件。

（2）输出类型：选择输出文件的类型，可选择 GeoTIFF 和 ENVI IMG 格式。

（3）输出栅格：设置输出文件的名称和存储路径。

（4）半径：设置热力图的缓冲半径。

（5）是否使用权重字段：权重字段需要设置成数值型字段，根据权重字段值在缓冲半径内进行数值内插，权重字段值越大，点之间的距离越近，生成影像值的密度越大。若不选择权重字段，则默认值为 50，进行热力图渲染。

（6）高级设置。①栅格宽度：设置输出栅格文件的宽度；②像元大小：设置输出文件的栅格像元大小。

6.5.5　克里金插值

克里金插值主要用于对一组矢量点数据进行空间插值运算，预测空间上其他任意点的属性值，生成栅格面数据。克里金插值是基于这样的一个假设，即被插值的某要素（如地形要素）可以被当作一个区域化的变量来看待。区域化的变量就是介于完全随机的变量和完全确定的变量之间的一种变量，它随所在区域位置的改变而连续地变化，因此，彼此离得近的点之间有某种程度上的空间相关性，而相隔比较远的点之间在统计上看是相互独立无关的。克里金插值就是建立在一个预先定义的协方差模型的基础上通过线性回归方法把估计值的方差最小化的一种插值方法，软件采用了普通克里金插值算法。普通克里金是一个线性估计系统，适用于任何满足各向同性假设的固有平稳随机场。

克里金插值法被广泛用于各类观测的空间插值，如地质学中的地下水位和土壤湿度的采样，环境科学研究中的大气污染（如臭氧）和土壤污染物的研究，以及大气科学中的近地面风场、气温、降水等的单点观测。点击【克里金插值】按钮，弹出对话框，如图 6-8 所示。

图 6-8　克里金插值对话框

（1）输入文件：输入点要素矢量文件。

（2）输出类型：选择输出文件的类型，可选择 GeoTIFF 和 ENVI IMG 格式。

（3）输出栅格：设置输出文件的名称和存储路径。

（4）字段：选择权重字段，一般设置数值型字段。

（5）搜索半径设置。①点数：设置距离点最邻近的点数，默认为 12 个点；②最大距离：设置搜索的最大距离，程序在最大搜索距离内查找最邻近的点，搜索点数与设置相同，若达到最大搜索距离时未达到设置的搜索点数，则针对最大距离内获取的点进行预测计算，距离单位与地图单位相同。

（6）高级设置。①栅格宽度：设置输出栅格文件的宽度，一般设置为 100，栅格宽度和长度均为 100 像素；②像元大小：设置输出文件的栅格像元大小，单位与输入数据相同。

6.5.6 反距离权重

反距离加权法是一种常用而简单的空间插值方法，是基于"地理学第一定律"的基本假设：两个物体相似性随它们之间的距离增大而减少。它以插值点与样本点间的距离为权重进行加权平均，离插值点越近的样本赋予的权重越大。此方法简单易行，直观并且效率高，在已知点分布均匀的情况下插值效果好，插值结果在插值数据的最大值和最小值之间，但缺点是易受极值的影响。点击【反距离权重】按钮，弹出对话框，参数设置参考"6.5.5 克里金插值"中相关内容。

6.5.7 样条插值算法

样条插值是使用一种数学函数对一些限定的点值，通过控制估计方差，利用一些特征节点，用多项式拟合的方法来产生平滑的插值曲线。这种方法适用于逐渐变化的曲面，如温度、高程、地下水位高度或污染浓度等。该方法优点是易操作，计算量不大，缺点是难以对误差进行估计，采样点稀少时效果不好。点击【样条插值算法】按钮，弹出对话框，参数设置如下。

（1）输入文件：输入点要素矢量文件。

（2）输出类型：选择输出文件的类型，可选择 GeoTIFF 和 ENVI IMG 格式。

（3）输出栅格：设置输出文件的名称和存储路径。

（4）字段：选择权重字段，一般设置数值型字段。

（5）高级设置。①栅格宽度：设置输出栅格文件的宽度，一般设置为 100，栅格宽度和长度均为 100 像素；②像元大小：设置输出文件的栅格像元大小，单位与输入数据相同。

6.5.8 等值线（面）

等值线（面）功能可以对输入的点矢量文件进行空间插值，插值后按照给定的等值线数值，将数值相同的点连接成线，从而生成等值线或者等值面矢量数据。例如，针对气温点数据，通过插值算法生成温度等值线图，展示区域上气温变化趋势。点击【矢量生成等值线（面）】按钮，弹出对话框，如图 6-9 所示。

（1）输入文件：输入点要素矢量文件。

（2）字段：选择权重字段，一般设置数值型字段。

（3）格点行/列：设置空间插值的行列数量，用来确定插值的密度。

（4）无效值：设置字段无效值，可以将输入字段中的某个值当作无效值去除。

（5）范围：设置输出文件的范围，可以选择图层文件自动读取文件的四至坐标，也可以手工输入坐标范围。

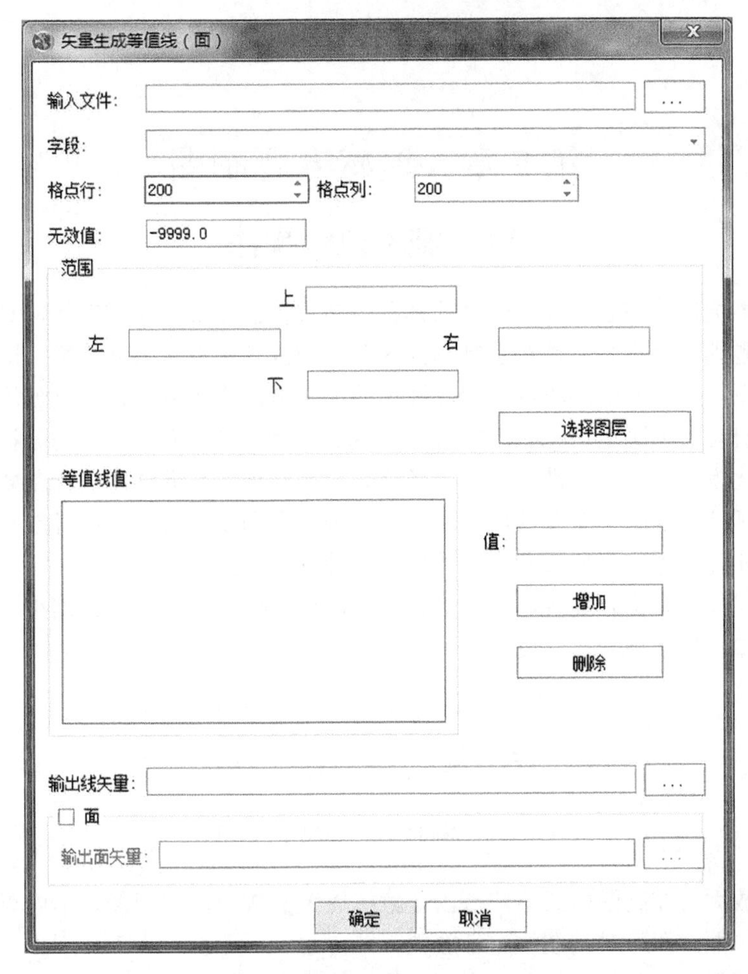

图 6-9　矢量生成等值线（面）对话框

（6）等值线值：设置等值线值，范围一般在选择字段的最小值和最大值之间，系统会将字段值与该值相同的点连成一条等值线。

（7）输出线矢量：设置输出的等值线文件的名称和路径。

（8）输出面矢量：设置输出的等值面文件的名称和路径。

第 7 章　遥感专题制图

7.1　制图视图操作

专题地图能突出而完备地表示一种或几种自然或社会经济现象或趋势，是地图内容专业化的地图。专题地图是指深入地揭示制图区内某一种或几种专题要素特征，即集中表示一个主题内容的地图。与普通地图不同，专题地图的形式和内容多种多样，是使用各种图形样式（如颜色和填充模式）图形化地显示地图基础信息的一类地图。专题地图是分析和表现要素数据的一种可视化方法。用专题图来表达专题信息，是地理信息系统中一种主要的信息可视化方法，能够直观地反映制图对象的质量特征、数量差异和动态变化，而且能够反映各种现象的分布规律及相互联系，是分析和表现数据的一种有效方式。

制图视图操作对整个制图视图界面进行调整，包括拉框放大、拉框缩小、漫游、全图、1∶1、前一视图、后一视图，如图 7-1 所示。

图 7-1　专题制图的视图操作菜单

（1）拉框放大：在制图模式下，点击【拉框放大】按钮，在视图范围内点击鼠标左键或按住鼠标左键拉框，即可对制图框进行放大。

（2）拉框缩小：在制图模式下，点击【拉框缩小】按钮，在视图范围内点击鼠标左键或按住鼠标左键拉框，即可对制图框进行缩小。

（3）漫游：在制图模式下，点击【漫游】按钮，在视图范围内按住鼠标左键进行拖动，即可对制图框进行漫游操作。

（4）全图：在制图模式下，点击【全图】按钮，即可对制图框以全图方式显示。

（5）1∶1：在制图模式下，点击【1∶1】按钮，即可对制图框以 1∶1 方式显示。

（6）前一视图：撤回上一步操作，恢复到操作之前的状态。

（7）后一视图：进行前一视图操作后，点击后一视图操作，恢复到操作之后的状态（通常和前一视图配合使用）。

7.2　专题图设置

专题制图是生成一幅地图产品的过程。通过设置可以快速地在图像上添加比例尺、标题、指北针等要素，从而生成一幅可输出的地图。所有参数设置完毕后，可以将设置保存为一个快速制图模板文件，或者导出为一个图片。在视图左下角点击制图视图按钮，切换到专题图制图界面。

7.2.1　图框设置

数据框是一种图层管理方式，可将需要在一起显示的一系列图层组织起来。每张地图上至少有一个数据框。可以在地图上添加其他数据框，比较两个相邻的地区，显示全图或详图。在制图视图中，可以看到地图上所有的数据框。在制图视图中可以修改数据框在页面上的形状和位置，添加其他地图元素，如比例尺和图例等。在制图模式下，点击【数据框】按钮，在视图上即添加显示一个数据框，也可选中添加的数据框，使用【Delete】键进行删除。点击【选择】按钮，并在数据框上双击鼠标左键，弹出【属性】对话框，包含大小和位置、框架和格网选项，可更改数据框的样式。

1. 大小和位置

（1）位置：显示数据框的选中锚点位置参数。

（2）大小：显示数据框的宽高数值，若对宽高数值进行调整，则视图中数据框的大小会发生相应的变化。宽高数值有绝对值表示和百分比表示，勾选百分比框，长宽数值切换到百分比显示。

（3）标注名称：输入该数据框的名称。

2. 框架

（1）边框：设置数据框显示边框的属性信息，包括显示符号、圆角、间距等信息，可对设置的边框信息实时预览。

（2）背景：设置数据框显示背景的属性信息，包括显示符号、圆角、间距等信息。

（3）下拉阴影：设置数据框显示下拉阴影的属性信息，包括显示符号、圆角、间距等信息，可对设置的下拉阴影信息实时预览。

7.2.2　字体设置

字体包括对字体的颜色大小和字形进行设置，也包括点、线、面标绘的颜色设置，参数设置如下。

（1）字体：选中文字标绘后，设置字体字形，如宋体、Times New Roman 等。

（2）大小：设置字的大小，范围为 5～72。

（3）【加粗】按钮：切换字体的加粗显示和正常显示状态。

（4）【倾斜】按钮：切换字体的倾斜显示和正常显示状态。

（5）【下划线】按钮：添加和取消下划线。

（6）【字体颜色】按钮：设置文字的显示颜色。

（7）【填充颜色】按钮：设置面标绘的显示颜色。

（8）【线颜色】按钮：设置线标绘的显示颜色。

（9）【点颜色】按钮：设置点标绘的显示颜色。

7.2.3　专题图模板

专题图模板实现了地图图面设计的标准化，简化了地图内容要素以外的设计工作，使得在一系列地图上重新使用或标准化布局变得很容易，满足了行业用户的快速出图要求。点击【更改布局】按钮选中模板，点击【打开】按钮，弹出选择模板对话框，可选择软件中已有的模板，也可以点击【添加布局】按钮导入自定义的模板。模板文件是 pmd 文件，在做好一个专题图后，可以在“系统”标签下点击【保存】或者【另存为】保存成模板，便于重复使用。

7.3 地图整饰

地图整饰是对地图进行打印输出必不可少的过程，典型的地图整饰要素包括标题、文本、图例、指北针、比例尺、格网和数据框等。软件提供了对以上要素的配置功能。

7.3.1 文本

点击【文本】选项下的文本功能，鼠标左键点击专题图需要插入文本的位置，弹出对话框，参数设置如下。

（1）文本：可在文本框中编辑并添加文本内容。

（2）显示轮廓线：显示文本的轮廓线。

（3）对齐方式：在文本框右下角设有文本的对齐方式按钮，分别为左对齐、中间对齐及右对齐。

（4）字体设置：设置字体、颜色和大小。

（5）字形设计：设置字体的加粗、倾斜和下划线。

（6）轮廓线设置：在显示文本的轮廓线的状态下可对轮廓线的宽度和颜色进行设置。

当需要对专题图文本进行修改时，鼠标左键双击文本，弹出文本【属性】对话框，属性包括【文字】选项和【大小和位置】选项，其中【文字】选项与【文本】对话框内容一致，相关设置参考【文本】对话框。【大小和位置】参数设置如下。

位置：显示标绘符号的选中锚点位置参数。

大小：显示标绘符号的宽度和高度，若对宽度和高度进行调整，则视图中点符号的大小发生相应的变化，宽度和高度可以用绝对值或百分比表示。勾选百分比框，长宽数值切换到百分比显示；勾选保持比例框，修改的图标长宽数值比不变。

标注名称：输入该标绘符号的名称。

7.3.2 比例尺文本

点击【文本】选项下的比例尺文本功能，弹出【属性】对话框，包含比例尺文本和格式选项。若在专题图上自动显示当前图片比例尺文本，可对比例尺文本属性进行设置。

1. 比例尺文本参数设置

（1）预览：可对当前专题图的比例尺进行预览。

（2）样式：对比例尺文本的样式进行设置，包括绝对样式和相对样式。

（3）格式：当选择相对比例尺样式时，将激活格式设置。格式设置包括页面单位和地图单位，可对比例尺中页面单位和地图单位进行设置，并可在预览区对设置结果进行预览。

2. 格式参数设置

（1）字体设置：设置字体、大小和颜色。

（2）字形设计：设置字体的加粗、倾斜和下划线。

7.3.3 注释

点击【文本】选项下的注释功能，鼠标左键点击专题图需要插入注释文本的位置，弹出对话框，参数设置如下。

（1）文本：可在文本框中编辑并添加文本内容。

（2）显示轮廓线：显示文本的轮廓线。

（3）对齐方式：分别为左对齐、中间对齐及右对齐。

（4）字体设置：设置字体、颜色和大小。

（5）字形设计：设置字体的加粗、倾斜和下划线。

（6）字符间距：对注释文字的字符间距进行设置。

（7）轮廓线设置：在显示文本的轮廓线的状态下可对轮廓线的宽度和颜色进行设置。

（8）背景填充颜色：可对注释框的背景填充颜色进行设置。

（9）背景轮廓线颜色：可对注释框的背景轮廓线颜色进行设置。

7.3.4　当前日期

点击【文本】选项下的当前日期功能，鼠标左键点击专题图需要插入当前日期文本的位置，弹出对话框，参数设置如下。

（1）文本：可在文本框中编辑并添加当前日期文本内容，默认获取计算机当前日期。

（2）显示轮廓线：可选择是否显示当前日期文本的轮廓线。

（3）对齐方式：在文本框右下角设有文本的对齐方式按钮，分别为左对齐、中间对齐及右对齐。

（4）字体设置：设置字体、颜色和大小。

（5）字形设计：设置字体的加粗、倾斜和下划线。

（6）字符间距：对当前日期文字的字符间距进行设置。

（7）轮廓线设置：在勾选显示轮廓线的状态下可对轮廓线的宽度和颜色进行设置。

当需要对当前日期文本进行修改时，鼠标左键双击当前日期文本，弹出当前日期文本【属性】对话框，属性包括【文字】选项和【大小和位置】选项，其中【文字】选项与当前日期【文本】参数设置对话框内容一致，相关设置参考当前日期【文本】参数设置对话框；【大小和位置】设置与专题图文本属性设置中的【大小和位置】设置内容一致。相关属性设置参考专题图文本属性设置中的【大小和位置】设置。

7.3.5　当前时间

点击【文本】选项下的当前时间功能，鼠标左键点击专题图需要插入当前时间文本的位置，弹出对话框，参数设置如下。

（1）文本：可在文本框中编辑并添加当前时间文本内容，默认获取计算机当前时间。

（2）显示轮廓线：可选择是否显示当前时间文本的轮廓线。

（3）对齐方式：在文本框右下角设有文本的对齐方式按钮，分别为左对齐、中间对齐及右对齐。

（4）字体设置：设置字体、颜色和大小。

（5）字形设计：设置字体的加粗、倾斜和下划线。

（6）字符间距：对当前时间文字的字符间距进行设置。

（7）轮廓线设置：在勾选显示轮廓线的状态下可对轮廓线的宽度和颜色进行设置。

7.3.6　内图廓线

内图廓线用来为专题图添加边框轮廓线。

（1）在制图模式下，点击【内图廓线】按钮，弹出对话框，如图 7-2 所示。

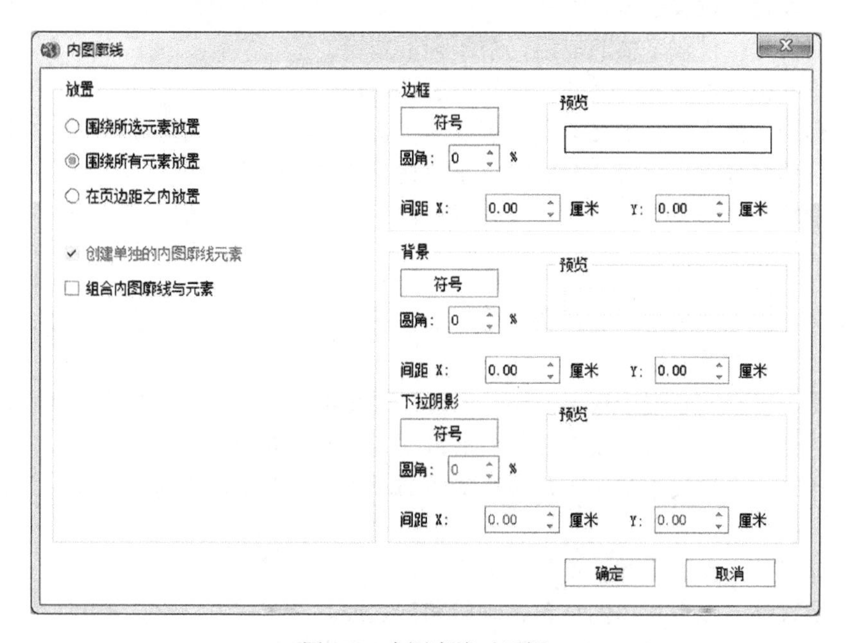

图 7-2　内图廓线对话框

（2）在内图廓线对话框中，在【放置】菜单中设置内图廓线的放置位置，可以设置以下三种方式。

围绕所选元素放置：选择该选项后，内图廓线围绕着所选元素放置，需要先选定元素，否则该功能置灰。

围绕所有元素放置：选择该选项后，内图廓线围绕着专题图上所有元素放置。

在页边距之内放置：选择该选项后，内图廓线在距图纸边缘固定距离（0.4cm）位置放置。

（3）设置内图廓线与围绕元素的关系，一般与以上三种放置位置组合选择，包括以下两种。

创建单独的内图廓线元素：内图廓线只是放置在元素外围，和元素是分离的，一般以上三种放置位置都可默认此选项。

组合内图廓线与元素：内图廓线不仅放置在元素外围，并且和元素合并在一起，仅限于“围绕所选元素放置”和“围绕所有元素放置”这两种放置位置可选。

（4）通过【边框】功能项设置内图廓线边框的属性，包括显示符号、圆角、间距，可对设置的边框信息实时预览。

（5）通过【背景】功能项设置内图廓线背景的属性，包括显示符号、圆角、间距，可对设置的填充背景实时预览。

（6）通过【下拉阴影】功能项设置内图廓线下拉阴影的属性，包括显示符号、圆角、间距等，可对设置的下拉阴影信息实时预览。

7.3.7　指北针

指北针是指专题图上用以指示方向的符号，指针尖所指方向即为北方。

（1）在制图模式下，点击【指北针】按钮，在视图上即显示指北针，双击鼠标左键弹出对话框，选择指北针类型。

（2）在【指北针属性】对话框的样式列表中点击需要的指北针，选中的指北针将在预览窗口中放大显示。

（3）在【指北针属性】对话框中可以设置指北针的颜色、大小、角度等信息。

（4）在【指北针属性】对话框中点击【更多符号】按钮，可以添加更多的指北针符号样式。

7.3.8　比例尺

地图比例尺是地图上主要的数学要素之一，它决定着实地的轮廓转变为制图表象的缩小程度。比例尺的公式为：比例尺=图上距离÷实际距离。

在制图模式下，点击【比例尺】按钮，在视图上即显示比例尺，在显示的比例尺上双击鼠标左键，弹出对话框，包含比例尺和单位、格式、框架、大小和位置选项，可更改比例尺的样式和属性。

1）【比例尺和单位】参数设置

（1）文本：设置比例尺上文字的字体属性及间隔距离，其中间隔距离调整的是注记与刻度线的垂直距离。

（2）比例：设置刻度的主刻度和分刻度的划分数目。

（3）单位：设置刻度的单位、间距和标注的精度，其中间隔指的是单位与数字之间的水平间距，数字的精度位数指的是有效数字，而不是小数位数。

2）【格式】参数设置

（1）格式：设置比例尺上刻度显示格式的属性信息。

（2）条块：设置比例尺上刻度显示条块的属性信息。

（3）样式：设置比例尺上刻度显示样式的属性信息。

3）【框架】参数设置

（1）边框：设置比例尺上刻度显示边框的属性信息，包括显示符号、圆角、间距等信息，可对设置的边框信息实时预览。

（2）背景：设置比例尺上刻度显示背景的属性信息，包括显示符号、圆角、间距等信息。

（3）下拉阴影：设置比例尺上刻度显示下拉阴影的属性信息，包括显示符号、圆角、间距等信息，可对设置的下拉阴影信息实时预览。

4）【大小和位置】参数设置

（1）位置：显示标绘符号的选中锚点位置参数。

（2）大小：显示标绘符号的宽度和高度，若对宽度和高度进行调整，则视图中点符号的大小发生相应的变化。宽高数值有绝对值表示和百分比表示，勾选百分比框，长宽数值切换到百分比显示。

（3）标注名称：输入该标绘符号的名称。

7.3.9 图例

在地图上表示地理环境各要素，如山脉、河流、城市、铁路等所用的符号称为图例。它是集中于地图一角或一侧的地图上各种符号和颜色所代表内容与指标的说明。点击【图例】按钮，在显示的图例上双击鼠标左键，弹出对话框，图例属性的设置如下。

（1）在【常规】对话框中，可对图例名称、指定图例项、地图连接进行设置。

（2）在【项目】对话框中，可对图例显示样式进行设置。

（3）在【布局】对话框中，设置图例中元素如边框等的大小、间距。

（4）在【框架】对话框中，设置图例的边框背景信息。参数设置如下。

边框：设置图例边框的属性信息，包括显示符号、圆角、间距等信息，可对设置的边框信息实时预览。

背景：设置图例背景的属性信息，包括显示符号、圆角、间距等信息。

下拉阴影：设置图例下拉阴影的属性信息，包括显示符号、圆角、间距等信息，可对设置的下拉阴影信息实时预览。

（5）在属性对话框中的【大小和位置】选项卡中，参数设置如下。

位置：设置图例的 x、y 坐标。

锚点：设置图例的选中锚点位置参数。

大小：设置图例的宽度和高度，若对宽度和高度进行调整，则视图中图例的大小发生相应的变化。宽高数值有绝对值表示和百分比表示两种方式，若勾选百分比框，长宽数值切换到百分比显示；若勾选保持比例框，修改的图标长宽数值比不变。

标注名称：设置图例的名称。

7.3.10 格网

在制图中，由叠加在地图上的平行线和垂直线组成的网络，可用于参考。这些格网通常按其表示的地图投影或坐标系来命名，如通用横轴墨卡托格网。在制图模式下，点击【格网】按钮，可直接在数据框上添加经纬网，默认添加的是经纬网。若需修改格网的大小样式，点击【选择】按钮，并在视图中的格网上双击鼠标左键，弹出对话框，可更改格网的样式，参数设置如下。

1）参数说明

对话框中的【大小和位置】【框架】部分是针对数据框的。

2）格网设置

选择【属性】界面中的【格网】，参数设置如下。

（1）经纬网：点击【经纬网】按钮，则经纬网会添加到左侧列表框中，点击【确定】或者【应用】按钮，数据框中则显示经纬网。

（2）方里格网：点击【方里格网】按钮，则方里格网会添加到左侧列表框中，点击【确定】或者【应用】按钮，数据框中则显示方里格网。

（3）属性：选中左侧列表中添加的格网，点击【属性】按钮，弹出对话框，可对格网的轴、标注、间隔进行参数设置。

（4）删除格网：选中左侧列表中添加的格网，点击【删除格网】按钮，可将选中的格网从左侧列表中删除；假如已经在数据框中添加了格网，选中列表中相应的格网，点击【删除格网】按钮，并点击【确定】，即可删除数据框中的格网。

7.4　标注标绘

标注标绘的功能是在图层上标绘点、折线、曲线、自由线、椭圆、矩形、圆、多边形、螺旋线、箭头、文本和图片元素，并可对标绘图元进行选择、编辑节点、旋转、导入标绘、导出标绘和清空标绘等操作，如图 7-3 所示。

图 7-3　综合判读的标注标绘菜单

7.4.1　标绘图元

标注标绘工具如表 7-1 所示。

表 7-1　标注标绘工具

图标	功能名称	功能说明
	选择	选择图元
	点	标绘点
	折线	标绘折线
	曲线	标绘曲线
	自由线	标绘自由线
	椭圆	标绘椭圆
	矩形	标绘矩形
	圆	标绘圆
	多边形	标绘多边形
	螺旋线	标绘螺旋线[给定点（5 个点及以上）即可绘制螺旋线]
	箭头	标绘箭头
	文本	标绘文本
	图片	插入图片
	编辑节点	编辑节点

续表

图标	功能名称	功能说明
	旋转	旋转标绘
	导入标绘	导入标绘文件
	导出标绘	导出标绘文件
	清空标绘	清空标绘文件

7.4.2　编辑图元

（1）选择图元：点击工具栏中的【选择】按钮，在需要选择的图元上点击鼠标左键，即可选中该图元；按住【Ctrl】键在需要选择的图元上点击左键或按住鼠标左键进行拉框，可同时选中多个图元。

（2）移动图元：选中待移动的图元后，按住鼠标左键的同时拖动该图元即可实现该图元的移动。

（3）改变图元大小：选中待编辑的图元后，按住鼠标左键拖动该图元外接矩形的节点即可改变该图元的大小。

（4）编辑图元形状：选中待编辑的图元后，点击【编辑节点】按钮，在该图元的节点处按住鼠标左键进行拖动即可改变该图元的形状，点击鼠标右键即可删除或添加节点。

7.4.3　图元属性

更改图元属性：选中待编辑的图元后，在该图元上双击鼠标左键，弹出图元属性编辑对话框，即可对该图元的各种属性进行编辑。

1. 点图元属性编辑

点图元属性设置对话框：可设置点符号的属性信息，用来表示医院、机场、车站等元素。点击【标注标绘】组的工具【选择】按钮，框选需要修改的点，然后在点上双击鼠标左键，弹出对话框。

1）点符号参数设置

（1）颜色：设置标绘符号的颜色，可选择基本颜色，也可通过设置 R、G、B 值合成更多的颜色。

（2）大小：设置标绘符号的大小，通过输入数值或点击上下箭头调整大小。

（3）角度：设置标绘符号的旋转角度，通过输入数值或点击上下箭头调整角度。

（4）更改符号：点击【改变符号】按钮，在弹出的对话框中选取点的显示符号。

2）点空间坐标显示

点击属性界面中的【点】按钮，切换到属性的点对话框，显示点的位置信息和高程信息。

3）大小和位置设置

点击属性界面中的【大小和位置】按钮，切换到大小和位置对话框，参数设置如下。

（1）位置：显示标绘符号的选中锚点位置参数。

（2）大小：显示标绘符号的宽高数值，若对宽高数值进行调整，则视图中点符号的大小发生相应的变化。宽高数值有绝对值表示和百分比表示，勾选百分比框，长宽数值切换到百分比显示。

（3）标注名称：输入该标绘符号的名称。

2. 线图元属性编辑

线图元属性设置对话框：可设置线符号的属性信息，用来表示铁路、公路、河流等元素。点击【标注标绘】组的【选择】按钮，框选需要修改的线，然后在线上双击鼠标左键，弹出对话框。

1）线符号参数设置

（1）颜色：设置标绘符号的颜色，可选择基本颜色，也可通过设置 R、G、B 值合成更多的颜色。

（2）线宽：设置标绘符号的线宽度，通过输入数值或点击上下箭头调整线宽。

（3）更改符号：点击【改变符号】按钮，在弹出的对话框中选取线的显示符号。

2）线长度显示

点击属性界面中的【线】按钮，切换到属性的线对话框，显示线的长度信息。

3）线元素的大小和位置设置

点击属性界面中的【大小和位置】按钮，切换到大小和位置对话框，参数设置如下。

（1）位置：显示标绘符号的选中锚点位置参数。

（2）大小：显示标绘符号的宽度、高度信息，若对宽度和高度进行调整，则视图中点符号的大小发生相应的变化。宽高数值有绝对值表示和百分比表示，勾选百分比框，长宽数值切换到百分比显示；勾选保持比例框，修改的图标长宽数值比不变。

（3）标注名称：输入该标绘符号的名称。

3. 面图元属性编辑

面图元属性设置对话框：可设置面符号的属性信息，用来表示水库、戈壁、居民用地等元素。点击【标注标绘】组的【选择】按钮，框选需要修改的面，然后在面上双击鼠标左键，弹出对话框。

1）面元素的符号设置

（1）填充颜色：设置标绘符号的填充颜色，可选择基本颜色，也可通过设置 R、G、B 值合成更多的颜色。

（2）边框颜色：设置标绘符号的边框颜色，可选择基本颜色，也可通过设置 R、G、B 值合成更多的颜色。

（3）边线宽：设置标绘符号的边线宽，通过输入数值或点击上下箭头调整边线宽。

（4）更改符号：点击【改变符号】按钮，在弹出的对话框中选取面的显示符号。

2）面积显示

点击属性界面中的【面积】按钮，切换到属性的面积对话框，显示面图元的面积、周长、中心点信息。

3）面元素的大小和位置设置

点击属性界面中的【大小和位置】按钮，切换到大小和位置对话框，参数设置如下。

（1）位置：显示标绘符号的选中锚点位置参数。

（2）大小：显示标绘符号的宽高数值，若对宽高数值进行调整，则视图中点符号的大小发生相应的变化。宽高数值有绝对值表示和百分比表示，勾选百分比框，长宽数值切换到百分比显示；勾选保持比例框，修改的图标长宽数值比不变。

（3）标注名称：输入该标绘符号的名称。

4. 螺旋线图元属性编辑

螺旋线图元属性设置对话框可设置螺旋线符号、辅助线符号的属性信息，用来表示铁路、公路、河流等元素。点击【标注标绘】组的【选择】按钮，框选需要修改的螺旋线，然后在螺旋线上双击鼠标左键，弹出对话框。

1）螺旋线符号参数设置

（1）颜色：设置螺旋线符号的颜色，可选择基本颜色，也可通过设置 R、G、B 值合成更多的颜色。

（2）线宽：设置螺旋线符号的线宽度，通过输入数值或点击上下箭头调整线宽。

（3）改变符号：点击【改变符号】按钮，在弹出的对话框中选取螺旋线的显示符号。

2）辅助线符号参数设置

（1）颜色：设置辅助线符号的颜色，可选择基本颜色，也可通过设置 R、G、B 值合成更多的颜色。

（2）线宽：设置辅助线符号的线宽度，通过输入数值或点击上下箭头调整线宽。

（3）改变符号：点击【改变符号】按钮，在弹出的对话框中选取辅助线的显示符号。

3）螺旋线的大小和位置参数设置

（1）位置：显示标绘符号的选中锚点位置参数。

（2）大小：显示标绘符号的宽度和高度，若对宽度和高度进行调整，则视图中点符号的大小发生相应的变化。宽高数值有绝对值表示和百分比表示，勾选百分比框，长宽数值切换到百分比显示；勾选保持比例框，修改的图标长宽数值比不变。

（3）标注名称：输入该标绘符号的名称。

5. 箭头图元属性编辑

箭头图元属性设置对话框：可设置箭头符号的属性信息，用来表示水库、戈壁、居民用地等元素。点击【标注标绘】组的【选择】按钮，框选需要修改的箭头，然后在面上双击鼠标左键，弹出对话框，参数设置如下。

（1）填充颜色：设置标绘符号的填充颜色，可选择基本颜色，也可通过设置 R、G、B 值合成更多的颜色。

（2）边框颜色：设置标绘符号的边框颜色，可选择基本颜色，也可通过设置 R、G、B 值合成更多的颜色。

（3）边线宽：设置标绘符号的边线宽，通过输入数值或点击上下箭头调整边线宽。

（4）改变符号：点击【改变符号】按钮，在弹出的对话框中选取面的显示符号。

6. 图片图元属性编辑

图片图元属性设置对话框，点击【标注标绘】组的【选择】按钮，框选需要修改的图片，然后在面上双击鼠标左键，弹出对话框，参数设置如下。

1）图片设置

显示图片信息，点击【打开】按钮，弹出打开对话框，可以选择其他图片加载，勾选将图片保存为文档，即可将文档保存在已知位置。

2）图片面积

点击属性界面中的【面积】按钮，切换到属性的面积对话框，显示面图元的面积、周长、中心点信息。

3）图片的大小和位置显示

点击属性界面中的【大小和位置】按钮，切换到大小和位置对话框，具体参数设置如下。

（1）位置：显示标绘符号的选中锚点位置参数。

（2）大小：显示标绘符号的宽高数值，若对宽高数值进行调整，则视图中点符号的大小发生相应的变化。宽高数值有绝对值表示和百分比表示，勾选百分比框，长宽数值切换到百分比显示；勾选保持比例框，修改的图标长宽数值比不变。

（3）标注名称：输入该标绘符号的名称。

7.5　制图元素设置

制图元素设置包括元素排列、顺序及分布。通过对元素进行设置可以获得良好的制图结果。

7.5.1　元素排列

元素排列包含左端对齐、右端对齐、顶端对齐、底端对齐、左右居中、上下居中、对齐到边缘七个功能，参数设置如下。

（1）左端对齐：在制图模式下，在视图范围内通过鼠标左键和【Ctrl】键组合或按住鼠标左键拉框选择多个整饰要素，点击【左端对齐】按钮，即可对添加的整饰要素进行左端对齐操作。

（2）右端对齐：在制图模式下，在视图范围内通过鼠标左键和【Ctrl】键组合或按住鼠标左键拉框选择多个整饰要素，点击【右端对齐】按钮，即可对添加的整饰要素进行右端对齐操作。

（3）顶端对齐：在制图模式下，在视图范围内通过鼠标左键和【Ctrl】键组合或按住鼠标左键拉框选择多个整饰要素，点击【顶端对齐】按钮，即可对添加的整饰要素进行顶端对齐操作。

（4）底端对齐：在制图模式下，在视图范围内通过鼠标左键和【Ctrl】键组合或按住鼠标左键拉框选择多个整饰要素，点击【底端对齐】按钮，即可对添加的整饰要素进行底端对齐操作。

（5）上下居中：在制图模式下，在视图范围内通过鼠标左键和【Ctrl】键组合或按住鼠标左键拉框选择多个整饰要素，点击【上下居中】按钮，即可对添加的整饰要素进行垂直居中操作。

（6）左右居中：在制图模式下，在视图范围内通过鼠标左键和【Ctrl】键组合或按住鼠标左键拉框选择多个整饰要素，点击【左右居中】按钮，即可对添加的整饰要素进行水平居中操作。

（7）对齐到边缘：在制图模式下，在视图范围内通过鼠标左键和【Ctrl】键组合或按住鼠标左键拉框选择多个整饰要素，点击【对齐到边缘】按钮，然后再点击【左端对齐】【右端对齐】【顶端对齐】等按钮，整饰要素就会进行相应的边缘对齐。

7.5.2　元素顺序

元素顺序可以调整整饰要素的图层顺序，包含置于顶层、置于底层、上移一层、下移一层四个功能，参数设置如下。

（1）置于顶层：在制图模式下，通过鼠标左键选中需要调整的整饰要素，点击【置于顶层】按钮，相应的整饰要素就会移动到顶层。

（2）置于底层：在制图模式下，通过鼠标左键选中需要调整的整饰要素，点击【置于底层】按钮，相应的整饰要素就会移动到底层。

（3）上移一层：在制图模式下，通过鼠标左键选中需要调整的整饰要素，点击【上移一层】按钮，相应的整饰要素就会向上移动一个图层。

（4）下移一层：在制图模式下，通过鼠标左键选中需要调整的整饰要素，点击【下移一层】按钮，相应的整饰要素就会向下移动一个图层。

7.5.3　元素分布

元素分布包含水平分布、垂直分布、设置相同大小、设置相同宽度、设置相同高度、调整到页边距大小、调整宽度为页边距大小、调整高度为页边距大小共八个功能，参数设置如下。

（1）水平分布：选中 3 个以上整饰要素，实现整饰要素水平方向距离相同（以整饰要素的中轴线为准）。

（2）垂直分布：选中 3 个以上整饰要素，实现整饰要素的垂直间距相同。

（3）设置相同大小：针对两个以上的整饰要素，实现整饰要素的大小相同。

（4）设置相同宽度：针对两个以上的整饰要素，实现整饰要素的宽度相同。

（5）设置相同高度：针对两个以上整饰要素，实现整饰要素的高度相同。

（6）调整到页边距大小：针对一个以上整饰要素，在制图视图界面，选中整饰要素，实现选中整饰要素的大小与制图视图中的页面的高度和宽度相同。

（7）调整宽度为页边距大小：针对一个以上整饰要素，在制图视图界面，选中整饰要素，实现整饰要素的宽与页面的宽度相同。

（8）调整高度为页边距大小：针对一个以上整饰要素，在制图视图界面，选中整饰要素，实现整饰要素的高与页面的高度相同。

7.6　专题图输出

专题图输出包括页面设置和导出地图两部分内容。把视图切换到制图视图状态下，此时专题制图的功能被激活，通过数据操作、视图操作调整数据布局，然后依次可以添加标题、比例尺、指北针等整饰要素，完成后可将专题图导出保存。

7.6.1　页面设置

页面设置可以对专题图的版面尺寸进行设置。在其界面可选择标准纸，也可以根据专题图的需要对纸张的大小进行自定义。在制图模式下，点击【页面设置】按钮，弹出对话框。

1）*页面设置参数*

（1）纸张：设置纸张的大小，支持标准纸张大小和自定义纸张大小这两种方式。

（2）宽度：显示选择纸张的宽度，可以自定义设置。

（3）高度：显示选择纸张的高度，可以自定义设置。

（4）方向：设置纸张的方向。

通过勾选【根据页面大小的变化按比例缩放地图元素】前的复选框，可根据输出地图页面大小的变化按比例缩放地图元素。

2）框架设置参数

（1）边框：设置数据框显示边框的属性信息，包括显示符号、圆角、间距等信息，可对设置的边框信息实时预览。

（2）背景：设置数据框显示背景的属性信息，包括显示符号、圆角、间距等信息。

（3）下拉阴影：设置数据框显示下拉阴影的属性信息，包括显示符号、圆角、间距等信息，可对设置的下拉阴影信息实时预览。

7.6.2　导出地图

在制图模式下，点击【导出地图】按钮，弹出对话框，参数设置如下。

（1）输出路径：设置导出图片的保存路径、名称、保存类型，支持的图片格式有 TIFF、JPG、BMP、PNG 四种。

（2）DPI：设置导出地图的分辨率。

（3）宽度：可以根据设置的导出地图的分辨率，自动显示输出地图的宽度，单位为像素。

（4）高度：可以根据设置的导出地图的分辨率，自动显示输出地图的高度，单位为像素。

第二篇　高 级 篇

第 8 章　面向对象分类

8.1　影 像 分 割

8.1.1　新建工程

鼠标左键点击【系统】下的【新建工程】按钮，打开对话框，如图 8-1 所示。

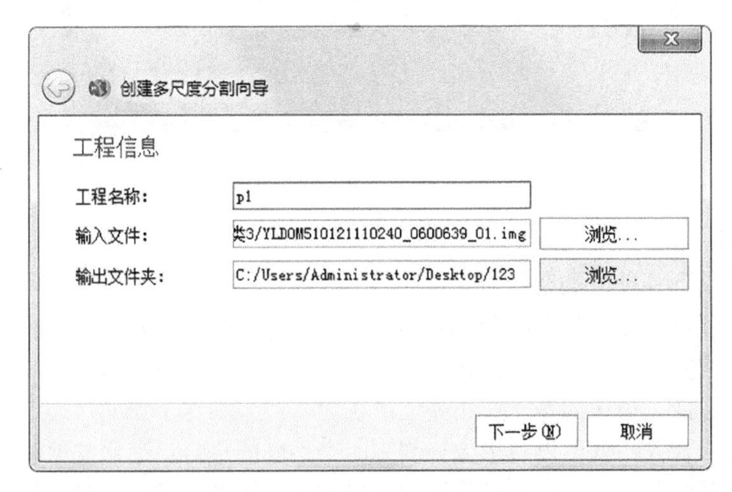

图 8-1　工程信息对话框

（1）自定义设置工程名称。

（2）输入文件：点击【浏览】，选择待分割影像。

（3）输出文件夹：点击【浏览】，选择输出的文件夹。

（4）点击【下一步】打开【初始化参数】对话框。

8.1.2　分割对象

影像分割技术可以用于信息提取，分割对象与实际物体越相似，信息提取的精度就越高。传统的影像分割往往需要通过调整尺度参数来控制所获取的区域的尺度，因为不同类别的对象往往出现在不同的分析尺度上，所以选择合适的分割尺度非常困难。尺度集结构是一个基于区域的影像层次表达模型，可适用于在影像分析阶段解决尺度参数的问题。尺度集记录了不同尺度的区域及区域之间的层次关系，并以尺度参数进行索引。因此，利用尺度集可以方便地检索出任意尺度的分割结果，从而在影像分割阶段根据需要输出对应的分割结果，解决尺度问题。在构建尺度集的过程中，层次区域合并决定了图像分割质量。层次区域合并以初始分割为起点，有时甚至以单独的像素为起点进行区域合并，当影像非常大时，初始区域个数非常多，计算量非常大；同时，层次区域合并是一个全局最优化过程，对其进行并行处理非常困难，因此其效率难以满足大幅面遥感影像分割处理的需求。软件创新性地应用双层尺度集（bi-level scale-sets model，BSM）方法，解决了大幅面遥感影像的尺度集构建，并实现了尺度集应用于大幅面遥感影像处理的高性能计算。

在“分类提取”标签下点击【影像分割】按钮，弹出对话框，如图 8-2 所示。

图 8-2　影像分割对话框

1）分割算法

分割方法有以下几种可供选择。

（1）分水岭分割算法：分水岭分割（watershed segmentation）是一种相对常用的方法，因为该算法将区域分割为汇水盆地而得名。该方法通常情况下先将原始影像转化为梯度影像，由此得到的灰度影像可被认为是一个拓扑地形表面。如果将这个表面从最低处用水淹没，并防止不同来源的水合并，就可以将影像分割为两个不同的集合：汇水盆地和分水岭。

分水岭分割算法是一个区域增长算法，用来对单一影像层进行分割。局部影像亮度最小值被当作种子对象，对象向亮度较大的邻域对象增长，直到遇到从邻近种子对象增长过来的对象为止。从不同山谷涨上来的洪水相遇的地方就是对象的边界（分水岭由此得名）。从理论上讲，汇水盆地的分布与影像中均质灰度水平的区域相一致，这种方法适用于将特别凸出的对象与相对平缓的对象区分开，即使这些对象在相对均质的影像数据中感觉不到什么差异。该方法如果有效，它十分方便、快捷和强大。但是对于遥感数据而言，由于通常包含一定的噪声而且反差不大，该方法通常达不到理想的效果。

（2）最优邻分割算法：最优邻分割算法基于最近邻像素聚类分割算法，其主要思想是，计算每个像素值与上、下、左、右四个方向相邻像素值的欧氏距离，将最短距离的方向进行指向性标记（如果存在距离值相同，则记录标号较小的那个方向）。再寻找其中互为最优邻的（即两像素相互指向）两个像素，将这些区域标记为最终分割图斑区域的种子点，最后将指向这些种子点的像素逐一进行合并，得到最终的分割图斑。

（3）图割分割算法：图割分割算法在进行初始分割的基础上，统计区域的光谱和局部二进制模式（local binary patterns，LBP）纹理特征，然后依据光谱、纹理与形状特征计算相邻区域之间的异质性，并以此为基础构建区域邻接图（region adjacency graph，RAG），最后在邻接图的基础上采用逐步迭代优化算法进行区域合并获取最终分割结果。

2）合并规则

（1）Baatz-Schape（光谱-标准差）：使用光谱和标准差作为合并准则进行合并。

（2）Baatz-Schape-LBP（标准差-纹理）：使用标准差和 LBP 纹理作为合并准则进行合并。

（3）Full-Lambda（光谱-均值）：该方法基于光谱信息和空间信息的结合，对相邻的线段进行迭代合并。

（4）Color-Histogram（光谱-直方图）：该方法使用颜色直方图作为合并准则进行合并。

（5）Color-Texture（光谱-纹理）：该方法使用颜色纹理作为合并准则进行合并。

3）形状因子权重

可调节紧凑度和平滑度的综合调整系数，值越大分割形状越紧凑，推荐设置为 0.3～0.5。

4）边界强度

两个区域进行合并时，计算两个区域边缘像素的梯度值，梯度值越高，两个区域变化越大；梯度值越小，两个区域相似性越高。

5）紧致度权重

该参数主要是反映地物紧致度在合并中的权重，推荐设置：小于 0.5。

6）合并区域尺寸

设置合并区域尺寸大小，由于分割算法是进行两层分割，分别是低层尺度集和高层尺度集，这个参数用于调整两层之间的区域数量，需要根据影像分辨率来设置。此参数会影响分割效率，推荐设置：30m 分辨率影像设置为 25～50，1m 分辨率影像设置为 100～500。

8.1.3　分割尺度调节

在主视图左下角有分割尺度调节的窗口，可左右移动滑动条，来动态调整图像的分割尺度。向左移动滑块调小分割尺度，向右移动滑块调大分割尺度，可实时查看调节的结果。

8.1.4　导出分割矢量

软件采用的是多尺度分割技术，分割的结果是一个尺度集合，存放在内存中，可根据分类要求，导出一个合适尺度的分割矢量参与分类。点击【导出分割矢量】按钮，可将分割的结果导出保存。默认命名是 Segment_影像名称.shp。

8.2　样 本 管 理

软件采用的是监督分类方法，需采集样本。样本选择有两种方式：有前期分类结果文件的情况下使用【自动样本选择】功能，没有的情况下使用【样本选择】功能。

8.2.1　样本选择

1. 添加类别

在样本窗口中手动添加类别，设置类别颜色/名称、类别 ID。

（1）颜色选择：设置每一类的颜色。

（2）输入：输入类别名称。

（3）加号：添加类别。

（4）减号：删除选中的类别，在类别列表中选中某一类别，点击该按钮可将其删除。

（5）清空样本：清除某类中的所有样本。

（6）保存模板：将设置好的样本类别、样式保存成模板以供后续重复使用，模板只记录样本名称和颜色信息。

（7）打开模板：打开已保存的样本模板。

在类别设置窗口，填写类别名称，选择类别颜色，然后点击【加号】按钮，则在类别列表中添加一个类别，在类别列表中双击该类别，弹出【分类修改】对话框，可修改类别名称、颜色和类别 ID。

2. 样本选择

类别添加完成后，开始进行样本选择，先在类别列表中选中一个类别，然后鼠标左键在主视图区双击选择分割图斑作为该类的样本，重复双击该图斑则取消选择。也可长按鼠标左键拉框批量选择样本，右键拉框批量取消样本。重复此步骤，直到每类样本都选择完毕，如图 8-3 所示。

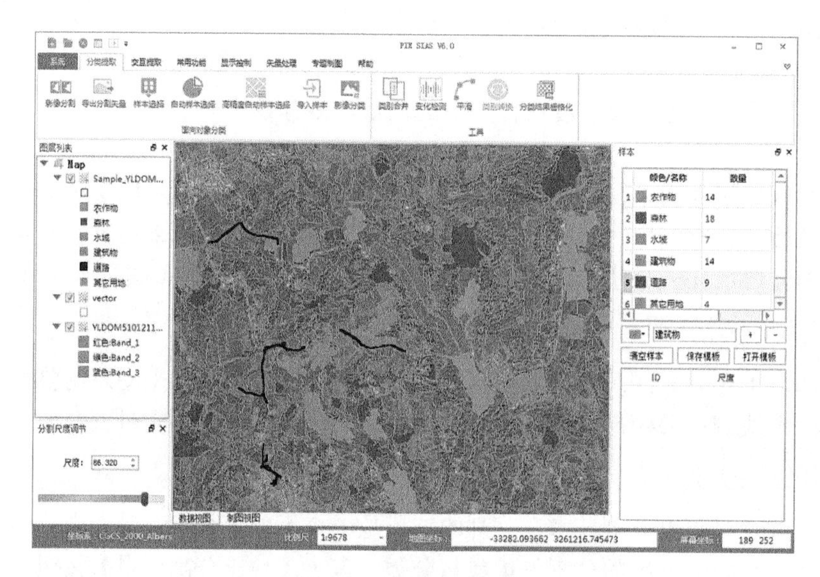

图 8-3　样本选择界面

样本选择要求分布均匀，具有类别代表性，数量足够，理论上越多分类越精确，推荐 50 以上，特殊情况另论。选样本时可动态调整分割尺度，在不同尺度下选择样本，兼顾到不同尺寸的样本选择。

技巧 1　进行手动样本选择时，通过双击鼠标左键逐个选择样本速度较慢，可通过鼠标左键拉框，实现样本的批量选择。鼠标右键拉框选择样本，可实现所选样本的批量取消。

技巧 2　在手动选择的样本分类流程中，通过设置栅格影像渲染方式可实现快速准确的样本选择。具体方法为：在图层列表中选择影像，鼠标右键选择属性，点击【栅格渲染】，颜色通道为红色所对应的波段设置为波段 3，颜色通道为蓝色所对应的波段设置为波段 1，设置完后，点击【确定】，在【显示控制】中的【拉伸增强】标签下选择，【拉伸方式】为 2%线性拉伸。上述设置有利于目视解译影像地物，增强样本选择的便捷性与准确性。

8.2.2　自动样本选择

如果有该区域影像的历史分类矢量数据，可以用来进行自动样本选择。系统通过对历史分类矢量、影像分割矢量和影像特征进行综合空间分析，自动选出分类样本。点击【自动选择样本】按钮，弹出对话框，如图 8-4 所示。

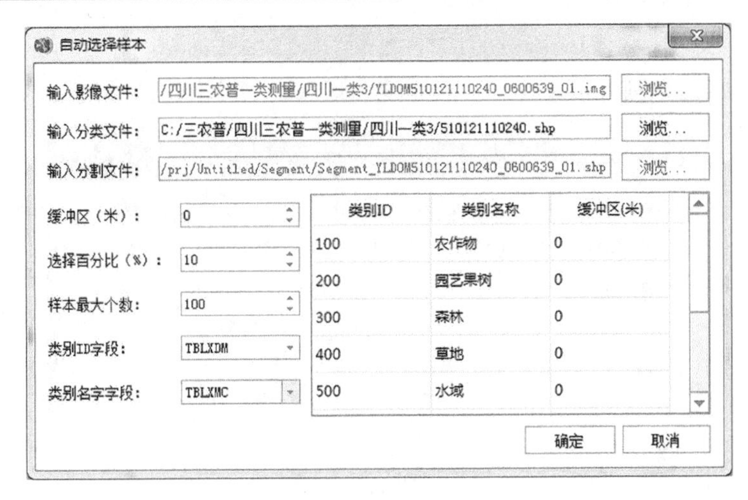

图 8-4　自动选择样本界面

（1）输入影像文件：输入需要分类的影像，一般建立工程后，系统会默认读取工程中加载的影像数据。

（2）输入分类文件：输入该区域影像已有的分类矢量文件，点击【浏览】选择 shp 文件。

（3）输入分割文件：输入之前导出的分割矢量文件，一般系统会默认读取导出的分类矢量。

（4）缓冲区（米）：设置图斑内缓冲距离，用于剔除面积比较小的样本。系统会根据设置的缓冲距离对历史分类矢量所有图斑从边界向内做缓冲，缓冲区存在的图斑将会保留下来，用来参与样本选择，缓冲区不存在的图斑将会被忽略掉。由于道路一般都比较窄，容易被忽略，建议设为 0；缓冲区可以批量设置，也可以针对某一类单独设置。

（5）选择百分比（%）：设置样本提取百分比，系统会按照这个百分比选取参考分类矢量中每类样本数量，一般默认 10%。

（6）样本最大个数：设置生成每一类样本的最大个数，通常情况下样本越多分类就会越准确，但同时也会延长样本选择的时间。因此可以适当的设置成 200～500，如果数据覆盖范围较大，可调大此参数。

（7）类别 ID 字段：设置为 ClassID，选择分类文件中类别编号字段。

（8）类别名字字段：设置为 ClassName，选择分类文件中类别名称字段。

8.2.3　高精度自动样本选择

高精度样本选择原理同自动样本选择类似，只是在其基础上着重突出了影像特征在样本选择中的参考比重，使样本选择更加准确。点击【高精度自动样本选择】按钮，弹出对话框，如图 8-5 所示。

1）输入影像文件

输入需要分类的影像，一般建立工程后，系统会默认读取工程中加载的影像数据。

2）输入分类文件

输入该区域影像已有的分类矢量文件，点击【浏览】选择 shp 文件。

3）输入分割文件

输入之前导出的分割矢量文件，一般系统会默认读取导出的分类矢量。

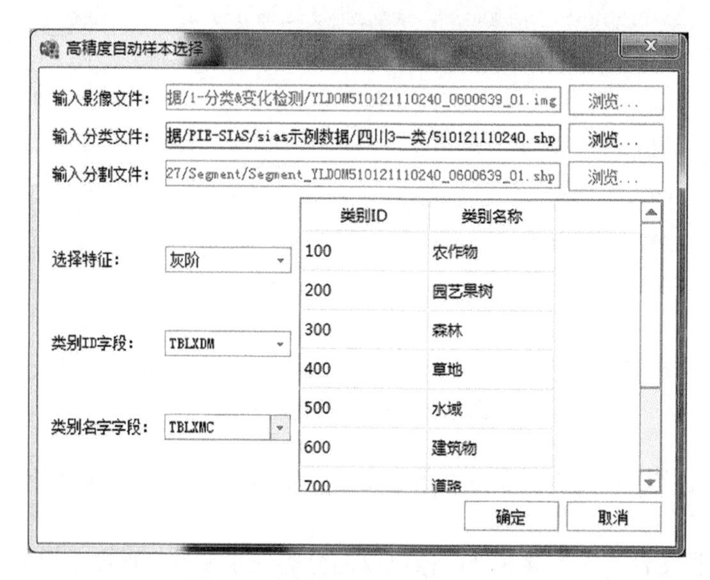

图 8-5　高精度自动样本选择界面

4）选择特征

设置选择样本选择时参考的影像特征参数，有灰阶和主成分可供选择。

（1）灰阶：先求原始影像的最优化波段组合，在最优化波段基础上生成灰度影像，然后计算各统计斑块的相似度。优点是对数据起到降维作用，速度快；缺点是对同物异谱、异物同谱现象分辨能力稍弱。

（2）主成分：先计算出第一主成分波段，对第一主成分波段计算各斑块的相似度。优点是降低数据维度，使用第一主成分波段代表大部分影像信息，精度较高；缺点是速度相对较慢。

5）类别 ID 字段

读取分类文件中类别编号字段。

6）类别名称字段

读取分类文件中类别名称字段。

8.2.4　导入样本

如果有分类样本文件可以导入到软件中进行分类，点击【导入样本】按钮，弹出对话框，如图 8-6 所示。

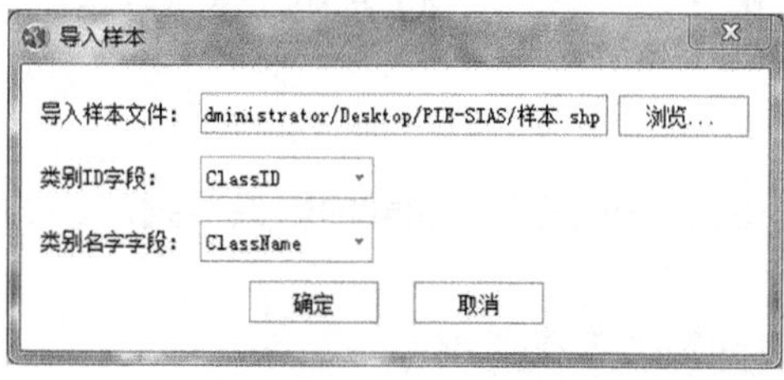

图 8-6　导入样本对话框

（1）导入样本文件：输入已有的样本文件。

（2）类别 ID 字段：选择标识样本类别 ID 的属性字段。

（3）类别名字字段：选择标识样本类别名称的属性字段。

8.3 影像分类

8.3.1 分类特征

点击【影像分类】按钮，弹出【面向对象分类向导】对话框，选择需要的要素，如图 8-7 所示。

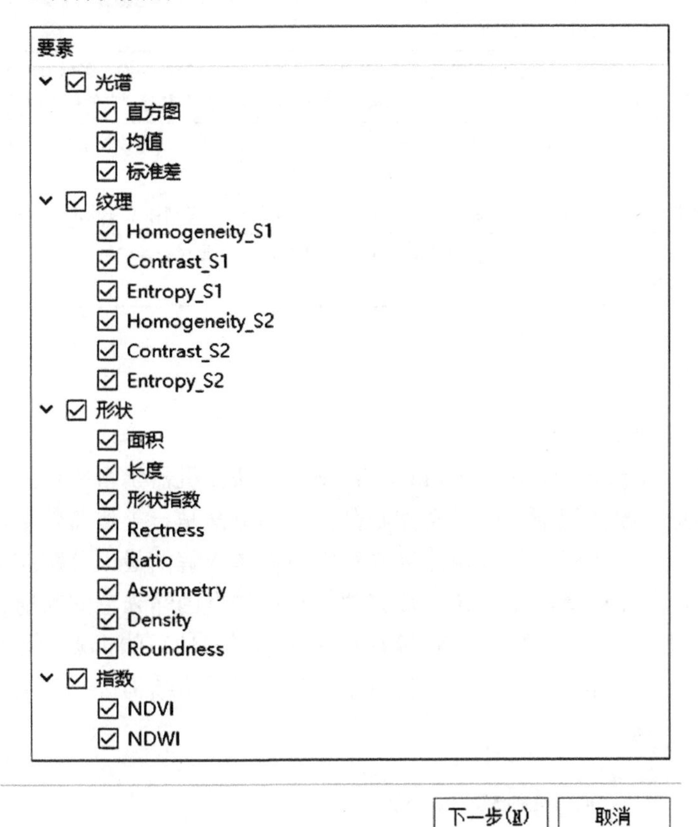

图 8-7　选择分类要素对话框

PIE -SIAS 软件使用的分类特征如表 8-1 所示。

表 8-1　分类特征

光谱	直方图（Histogram）：由构成一个影像对象的所有 n 个像素的图层值计算得到的直方图
	均值（Mean）：由构成一个影像对象的所有 n 个像素的图层值计算得到图层平均值
	标准差（StdDev）：由构成一个影像对象的所有 n 个像素的图层值计算得到标准差
纹理	同质性（Homogeneity）：反映图像纹理的同质性，度量图像纹理局部变化的多少
	对比度（Contrast）：度量图像中存在的局部变化，对比度反映了图像的清晰度和纹理的沟纹深浅
	熵（Entropy）：熵度量了图像包含信息量的随机性，熵值表明了图像灰度分布的复杂程度，熵值越大，图像越复杂

续表

形状	面积（Area）：对于没有地理参考的数据，单个像素的面积为 1。其结果是一个影像对象的面积就是构成它的像素的数量。如果影像数据是有地理参考的，一个影像对象的面积就是一个像素覆盖的真实面积乘以构成这一影像对象的像素数量
	长度（Length）：长度也可以用从边界框近似中得到的长宽比来计算。它可以做以下的近似计算：对于曲折的影像对象另一种可能更好的方法是基于影像对象的子对象来计算它的长度
	形状指数（Shape Index）：形状指数描述了图像对象边框的平滑度。图像对象的边界越平滑，其形状指数越低。它是根据图像对象的边界长度特征除以其面积的平方根的四倍来计算的
	贡献率（Ratio）：第 L 层的贡献率是一个影像对象的第 L 层的平均值除以所有光谱层的平均值总和
	不对称性（Asymmetry）：一个影像对象越长，它的不对称性越高。对于一个影像对象来说，可近似于一个椭圆。不对称性可表示为椭圆的短轴和长轴的长度比
	密度（Density）：密度可以表示为影像对象面积除以它的半径。使用密度来描述影像对象的紧致程度。在像素栅格的图形中理想的紧致形状是一个正方形。一个影像对象的形状越接近正方形，它的密度就越高
	圆度（Roundness）：圆度特性描述了一个图像对象与椭圆的相似程度，通过计算最大封闭椭圆的半径减去最小封闭椭圆的半径得到
指数	归一化植被指数（Normalized Difference Vegetation Index，NDVI）：是植被生长状态及植被覆盖度的最佳指示因子
	归一化水体指数（Normalized Difference Water Index，NDWI）：用遥感影像的特定波段进行归一化差值处理，以凸显影像中的水体信息

8.3.2　分类算法

1. 支持向量机算法

支持向量机（support vector machine，SVM）算法在机器学习领域是一个有监督的学习模型，通常用来进行模式识别、分类及回归分析。该算法是一类按监督学习方式对数据进行二元分类的广义线性分类器，其决策边界是对学习样本求解的最大分割超平面。此外，针对线性不可分的问题，SVM 算法采用核函数将数据从低维度的输入空间映射到高维度的特征空间（希尔伯特空间）再进行分类。SVM 算法可解决小样本情况的机器学习问题，且泛化能力强；能解决高维问题和非线性问题；并且可以避免神经网络结构选择和局部极小点问题，如图 8-8 所示。

图 8-8　SVM 算法对话框

1）自动优化参数（AutoTrain）

优化参数只针对某个具体核函数，核函数还需人为进行选择。使用时参数要先赋初始值，否则编译能通过，但运行时会报错。

2）核函数（Kernel）

核函数主要包括以下几种。

（1）Linear：线性核，如果特征数远远大于样本数，选择线性核。

（2）Ploy：多项式核。

（3）RBF：径向基核函数，默认选项。

（4）Sigmoid：Sigmoid 核。

（5）CHI2：卡方（χ^2）核函数。

3）Gamma

Gamma 越大，支持向量越少；Gamma 值越小，支持向量越多。支持向量的个数影响训练与预测的速度。

4）Coef0

内核函数（POLY/ SIGMOID）的参数为 Coef0。

5）惩罚系数（C）

即对误差的宽容度。C 越大，说明越不能容忍出现误差，容易过拟合。C 越小，容易欠拟合。C 过大或过小，泛化能力变差。

2. K 近邻算法

K 近邻（K-nearest neighbor，KNN）算法是一个理论上比较成熟的方法，也是最简单的机器学习算法之一。不仅可以用于分类，还可以用于回归，此算法是一种在特征空间中基于最近的训练样本来区分对象的方法。K 表示 K 个特征距离最近样本，样本中哪一类最多，就分为哪一类。如果一个对象在特征空间中的 K 个最近邻样本中大多数属于某一个类别，则该样本也属于这个类别，并具有这个类别上样本的特性。KNN 算法在类别决策时，靠周围有限的邻近样本，而不是靠判别类域的方法来确定所属类别的，因此对于类域的交叉或重叠较多的待分样本集来说，KNN 算法较其他方法更为适合。该算法比较适用于样本容量比较大的类域的自动分类，而那些样本容量较小的类域比较容易产生误分（适合于地物类型混交复杂的情况）。KNN 分类算法对话框如图 8-9 所示。

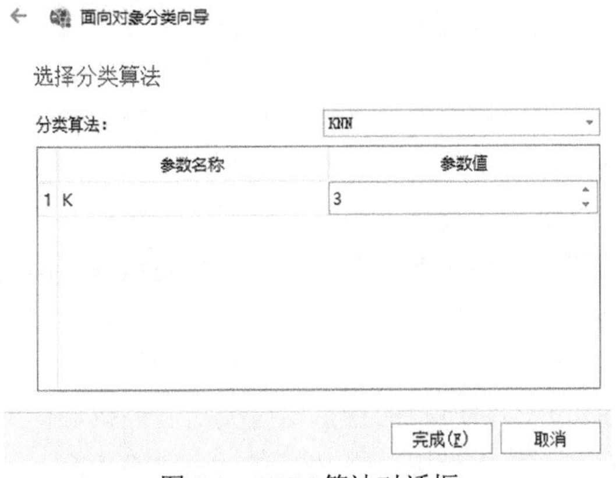

图 8-9　KNN 算法对话框

3. CART 决策树算法

CART（classification and regression tree）决策树算法采用二分递归分割技术，大致思路是将训练样本分成两种变量，即预测变量和目标变量，预测变量一般包含多个变量，目标变量一般只有一个，通过变量间的关系分析，决定二叉树如何生成及各个节点的规则，最终形成二叉决策树。将样本集分为两个子样本集，使得生成的决策树的每个非叶子节点都有两个分支，形成结构简单的二叉树。CART 算法能够自动选择特征并自动确定阈值；适用于类别数目较多的情况，如土地覆盖分类（要求把所有类别都区分出来，同时要保证精度）；并且对输入的特征没有任何统计分布的要求，得到的是一个分类决策树，具有层次性。CART 分类算法对话框如图 8-10 所示。

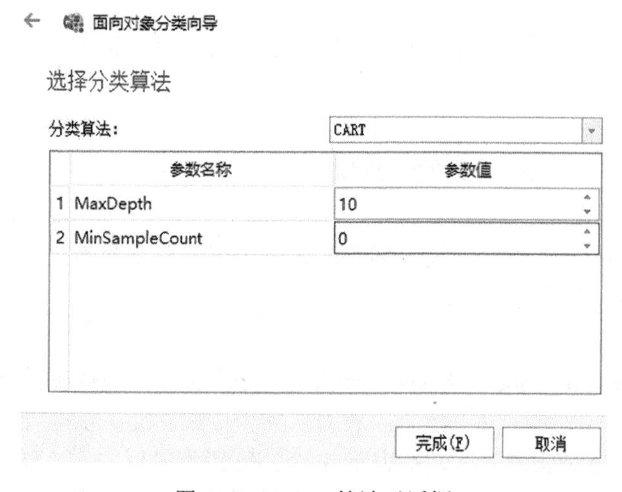

图 8-10　CART 算法对话框

（1）MaxDepth：单棵树所可能达到的最大深度，数据少或者特征少的时候可以不管这个值。如果模型样本量多，特征也多的情况下，推荐限制这个最大深度，具体的取值取决于数据的分布。常用的取值为 10～100。

（2）MinSampleCount：这个值限制了子树继续划分的条件，如果某节点的样本数少于 min_samples_split，则不会继续再尝试选择最优特征来进行划分。默认是 2。如果样本量不大，可以忽略这个值。如果样本量数量级非常大，则推荐增大这个值。

4. 随机森林算法

随机森林（random forest，RF）算法使用一个特征矢量并将使用“森林”中的“树”进行分类，结果会在其结束的终端节点对训练样本产生类别标签，这意味着该标签将根据其获得的大多数“投票”被指定类别。按照这种方式对所有的树进行循环将产生随机森林预测，所有的“树”将以相同的特征不同的训练集进行训练，而这些不同的训练集均是由初始训练集产生的。以上这些均是基于引导程序进行的：对每个训练集设置相同数量的矢量作为被选择的初始训练集，矢量将会被选择性替换，这意味着有些矢量将会出现多次而有些矢量将不会出现。在每个节点上面，并不是所有的变量均会被用于寻找最佳的分割，而是对这些变量的子集随机进行选择。对每个节点来说，将会建立一个新的子集，其大小对于所有的节点和所有的“树”是固定的，这是一个训练参数，被设置为变量的个数，建立的“树”没有被修剪。随机森林方法实现比较简单，对于不平衡的数据集来说，它可以平衡误差，即使有很大一部分的特征遗失，仍可以维持准确度。但是在某些噪声较大的分类或回归问题上会出现过拟合情况。RF 分类算法对话框如图 8-11 所示。

图 8-11 RF 分类算法对话框

（1）MaxDepth：单棵树所能达到的最大深度，数据少或者特征少的时候可以忽略这个值。如果模型样本量多，特征也多，推荐限制这个最大深度，具体的取值取决于数据的分布。常用的取值为 10～100。

（2）MinSampleCount：这个值限制了子树继续划分的条件，如果某节点的样本数少于 min_samples_split，则不会继续再尝试选择最优特征来进行划分。默认是 2。如果样本量不大，可以忽略这个值。如果样本量数量级非常大，则推荐增大这个值。

（3）MaxCategories：将所有可能的取值聚类到有限类，以保证计算速度。树会以次优分裂（suboptimal split）的形式生长。这个参数只对 2 种取值以上的树有意义。

（4）RegressionAccuracy：准确率。作为终止条件。

（5）ActiveVarCount：树的每个节点随机选择变量的数量，根据这些变量寻找最佳分裂。如果设置 0 值，则自动取变量总和的平方根。

5. 贝叶斯分类算法

贝叶斯（Bayesian）分类器是一种简单的基于贝叶斯原理（来源于贝叶斯统计学）的概率性分类器，具有很强的独立性假设。简单来说，贝叶斯分类器假设某个类别的一组特征的存在（或不存在）与其他特征的存在（或不存在）无关。朴素贝叶斯分类器是贝叶斯分类器中最简单、也是最常见的一种分类方法。该算法的优点在于简单易懂，学习效率高，分类效率稳定，在某些领域的分类问题中能够与决策树、神经网络相媲美。但因为该算法以自变量之间的独立性（条件特征独立）和连续变量的正态性假设为前提，所以算法精度在某种程度上受影响。Bayesian 分类算法对话框如图 8-12 所示。

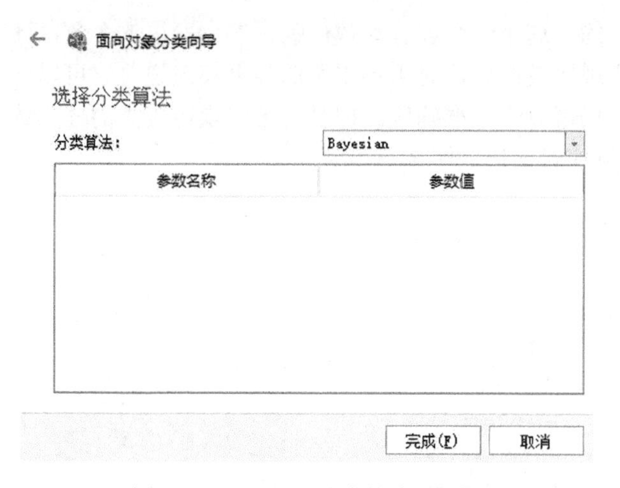

图 8-12　Bayesian 分类算法对话框

8.4　分类后处理

8.4.1　类别合并

类别合并功能用于对相邻的同一类别的图斑进行合并。因为以分割图斑为对象进行分类，会产生大量的图斑，所以为了减小图斑数量，可以对相邻的同类别的图斑进行合并。

8.4.2　平滑

平滑功能用于对分割或者分类矢量数据边界进行平滑处理，减少边缘台阶或者锯齿现象。

在“分类提取”标签下点击【平滑】按钮，弹出对话框，如图 8-13 所示。

（1）输入矢量文件：输入需要平滑处理的矢量文件。

（2）平滑阈值（像素）：设置平滑阈值，值越大，平滑越明显，默认值为 1 个像素。

（3）输出平滑文件：设置输出文件的名称和存储路径。

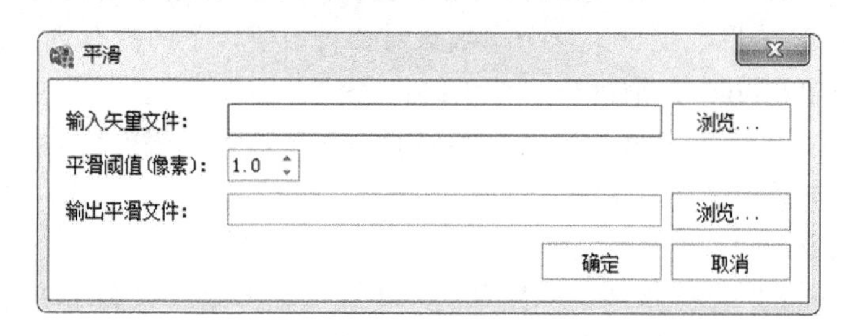

图 8-13　平滑对话框

8.4.3　类别转换

类别转换功能用于把分类错误的图斑或者需要转换类别的图斑转换为指定的类别。在“分类提取”标签下点击【类别转换】按钮，在视图右侧弹出类别转换窗口，如图 8-14 所示。

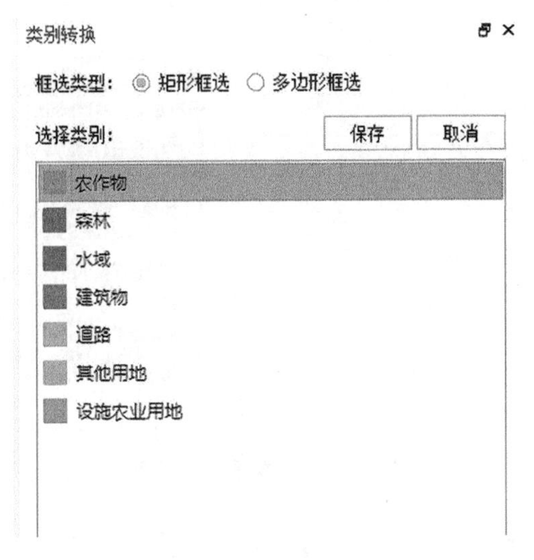

图 8-14　类别转换窗口

1）单个图斑类别转换

在类别转换窗口中选择任一类别，然后在分类图层中点击某一图斑，则该图斑就会转换成选择的类别。

2）批量图斑类别转换

在类别转换窗口中选择任一类别，在框选类型中选择矩形框选或多边形框选，然后在分类图层中批量框选多个图斑，则这些图斑就会转换成选择的类别。

在转换过程中，可以用快捷键【Ctrl+Z】和【Ctrl+Y】进行撤销和恢复，类别转换完成后，点击【保存】将转换的结果保存。

8.4.4　分类结果栅格化

分类结果栅格化功能用于把分类矢量数据转换成栅格形式。在“分类提取”标签下，点击【分类结果栅格化】按钮，弹出栅格化窗口，参数设置如下。

（1）shape 文件（输入）：输入需要栅格化的 shp 文件。

（2）栅格文件（输出）：设置输出文件的名称和路径。

8.5　智能交互提取

8.5.1　水体魔术棒

水体魔术棒功能用于对大面积水体做自动化提取。用水体魔术棒单击水体，即可在整幅遥感影像中跟踪相关联的水体区域，并一次性提取整条河流及其分支，形成一个矢量图元。点击【交互式提取】中的【水体魔术棒】按钮，在屏幕点击右键，选择【设置阈值】，弹出对话框，如图 8-15 所示。

（1）透射波段：band_1 为待提取影像的透射波段。透射波段一般设置为蓝波段，没有此波段可设置为绿波段。

（2）吸收波段：band_4 表示待提取影像的吸收波段。吸收波段一般设置为近红外、中红外波段。

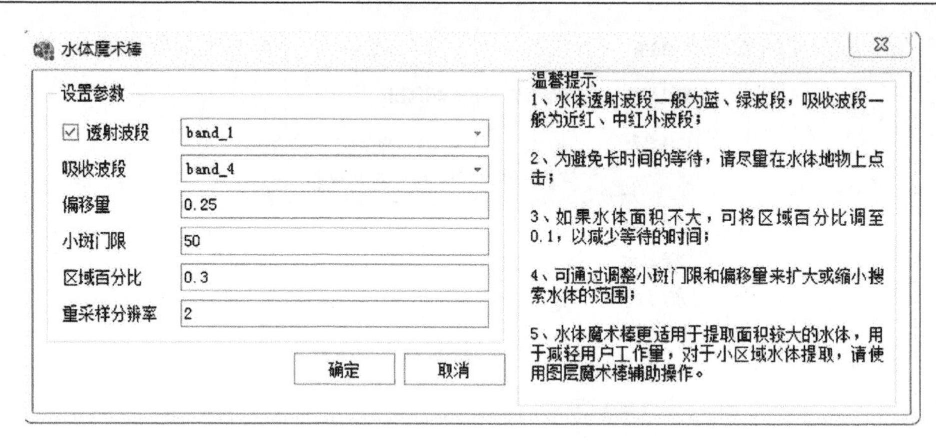

图 8-15　水体魔术棒界面

（3）偏移量：指水体提取阈值的偏移量，默认设置为 0.25；针对水体浑浊的影像，可适当调节该参数。

（4）小斑门限：指提取的水体面积小于此值进行自动剔除碎斑，默认是 50 像素。

（5）区域百分比：指待提取影像水体面积占影像整体面积的比例限制，默认为 0.3；针对面积大的水体影像，可调大该参数，提取水体面积也会变大。

（6）重采样分辨率：指水体提取的分辨率阈值，默认为 2，如遥感数据分辨率低于 2，系统不会对数据进行重采样，直接进行水体提取。

技巧 1　在完成水体提取或者不想进行水体提取时，可以点击【取消激活】，结束水体提取魔术棒功能。

技巧 2　可通过点击【撤销】按钮，进行上一步的操作撤销。如果想将撤销的结果恢复，可以通过点击【重做】按钮实现。

8.5.2　图层魔术棒

图层魔术棒功能用于对小面积水体进行自动化的提取。用图层魔术棒单击水体，即可提取跟踪相关联的水体区域。

（1）点击【交互式提取】下的【图层魔术棒】按钮，然后在水体影像上点击鼠标左键，进行水体提取。点击鼠标右键，弹出“魔术棒阈值设置”对话框，参数设置如下。

像素阈值：默认设置为 15。像素阈值表示以当前标记的中心点为准，不断向周边进行标记搜索，以中心点的 RGB 均值与周边像素 RGB 均值求差值，当差值小于等于 15 时，则会被提取出来，否则不进行标记。阈值设置的数值越大，则选取范围的半径越大。

种子数限制：默认设置为 200。从绘制提取线上捕捉的种子点个数限制，如需绘制的提取线比较长，可以调大这个参数，如绘制的提取线比较短，可以适当调小这个参数。

（2）在水体上点击【图层魔术棒】后提取水体结果。

8.5.3　保存矢量

保存矢量功能用于将水体提取的结果保存成矢量文件。用水体魔术棒功能和图层魔术棒功能完成对水体的提取后，点击【保存矢量】，弹出对话框，设置输出文件名，点击【保存】

即可将提取的结果保存成矢量。

8.5.4　加载矢量数据

点击【常用功能】中的【数据管理】，点击【加载矢量数据】按钮，弹出【打开矢量数据】对话框，选择加载的栅格数据，选择...\Information Extraction Data \result.shp，点击【打开】按钮或双击该文件，即可将其加载到软件中。

8.6　变化检测

变化检测通过对同一物体（或现象）在不同时间进行观测进而识别其特征差异。随着对地观测技术的发展，用户可以获取覆盖同一区域的多时相遥感数据，而且影像数据的空间和光谱分辨率都有了很大的提升，这就为持续的地表监测提供了有力的数据保障，如土地利用/覆盖变化、生态系统监测、城市扩张、资源管理和灾害评估等应用。

通常，变化检测方法包括以下几种。

（1）代数运算法，其中差值法和比值法广泛用于测度影像间的差异，此外，还有变化向量分析法。

（2）影像转换法，将影像转换到一个特征空间，在特征空间中标识出变化像素的值。

（3）分类后比较法，通过比较多时相分类图来标记变化的像素或图斑，将每一种土地覆盖类型的变化看作一个类别。

（4）特征提取，提取物理量特征并进行对比来确定变化或非变化，如光谱混合分析、植被指数、森林冠层变量等。

（5）许多其他的先进方法也被用于变化检测，如小波分析、马尔可夫随机场等方法。

针对多时相遥感影像的变化检测，分类后比较法首先对多时相影像分别进行分类处理，基于分类图进行变化检测，检测结果能详细标注类别的转换情况，但分类处理过程较耗时且变化检测的精度依赖于分类精度；特征提取法首先从多时相影像中提取特征，然后基于特征进行变化检测。分类法和特征提取法的处理结果精度较高，但过程耗时，且需人机交互。

综合考虑变化检测精度和效率，软件中把当前流行的先进变化检测算法进行高度集成和封装，形成了变化检测工具集，支持基于多期遥感影像的快速变化检测及高精度的分类后变化检测。其中快速变化检测模式包括像素级变化检测和对象级变化检测两种分类变化检测模式，以此满足客户多样的变化检测需求。

8.6.1　矢量变化检测

土地的使用类别会随着时间的推移发生变化，变化检测功能就是用于对同一区域不同时相的数据中地类发生的变化进行检测，检测结果会将发生变化的地块生成一个矢量文件，并在属性表中注明该地块前后的类别。

在“分类提取”标签下点击【变化检测】按钮，弹出变化检测对话框，如图 8-16 所示。

（1）时相 1 矢量数据：输入检测区域前一时相的分类矢量数据。

（2）时相 2 矢量数据：输入检测区域后一时相的分类矢量数据。

（3）时相 1 属性字段：输入前一时相类别编号字段。

（4）时相 2 属性字段：输入后一时相类别编号字段。

变化检测

时相1矢量数据：　浏览...
时相2矢量数据：　浏览...
时相1属性字段：　时相2属性字段：
最小面积（m^2）：0.000
变化矢量文件：　浏览...
确定　取消

图 8-16　变化检测对话框

（5）最小面积（m^2）：设置面积阈值，剔除变化面积较小的图斑。

（6）变化矢量文件：设置输出文件的名称和路径。

8.6.2　栅格变化检测

慢特征分析方法（slow feature analysis，SFA）充分考虑多时相遥感影像间的空间对应关系，并将针对连续信号分析的原始理论发展成基于离散数据集的变化检测算法。提取多时相遥感影像数据集中的变化缓慢特征和不变特征作为特征空间，在此特征空间中，多时相遥感影像中未发生变化的像素光谱差异得到了抑制，真实变化得到了突出，从而分离出变化的像素。同时，慢特征分析方法实现简单，运算速度快。慢特征分析法可有效消除光谱差异对变化检测结果精度的影响，其实现步骤如图 8-17 所示。

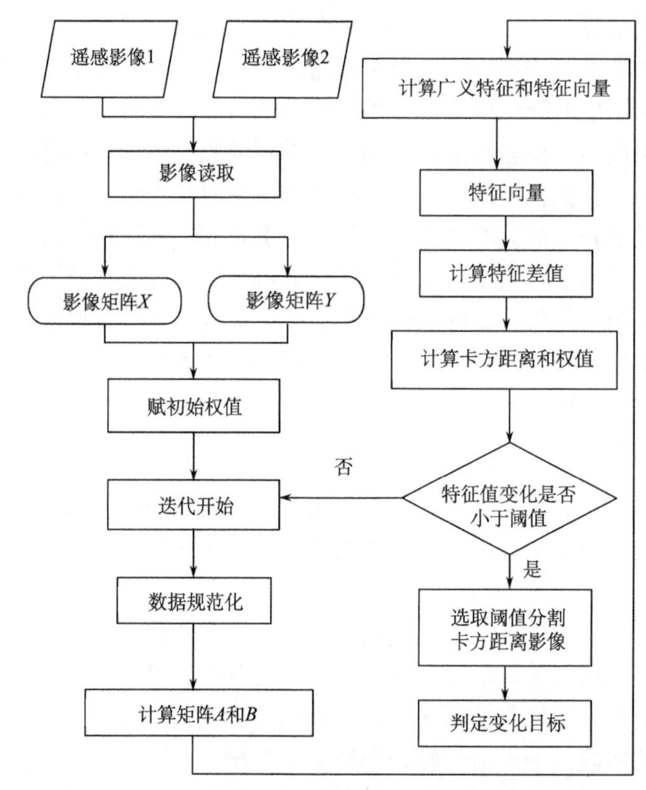

图 8-17　基于慢特征分析的遥感影像变化检测流程图

打开软件，选择菜单栏【分类提取】中的【变化检测】，点击【栅格变化检测】按钮，打开对话框，如图 8-18 所示。

（1）时相 1 栅格数据：输入 T1 时相的栅格影像。

（2）时相 2 栅格数据：输入 T2 时相的栅格影像。

（3）最小像元数：当算法检测出的变化图斑小于用户设置的“最小像元数”时，此图斑将不会作为变化图斑被记录。减小此参数，将能检测出更多更细的变化图斑，但检测结果会更加细碎。

（4）过滤阈值：算法在自动确定变化阈值的时候，往往不是过大就是过小，“过滤阈值”作为一个调整系数，可以让算法自适应调整变化阈值。

图 8-18　栅格变化检测对话框

技巧　在实际操作中，建议先使用软件默认的“过滤阈值”得到一个变化检测结果，然后将变化检测结果与两期影像进行叠加，通过目视判读的方式大致判断变化检测结果的精度：如果这个结果检测出的变化图斑数量明显大于（小于）实际变化面积，那就重新将“过滤阈值”适当调小（调大），进行第二次变化检测处理。

第 9 章　卫星影像测绘处理

9.1　区域网平差

9.1.1　连接点/控制点匹配

1. 基本原理

连接点/控制点选取是进行几何模型优化的重要步骤。控制点的获取方式有两种：外业采集控制点和基于基准影像自动匹配控制点。PIE-Ortho 软件支持基于基准影像全自动匹配控制点，也支持导入已有外业控制点文件，进行手动刺点。控制点的数量、分布和精度直接影响几何校正的效果，而控制点的精度和选取（匹配）的难易程度与影像的质量、地物的特征及影像的空间分辨率密切相关。当有质量好的基准影像可用时，PIE-Ortho 可以根据影像间的初始位置关系建立初始地理拓扑，采用影像匹配技术，根据影像间的纹理特征自动生成连接点和控制点。影像匹配能够代替人工选取同名点，提高生产效率。根据影像匹配的过程分类，影像匹配可分为基于灰度的影像匹配、基于特征的影像匹配、人工智能影像匹配（包括基于神经网络、遗传算法等方法）。

基于特征的影像匹配较为常用，如 SIFT、SURF 算法等对于特征具有尺度不变性与旋转不变性的特点，大量实验研究表明，该类算法对于航空影像等纹理清晰且影像间时相差异不大的情况有很高的成功率，但对于卫星影像及其他时相差异较大的影像，会出现较多的错点，从而影响最终的产品精度。近几年，使用人工智能方法进行影像自动匹配也取得了一些研究成果，推动了影像自动匹配技术的发展，尤其是在异源影像匹配领域。但人工智能最致命的缺点是需要种类丰富且庞大的样本库进行训练，如果样本集不够全面或者数量不够多，将无法达到匹配精度要求。

基于灰度的匹配算法匹配精度较高，但计算量比较大。PIE-Ortho 通过使用金字塔逐级相关系数匹配算法减少了计算量，提高了自动匹配的效率。金字塔逐级相关匹配技术流程分为高斯金字塔建立、特征点提取、金字塔逐级匹配、粗差剔除四步。

2. 连接点生成

连接点是影像与影像之间的同名点位，系统可以根据影像间的初始位置关系建立初始地理拓扑，根据影像间的纹理特征自动生成连接点。加载工程后，点击【连接点生成】按钮，弹出参数设置对话框，如图 9-1 所示。

1）匹配模式

软件提供了三种匹配模式。

（1）全色影像匹配：仅在工程内所有全色影像之间匹配连接点。

（2）多光谱影像匹配：仅在工程内所有多光谱影像之间匹配连接点。

（3）所有影像匹配：在工程内所有全色影像和多光谱之间重叠区域匹配连接点。

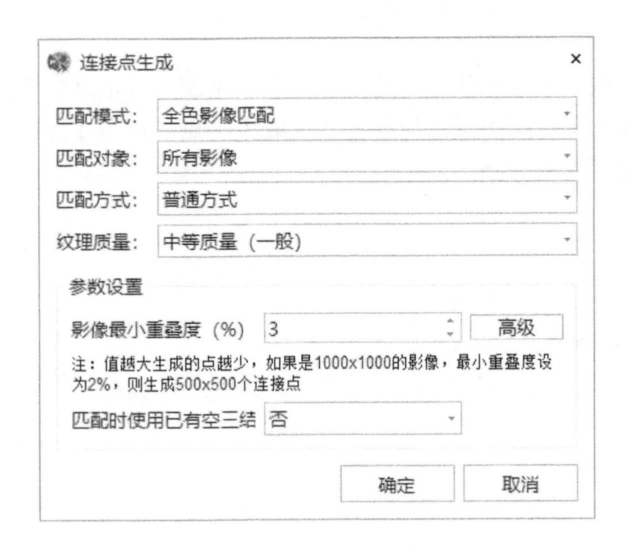

图 9-1　连接点生成对话框

2）匹配对象

选择待处理影像，软件提供了所有影像和选择影像两种待处理影像选择方式。选择影像需在主地图中选择待处理影像后再点击【连接点生成】，数据对象默认为选择影像。

3）匹配方式

可选择普通方式或内存方式，默认使用普通方式。内存方式先在内存中对影像进行预正射后再进行匹配，在一定程度上能够提高配准点的数量。

4）纹理质量

用来描述工程内影像间的纹理相似程度，默认为【普通】。如果工程内影像多为异源、纹理相差较大或者弱纹理地区，可选择【较差】。同时相或者时相接近的影像，可选择【较好】。

5）影像最小重叠度

用来描述影像间最小重叠度，通过设置此参数可以调整连接点的密度，默认为 3%。如果影像间重叠范围很小，可将影像重叠度相应调小，软件会生成分布更密的连接点。

6）高级设置

可对匹配连接点计算过程中的阈值进行设置，参数设置如下。

（1）搜索半径（像素）：针对影像初始精度差距很远的情况，可设置较大的搜索半径，以便更好地匹配处理。

（2）误差阈值（像素）：为标准的 RPC/RPB 模型误差阈值，超过该阈值的连接点会自动予以剔除，相当于几何均匀度的量化指标。数字越大代表阈值越宽松，点位会相应增多，但不排除会有错点存在，默认为 5 个像素。

（3）相似阈值（%）：相当于纹理质量的量化指标，值越大代表影像之间纹理相似性越高，反之越低。

7）匹配时使用已有空三成果

如果待处理数据已做过空三解算，可以根据实际需要，选择是否使用已有的空三成果作为初始解算文件参与计算。

3. 控制点生成

控制点是原始影像与基准影像之间的同名点位，系统可以根据影像间的初始位置关系建立初始地理拓扑，根据影像间的纹理特征自动生成控制点。点击【控制点生成】按钮，弹出参数设置对话框，如图 9-2 所示。

图 9-2　控制点生成对话框

1）匹配对象

选择需要匹配的影像类型。软件提供了四种匹配模式：全色影像、多光谱影像、所有影像和根据影像列表选择。

（1）全色影像：对工程内的所有全色影像生成控制点。

（2）多光谱影像：对工程内的所有多光谱影像生成控制点。

（3）所有影像：对工程内的所有待处理影像（全色影像和多光谱影像）生成控制点。

（4）根据影像列表选择：可激活影像列表并在影像列表中选择需要生成控制点的影像。

2）匹配方式

可选择普通方式或内存方式，默认使用普通方式。内存方式先在内存中对影像进行预正射后再进行匹配，在一定程度上能够提高配准点的数量。

3）全选

可选择影像列表内显示的所有工程内的影像，配合 Ctrl 键可减选或加选。

4）纹理质量

用来描述工程内影像间的纹理相似程度，默认为【普通】；如果工程内影像多为异源、纹理相差较大或者弱纹理地区，可选择【较差】；同时相或者时相接近的影像，可选择【较好】。

5）匹配时使用已有空三成果

如果待处理数据已做过空三解算，可以根据实际需要，选择使用已有的空三成果作为初始解算文件参与计算。

6）预设种子点

用来描述预设的每景影像上同名点匹配的种子点数量，值越大，最终生成的控制点数量也就越多，软件运行速度也会越慢。影像纹理质量较差的情况下预设种子点数量需相应调大。

7）高级设置

可对匹配控制点计算过程中的阈值进行设置，参数设置如下。

（1）搜索半径（像素）：针对影像初始精度差距很远的情况，可设置较大的搜索半径，以便更好地匹配处理。

（2）误差阈值（像素）：为标准的 RPC/RPB 模型误差阈值，超过该阈值的控制点会自动剔除。相当于几何均匀度的量化指标，数字越大代表阈值越宽松，点位会相应增多，但不排除会有错点存在，默认为 5 个像素。

（3）相似阈值（%）：相当于纹理质量的量化指标，值越大代表影像之间纹理相似性越高，反之越低。

8）DEM 无效值区域不输出

勾选此选项后，在实际数据处理过程中 DEM 无效值区域统计高程值时按设置的无效值数值进行显示；若不勾选，无 DEM 区域高程值统计时显示为 0。

9）忽略无效值

勾选此选项后，在控制点提取过程中会忽略影像的无效值。

技巧　连接点、控制点、检查点分布不均匀或数量较少，可以使用点位量测窗口工具栏的【批量加点】功能，以拉框选择范围的方式，实现大量同名点的自动生成。

9.1.2　点位测量

点位测量功能可查看连接点、控制点、检查点等的分布情况，查看每个点的精度情况，并提供对点进行增加、删除、位置调整等手动编辑功能，保证工程具有足够的连接点、控制点且具有较高精度。

1. 界面介绍

点位测量可分为五个部分，显示控制功能区、主视图、点位测量列表、像点测量界面和控制点转检查点功能。

1）显示控制功能区

（1）点位显示控制包含以下内容。①连接点：勾选后在主视图显示工程内的连接点；②控制点：勾选后在主视图显示工程内的控制点；③检查点：勾选后在主视图显示工程内的检查点；④只显示当前编辑点：勾选后主视图及像点测量窗口只显示当前编辑点，不显示其他点。

（2）名称显示控制包含以下内容。①连接点：在主视图中显示连接点的名称，名称包括 ID 号和序号两种；②控制点：在主视图中显示控制点的名称，名称包括 ID 号和序号两种；③检查点：在主视图中显示检查点的名称，名称包括 ID 号和序号两种。

2）控制点转检查点

可将控制点按照一定规则批量转换为检查点，参数设置如下。

（1）转换方式：可按标准图幅将部分控制点转换为检查点，系统提供从 1∶2000 到 1∶1000000 九种比例尺的选择。

（2）全选：选择列表里全部的分幅影像，可用【Ctrl】键配合鼠标减选或加选影像。

（3）计算方式：选择每幅分幅影像中需要将控制点转换为检查点的数量，默认为 3 个。

（4）高级：设置每个标准分幅范围内生成的检查点个数。①检查点个数的阈值（最大值）：设置转换的检查点占控制点个数的百分比，默认为 20%；②检查点个数的阈值（最小值）：设置转换检查点数量的最小值，默认为 1 个。

（5）每幅转换数量：设置每幅分幅影像中需要将控制点转换为检查点的数量，默认为 3 个。

3）点位编辑界面介绍

点位测量工具如表 9-1 所示。

表 9-1　点位测量工具

工具名称	工具功能
	选择点位
	添加点位
	编辑点位
	控制点检查点转换
	删除点位
	选择影像
	拉框放大
	漫游
	全图显示
	前一视图
	后一视图
	卷帘
	屏幕探针
	联动
	切换基准影像

4）点位列表界面介绍

点位信息界面包含了所有连接点、控制点、检查点的状态信息，用户可以通过界面对所有点进行浏览、查看和编辑操作。点位测量工具如表 9-2 所示。

表 9-2　点位测量工具介绍

工具名称	工具功能
2	显示当前重叠度大于 2 度的点
	刷新点位信息
	编辑点位
	清空工程内所有连接点、控制点和检查点
	删除点位
	批量删除点位
	控制点检查点转换
	导入控制点文件
	空三报告预览
	保存点位

2. 添加连接点/控制点/检查点

在影像生产过程中，如果连接点/控制点数量不够，可以通过手动添加连接点/控制点的方式增加点位数量。

1）打开影像窗口

在主视图左侧的工具栏点击【添加点位】按钮，在主窗口中连接点或者控制点分布稀疏需要添加点位的位置点击鼠标，弹出该点位共有的影像窗口。

2）调整点位位置

在视图中调整各窗口中点位的位置，使不同窗口中的点位尽可能处于同一个位置。调整点位时，可使用【预测】功能，其他窗口会自动寻找同名点的位置。也可点击【联动】功能，其他窗口影像位置会与调整窗口一起移动。当添加控制点时，可以进行基准影像的切换。

3）参数设置

点位调整完成后，点击像点测量窗口的【确认点位】按钮，弹出新增点位对话框，参数设置如下。

（1）新增点位类型：选择点位类型（控制点、连接点、检查点等）。

（2）新增点位 ID：输入新增点位的 ID 号。

4）批量添加点位

对大范围无点位覆盖的区域，可选择【批量添加点位】功能，自动生成大量的连接点/控制点，如图 9-3 所示。

（1）匹配模式：根据添加的点位类型设置影像各类型之间的匹配方式。连接点的匹配模式包括全色之间、多光谱之间、全部影像之间。控制点匹配模式包括全色与基准、多光谱与基准、全色与多光谱等。

图 9-3　批量添加点对话框

（2）加点类型：设置添加的点位类型，包括连接点和控制点。

（3）纹理质量：用来描述工程内影像间的纹理相似程度，默认为【中等质量（一般）】；如果工程内影像多为异源、纹理相差较大或者弱纹理地区，可选择【低质量（较差）】；同时相或者时相接近的影像，可选择【高质量（较好）】。

（4）种子点间隔：在用户勾绘的范围内，种子点之间的距离大小，距离越大点位越稀疏。软件提供了三种间隔距离，分别是 100×100、200×200、400×400。

（5）种子点数量：在用户勾绘的范围内，总共布设的种子点个数，此个数不是最终能在影像上显示的点位个数。

3. 编辑点位

在点位编辑过程中，若发现点位位置不准确，也可以通过编辑点位，改正点位的准确性。在点列表中双击需要编辑的点，或点击【编辑点位】后在预览图中点击待编辑点位，弹出选中点位所在的影像窗口，在影像上用鼠标右键对该点进行精细的位置调整或者重新刺点，编辑完成后点击【确认点】即可完成点位修改。

4. 删除点位

在影像生产过程中，需要对明显的错误点进行删除。软件研发了多种点位删除方式，第一种方式是在点位列表中选择需要删除的点，第二种方式是使用删除点位工具进行点位删除。

1）点位列表中删除点位

在点位列表中选择需要删除的点位，按【Shift】键进行多选，按【Ctrl】键可增加或减少选择，点击点位列表菜单中的【删除】进行点位删除。还可以通过设置阈值来批量删除点位，可设置的阈值名称包括 X 误差、Y 误差和 XY 误差。

2）使用删除点位工具

点击删除点位工具，在主地图中框选需要删除的点位，选择删除的点位类型（连接点、控制点、配准点），点击【确定】点位被删除。也可以使用【选择工具】，先在主地图中选中需要删除的点位，查看点位残差、点位分布等情况，然后点击点位列表中【删除】或者工具栏中【删除点位】工具进行删除。

9.1.3　单片模型解算

单片模型解算是用每景影像的控制点来分别对每景的全色影像、多光谱影像进行 RPC/RPB 模型的解算和拟合，来修正已有 RPC/RPB 或重构 RPC/RPB，以达到影像平差后正射精度与控制点精度一致。

对工程的要求：工程模式为正射影像生产模式下可用，平差结果可以用来生产 DOM。

对数据的要求：至少需要 1 景或以上的全色影像或者多光谱影像数据，需要历史 DEM 数据。

对控制点的要求：控制点理论上越多越好，如果有基准影像和历史 DEM 数据，可以进行控制点的自动生成，如果没有，则人工添加控制点。

点击【单片模型解算】按钮，弹出参数设置对话框，参数设置如下。

（1）待处理影像：可选择工程内的全色影像或多光谱影像进行处理。

（2）修正已有的 RPC/RPB：至少需要四个控制点，以影像现有的 RPC/RPB 模型参数为初始值进行平差解算，生成对 RPC/RPB 的修正文件.RPCmodify。

（3）重构 RPC/RPB 文件：针对 RPC/RPB 参数很差的影像，选择该模式，至少需要 12 个控制点。软件自动解算生成较精确的影像 RPC/RPB 文件（会覆盖影像原始 RPC/RPB 文件）。

（4）全选：勾选后可选择影像列表内显示的所有工程内的影像；配合【Ctrl】键可减选影像或加选影像。

9.1.4 区域网平面平差

区域网平面平差根据全色影像、多光谱影像数据的连接点及控制点，经过平差算法，将各个影像统一成一个精度体系，修正每景影像的 RPC/RPB 参数，并精确计算每个连接点的 X、Y，高程值需要借助于历史 DEM 数据。

对工程的要求：数字正射影像生产模式。

对数据的要求：至少需要 2 景或以上的全色影像或者多光谱影像数据，需要历史 DEM 数据。

对点的要求：只有连接点为无控区域网平面平差，在没有控制点的情况下，进行平差，没有绝对精度，只有相对精度可言；有连接点+控制点，为有控区域网平面平差。

对连接点分布的要求：为了提高平差精度，每个有重叠的地方均需要有均匀连接点的分布，如果系统没有自动生成，需要进行检查并修改参数重新生成或者人工添加。

对控制点的要求：控制点理论上越多越好，也可支持稀疏控制点，建议控制点数据至少均匀分布 4 个，最少控制点数量为 1 个，控制点越多精度越好；如果有基准影像，可自动生成控制点；如果没有，则人工添加外业测量采集的控制点。点击【平面区域网平差】按钮，弹出参数设置对话框，如图 9-4 所示。

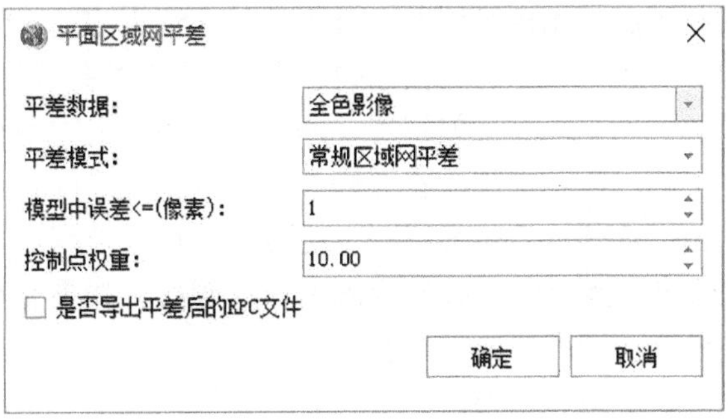

图 9-4 平面区域网平差对话框

1）平差数据

选择参与平差的影像类型。

（1）全色影像：仅工程内的全色影像进行区域网平差计算。

（2）多光谱影像：仅工程内的多光谱影像进行区域网平差计算。

（3）全色和多光谱影像：工程内的全色和多光谱影像都参与平差计算。

2）平差模式

可选择常规区域网平差模式或稀疏控制点区域网平差（外业控制点）。

（1）常规区域网平差：适用于有基准影像软件自动生成控制点的情况。

（2）稀疏控制点区域网平差（外业控制点）：适用于无基准影像，采用外业测量采集的少量控制点进行平差；在有外业实测控制点的情况下使用稀疏控制点区域网平差。

3）模型中误差<=（像素）

设置平差模型的中误差阈值，设置的值越小代表平差精度越高，删除的控制点越多，默认值为1。

4）控制点权重

可选择控制点在平差解算过程中所占比重，初始默认值为10，通常人工不需做调整，软件会在平差过程中自动调整。

5）是否导出平差后的RPC文件

若勾选此项，则会自动生成平差后每景影像的RPC/RPB，并保存到工程下的NEWRPC文件夹中。

技巧　生成原始卫星影像的落图（元文件）：在新建DOM工程后，使用【工程管理】菜单下的【导出边框】功能，实现工程内原始影像落图的生成，生成的落图文件为shp矢量文件。

9.1.5　区域网立体平差

区域网立体平差根据三线阵数据的连接点及控制点，经过平差算法，将各个影像统一成一个精度体系，修正每景影像的RPC/RPB参数，并精确计算每个连接点的X、Y、Z。

对工程的要求：工程模式为仅DEM工程模式才能使用该功能，平差结果可以用来生产DEM。

对数据的要求：至少需要1景以上的三线阵立体影像数据，无须历史DEM数据。

对点的要求：只有连接点为无控区域网立体平差，在没有控制点的情况下，进行平差，没有绝对精度，只有相对精度可言；有连接点+控制点，为有控制区域网立体平差。

对连接点分布的要求：为了提高平差精度，每个有重叠的地方均需要有均匀连接点的分布，如果系统没有自动生成，需要进行检查并修改参数重新生成或者人工添加。

对控制点的要求：控制点理论上越多越好，也可支持稀疏控制点，建议控制点数据至少均匀分布4个，最少控制点数量为1，控制点越多精度越好，如果有基准影像，可以进行控制点的自动生成；如果没有，则人工添加控制点。

点击【区域网立体平差】按钮，弹出参数设置对话框，如图9-5所示。

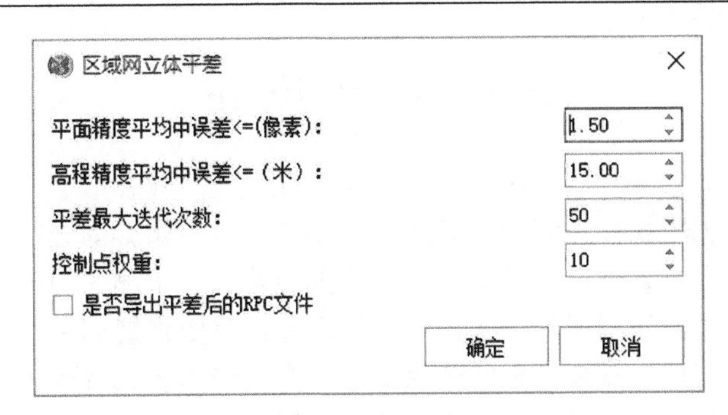

图 9-5　区域网立体平差对话框

（1）平面精度平均中误差<=（像素）：根据项目要求设置相应的中误差阈值，设置的值越小，平差精度越高。

（2）高程精度平均中误差<=（米）：以米为单位，在平差时通过设置高程中误差保证精度，设置的值越小精度越高。

（3）平差最大迭代次数：在平差过程中，综合中误差阈值为达到精度，软件最多的自动迭代次数。用户自主设置平差迭代次数，设置范围为 5～100。

（4）控制点权重：可选择控制点在平差解算过程中所占比重，通常人工不需做调整，软件会在平差过程中自动调整。

（5）是否导出平差后的 RPC/RPB 文件：若勾选此项，则会自动生成平差后每景影像的 RPC/RPB，并保存到工程下的 NEWRPC 文件夹中。

9.1.6　配准点生成

配准点功能是多光谱影像以全色正射影像为基准生成配准点，用于正射纠正。点击【配准点生成】按钮，弹出对话框，参数设置如下。

（1）匹配对象：选择待匹配的影像，软件提供了【所有影像】与【根据列表选择】两种配准对象选择方式。选择【根据列表选择】后可激活影像列表，在影像列表中选择需进行配准的待处理影像。

（2）影像列表：显示工程内的待处理影像，在【根据列表选择】匹配对象选择方法下可激活。

（3）纹理质量：用来描述工程内影像间的纹理相似程度，默认为【普通】；如果工程内影像多为异源、纹理相差较大或者弱纹理地区，可选择【较差】；同时相或者时相接近的影像，可选择【较好】。

（4）匹配时使用已有空三成果：如果待处理数据已做过空三解算，可以根据实际需要，选择使用已有的空三成果作为初始解算文件参与计算。

（5）预设种子点：用来描述预设的每景影像上同名点匹配的种子点数量，值越大，最终生成的控制点数量也就越多，软件运行速度也会越慢；影像纹理质量较差的情况下预设种子点数量需相应调大。

（6）高级设置：可对匹配控制点计算过程中的阈值进行设置。

（7）忽略无效值：勾选此选项后，在控制点提取过程中会忽略影像的无效值。

9.2 正射校正

9.2.1 影像纠正

数字正射影像是利用软件生成的或者历史的 DEM 对原始影像进行正射纠正，即工程需要有 DEM 数据，如果没有，在测区平均高程选项中输入一个测区的平均高度，这个高度要求尽可能准确。点击【影像纠正】按钮，弹出对话框，参数设置如下。

（1）待处理影像：选择需要处理的全色影像、多光谱影像或者两者均选。

（2）影像列表：在工程中添加的全色、多光谱影像会显示在列表中，用户可以对需要处理的影像进行挑选，也可以点击【全选】选中所有数据。

（3）有 DEM 数据/无 DEM 数据：工程中是否添加了 DEM 数据，默认是有 DEM。工程中未添加 DEM 数据，选择无 DEM 数据，需要人工添加一个 DEM 常值作为 DEM 数据使用。

（4）DEM 路径：软件会自动添加新建工程时设置的 DEM 数据路径。

（5）DEM 无效值区域不输出：选择 DEM 无效值区域不输出后，在正射影像输出时，DEM 无效值区域的正射影像以 0 值填充输出。

（6）DEM 无效值：用户可以指定具体的影像灰度值为 DEM 无效值。

（7）小面元纠正：当基准影像内部几何均匀度不均匀（如经过 PS 等软件拖拽）或者原始影像本身内部几何精度较差，不符合标准的 RPC+仿射变换模型时，则可将此选项勾选上。小面元纠正对控制点的要求是绝对正确并且均匀分布，纠正后的影像与基准影像贴合度会较好。

9.2.2 正射影像融合

1. 正射影像融合

点击【正射影像融合】按钮，弹出对话框，参数设置如下。

（1）影像列表：列表中显示的是自动配对的全色和多光谱数据，用户可以挑选要融合的数据，也可以点击【全选】选中所有数据。

（2）融合算法：软件提供的融合算法包括 Pansharp 融合算法、PCA 融合算法。默认为 Pansharp 融合算法。

2. 锐化系数

用来提高融合成果的地物边缘纹理的清晰度。数值越高，地物纹理越清晰，默认设置的数值为 9.1。

3. 统计方式

设置待融合数据统计的方式。统计的值越精确，融合的显示效果越好，但所需时间越长。

（1）快速：快速统计待融合数据的值，所用时间最短。

（2）普通：按照中间值统计待融合数据，所用时间较快速统计慢。

（3）精细：较精细地统计待融合数据的值，所用时间较长。

技巧　从实际生产角度，实现海量数据的快速正射融合处理一般可采用两种方法：第一种方法是直接对待处理影像进行流程化处理，输出正射融合成果，然后对正射融合成果人工干预质检，针对质检中不合格的成果，使用软件提供的质检工具进行自动二次精校正，对于二次精校正后，精度仍不符合要求的数据，采用分步骤处理方式，人工干预修正连接点、控制点精度，最终保证成果质量。该方法优点是数据处理前期干预少，成果出来后人工干预质检较多。

第二种方法是对待处理影像进行流程化处理，但只处理到区域网平差过程，其他过程均选择执行跳过，然后人工干预检查区域网平差精度，对精度不符合要求的区域，人工干预修正连接点、控制点，保证区域网平差精度满足要求后，继续使用流程化自动处理流程，直接输出需要的正射融合成果。该方法的特点是在数据处理前期人工干预较大。

9.2.3　真彩色工具

1. 基本原理

真彩色输出是指将 16bit 四波段影像通过波段组合、植被和水体指数综合计算、非线性拉伸等方法转换为 8bit 三波段的真彩色影像。真彩色输出技术针对影像上植被、水体、裸地等自然地物进行重点增强，从而形成更加接近真实世界地物色彩的影像。

国内外大多数光学卫星传感器的影像数据为四波段 11bit，存储为 16bit，在输出真彩色 DOM 影像图时一般是三波段 8bit，从应用的角度出发，希望看到的地图色彩鲜丽、层次分明，而给人视觉冲击力最强的是植被、水体等自然地物的颜色。真彩色降位拉伸可以全自动将 16bit 四波段影像通过波段组合和非线性拉伸的方法，转换为 8bit 三波段真彩色影像，同时又能通过参数调节的方式来对影像的植被、水体等区域进行特殊增强。

真彩色降位拉伸主要采用了顾及植被、水体等地物的波段合成方法和 Gamma 拉伸方法，植被、水体分别利用 NDVI 和 NDWI 指数来提取。此方法与传统的影像线性拉伸相比有两大特点：首先，有按地物类别分别处理的机制，更能凸显不同地物的色彩特征；其次，采用 Gamma 非线性拉伸，避免由于拉伸后影像灰度值过大的区域出现过饱和和色彩溢出的现象，能够保证影像的直方图呈正态分布，亮度、饱和度等都能达到一个均衡的效果。

Gamma 拉伸是一种对数变换。图 9-6 表示的是对应不同的 Gamma 值，其输入像素值和

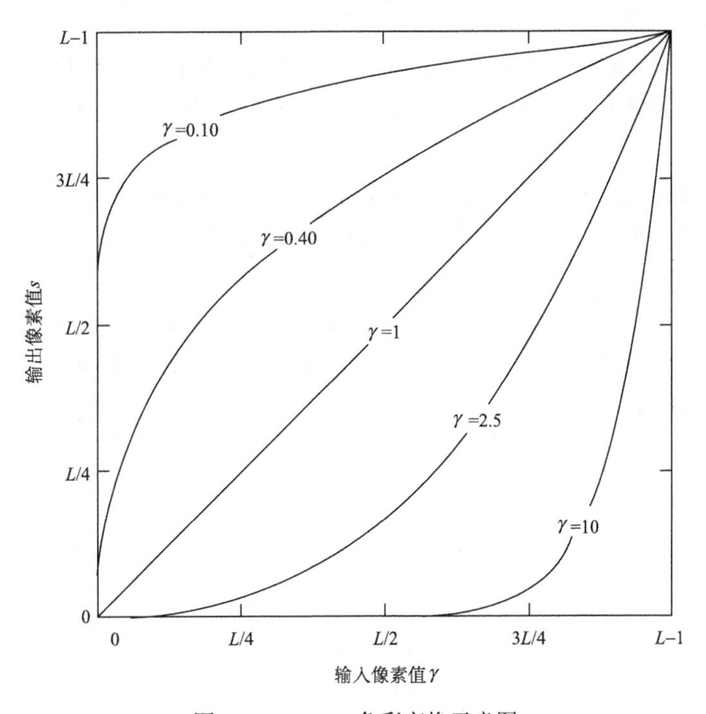

图 9-6　Gamma 色彩变换示意图

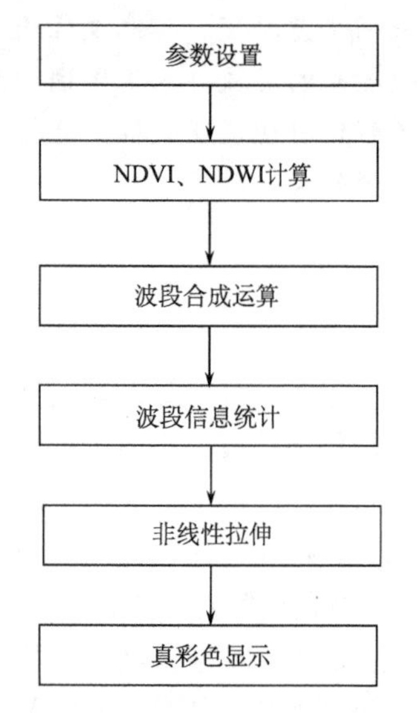

图 9-7　真彩色降位拉伸流程图

输出像素值的变换关系。横坐标表示输入像素值，纵坐标表示输出像素值。从图中我们可以看到当 Gamma 值小于 1 时，图像整体的像素值都会增大。对于像素值较小的区域，其对比度明显增加；而对于像素值较大的区域，其对比度相应减小，可以避免输出图像的灰度值过大而出现色彩过饱和甚至溢出问题。

图 9-7 为真彩色降位拉伸流程图，实现步骤如下。

（1）参数设置：根据影像传感器类型选择对应的真彩色方案。

（2）NDVI、NDWI 计算：计算该影像的植被指数、水体指数，通过调节植被合成系数和水体合成系数来控制植被和水体等区域的增强强度。

（3）波段合成运算：根据植被、水体指数进行加权波段合成运算。

（4）波段信息统计：统计每个波段的直方图、最大值、最小值、均值、方差。

（5）非线性拉伸：根据每个波段的直方图信息动态形成非线性拉伸曲线和色彩查找表（look-up table, LUT）。

（6）真彩色显示：根据 LUT 进行拉伸显示。

2. 真彩色工具

真彩色工具位于真彩色界面主视图的左侧，提供了调节真彩色效果的编辑工具。

1）选择影像

点击按钮，可用拖动鼠标拉框的方式在地图上选择影像；拉框时和矩形相交的图层会被选中。点选包含点的最上层图层将会被选中，配合【Ctrl】键可实现图层的加选和减选。

2）拉伸设置

对真彩色数据进行拉伸处理，可以提高影像对比度，使影像更清晰。

（1）选择波段：选择需要做拉伸处理的波段，包括波段 1、波段 2、波段 3、波段 4 和所有波段。

（2）前端拉伸比例：对影像灰度值高亮区域值域进行设置，默认为 0%，是软件默认最优的高亮区域的比例，其中−100%为不拉伸。比例值域越大影像越清晰，但需要注意不要出现影像纹理曝光的情况。

（3）后端拉伸比例：对影像灰度值较暗区域值域进行设置，默认为 0%，是软件默认最优的阴影区域的比例，其中−100%为不拉伸状态。比例值越大影像越清晰，但需要注意防止出现影像纹理曝光或者阴影区域纹理损失的情况。

3）植被调节

对真彩色数据中的植被的色彩进行调整。使用方法如下。

青色+黄色=绿色

绿色+洋红色=白色

（1）当需要把植被的色彩调整得更鲜艳时，则需要向左滑动洋红色滑块，降低洋红色的比例，增加绿色的饱和度。

（2）在植被的色彩中，需要降低或者升高青色的比例时，则需要调整青色滑块向左或者向右移动。

（3）在植被的色彩中，需要降低或者升高黄色的比例时，则需要调整黄色滑块向左或者向右移动。

4）水体调节

对真彩色数据中水体的色彩进行调整，方法如下。

（1）当水体色彩偏绿时，需将洋红色滑块向左滑动，或者将黄色滑块向右滑动。

（2）当水体色彩偏洋红时，需将洋红色滑块向右滑动，或将青色滑块向左滑动。

（3）当水体色彩偏蓝时，需将黄色滑块向左滑动。

5）锐化设置

为了突出影像上地物的边缘轮廓，使影像变得更清晰。

（1）数量：该参数可以理解为锐化的强度或振幅，数量值过大图像会变得虚假。默认数值为 50。

（2）半径：用来决定作边沿强调的像素点的宽度，如果半径值为 1，则从亮到暗的整个宽度是两个像素，如果半径值为 2，则边沿两边各有两个像素点，那么从亮到暗的整个宽度是 4 个像素。半径越大，细节的差别也越清晰，但同时会产生光晕。

6）导出真彩方案

将设置完成的拉伸设置、植被调节、水体调节、锐化设置参数导出为真彩色方案，为下次真彩色输出提供模板。

（1）撤销：对本次编辑内容进行撤销。

（2）恢复：恢复前一次的编辑内容。

7）输出

输出功能是将工程中生产的产品成果进行输出。输出的成果类型包括正射产品、融合产品、真彩色产品。

9.2.4　影像匀色

影像匀色包括模板匀色、地理模板匀色、区域网匀色等三个自动匀色模块。

1. 模板匀色

模板匀色技术是基于 Wallis 滤波法的匀色方法。该方法以匀色模板的波段统计信息为依据，对目标影像进行逐波段的色彩调节，使得目标影像整体的色调与匀色模板一致，主要应用在影像整体上出现偏色或者色彩不自然的情况下。经过模板匀色处理后的待拼接影像和参考影像具有相同的亮度变化规律。

Wallis 滤波可将局部影像的灰度均值和方差映射到给定的灰度均值和方差。它是一种局部影像变换，使影像不同位置处的灰度均值和方差具有近似相等的数值，即影像反差小的区域的反差增大，影像反差大的区域的反差减小，使得影像中灰度的微小变化得到增强。对整个测区的影像利用 Wallis 算子进行色调调整时，往往是在测区中选择一张色调具有代表性的影像作为色调基准影像，首先统计出基准影像的均值与方差作为 Wallis 处理时的标准均值与标准方差，然后对测区中的其他待处理影像利用标准均值与标准方差进行 Wallis 滤波处理。

通过 Wallis 滤波器将影像各格网内的局部灰度均值和方差映射到给定的灰度均值和方差，消除不同区域的亮度差异以实现整景影像的匀色处理。

点击【模板匀色】按钮，弹出对话框，参数设置如下。

（1）待处理影像：可以选择需要匀色的影像类型，包括全色影像、多光谱影像、融合影像、真彩色影像。

（2）影像列表：显示待进行模板匀色处理的影像信息；用户可以挑选列表中部分数据，或者点击【全选】选择列表中的全部数据。

（3）模板影像：添加进行模板匀色处理的模板影像，但模板影像位深和波段数与待处理影像应保持一致。

2. 地理模板匀色

地理模板匀色统计相同地理位置模板影像的波段信息，对目标影像进行逐波段的色彩调节，使得目标影像与模板影像同一地区的色调一致。

点击【地理模板匀色】按钮，弹出对话框，参数设置如下。

（1）待处理影像：可以选择需要匀色的影像类型，包括全色影像、多光谱影像、融合影像、真彩色影像。

（2）影像列表：显示待进行模板匀色处理的影像信息；用户可以挑选列表中部分数据，或者点击【全选】选择列表中的全部数据。

（3）模板影像：添加进行匀色处理的模板影像，模板必须与待匀色影像在地理范围上相交。

（4）匀色算法：选择模板匀色的算法，有加性和线性两种算法。

加性：以模板影像为参考对待匀色影像的色彩进行加减，使匀色后影像的色彩与模板影像的色彩接近。

线性：在以模板影像为参考对待匀色影像的色彩进行加减的基础上，进行色彩的线性拟合，匀色后的影像色彩更加柔和。

3. 区域网匀色

区域网匀色功能是基于区域网色彩平差的理论形成的，可以是无控区域网匀色，也可以是有控区域网匀色。输入影像为多景正射纠正后有重叠区域的影像，输出为影像间接边色彩过渡自然的影像。点击【区域网匀色】按钮，弹出对话框，参数设置如下。

1）待处理影像

可以选择需匀色的影像类型，包括全色影像、多光谱影像、融合影像、真彩色影像。

2）影像列表

显示待进行模板匀色处理的影像信息；用户可以选择列表中部分数据，或者点击【全选】选择列表中的全部数据。

3）匀色模式

（1）无控区域网匀色：不需要添加控制匀色影像，将所有影像进行无控区域网色彩平差，色彩是此消彼长的概念，能够达到影像间色彩的均衡化。

（2）有控区域网匀色：有控区域网匀色需要从处理列表中选择控制影像。控制影像的色彩即相当于基准色彩，处理输出时对控制影像的色彩是不做任何处理的，控制影像可以是一个，也可以是多个，尽量挑选色彩合适的影像。选中的影像在主视图中高亮显示。

9.2.5 影像镶嵌

DOM 生产中经常需要将多幅正射影像拼接成一幅大的正射影像。接缝线是在影像重叠区按一定规则确定的镶嵌线，其主要目的是确保镶嵌影像中地物目标的完整性。目前接缝线生成方法通常采用一定的测度计算重叠区域的差异，然后采用一定的搜索策略选择一条差异最小的路径作为镶嵌线，或者利用影像分割算法使接缝线尽可能地沿着明显地物的边界，用地物的边界“掩盖”镶嵌时可能出现的接缝，或者基于道路矢量、DSM 等辅助数据对城市区域镶嵌时接缝线的走向进行优化。

影像镶嵌功能可对多张影像做匀色和镶嵌处理。支持智能镶嵌线生成，具有丰富的镶嵌线编辑工具，并提供了自动匀色和人工匀色两种方式进行色彩一致性调整。能够从工程中导入全色正射影像、多光谱正射影像、融合正射影像或真彩色影像，也支持导入外部影像与工程内影像数据进行整体匀色镶嵌。

1. 镶嵌线生成与导出

镶嵌线生成与导出包括生成镶嵌线、导入镶嵌线、导出镶嵌线等功能。通过丰富的镶嵌线编辑工具，可方便快捷地对镶嵌线进行操作。

1）生成镶嵌线

生成镶嵌线可对工程内所有的栅格影像自动生成镶嵌线，生成后各影像将自动按照镶嵌线实时裁切显示，并在影像接边处进行实时羽化。点击【镶嵌线生成】按钮，弹出对话框，参数设置如下。

（1）简单镶嵌：用简单直线的方式快速在重叠区域生成镶嵌线。

（2）智能镶嵌：PIE-Ortho 的智能镶嵌线使用基于 Voronoi 接缝线网络生成方法的网络生成技术，能够进行大场景多源遥感影像的接缝线网络自动生成，具有较高的稳定性，可以对具有复杂拓扑构型，高重叠度的大场景遥感影像进行全景拼接。Voronoi 接缝线网络生成方法通过集合论和 Voronoi 图论求解场景的接缝线网络，即对于某一重叠度为 n 的区域，同时求解相应于其 n 个原始影像的拼接线，分为四个步骤：①获取目标场景的多个影像数据，并确定各个影像数据的有效覆盖范围，得到包含各个影像数据的有效覆盖范围的有效区域多边形集。②基于有效区域多边形集，确定目标场景的自由多边形集和各个自由多边形的目标数据。③基于泰森多边形理论、目标数据和自由多边形集，确定目标场景的第一接缝线网络图。④利用影像数据和自由多边形集对第一接缝线网络图进行优化，得到目标接缝线网络图。

（3）只对新增：只对工程内新增加的需镶嵌影像范围进行镶嵌线生成，其他影像范围的镶嵌线不做改变。此功能通常是在已生成镶嵌线的工程中添加新的数据与已有数据进行镶嵌时使用。

2）导入镶嵌线

导入镶嵌线指将外部镶嵌线输出导入工程，以导入面中心点坐标到各个图层中心点距离最近的原则将镶嵌线分配给各个图层。导入完成后各个影像将自动按照镶嵌线实时裁切显示，并在影像接边处进行实时羽化。

3）导出镶嵌线

导出镶嵌线可将工程内的镶嵌线数据导出保存为矢量面数据。

2. 匀色工具

匀色工具提供了丰富的色彩调节工具，选中待镶嵌影像后可激活工具。

1）地理模板匀色

地理模板匀色可基于色彩符合要求的模板影像对选中的待匀色影像进行自动匀色。该功能要求模板影像与待匀色影像在地理位置上有一定的重叠区域；点击【地理模板匀色】按钮，弹出对话框，参数设置如下。

（1）模板影像：添加与待匀色影像有一定地理位置重叠并且色彩合适的影像作为模板影像。

（2）匀色算法：选择模板匀色的算法，有加性和线性两种算法。

加性：以模板影像为参考对待匀色影像的色彩进行加减，使匀色后影像的色彩与模板影像的色彩接近。

线性：在以模板影像为参考对待匀色影像的色彩进行加减的基础上，进行色彩的线性拟合，匀色后的影像色彩更加柔和。

2）区域网匀色

区域网匀色可采用色彩平差算法自动调节选中影像的色差。点击区域网匀色工具，可弹出参数设置对话框，参数设置如下。

（1）无控制区域网匀色：不需要添加控制匀色影像，将所有影像进行无控制区域网色彩平差，色彩是此消彼长的概念，能够达到影像间色彩的均衡化。

（2）有控制区域网匀色：需要从处理列表中选择控制影像，控制影像的色彩即相当于基准色彩，处理输出时对控制影像的色彩是不做任何处理的。控制影像可以是一个，也可以是多个，尽量挑选色彩合适的影像。选中的影像在右侧视图中高亮显示。

（3）选择控制影像列表：可在列表中选择色彩较好的影像作为控制影像进行匀色，选中的影像会在右侧影像视图中高亮显示。

3）人工调色

人工调色提供了人工手动调节色彩的功能，分为亮度/对比度、曲线、色阶、色相/饱和度、可选颜色、锐化等。

（1）亮度/对比度。选中待调色影像，激活人工调色菜单。对比度可调节选中影像的亮度、对比度，点击【亮度/对比度】选项，打开亮度/对比度调节页面，参数设置如下。①亮度：通过移动滑块调节选中影像的整体明亮程度，向右侧滑动增加亮度。②对比度：可通过移动滑块调整影像颜色之间的对比度，对比度越大，颜色之间的分别越明显。向右侧滑动为增加对比度。③预览：勾选后可实时显示影像色彩的变化。

（2）曲线。曲线调节可以调节选中影像的曲线进而改变影像的亮度值。点击【曲线】选项，打开调节页面，参数设置如下。①预设值：软件提供了一些预设的曲线调整方案，包括自定义、中对比度、增加对比度、高对比度、较亮、较暗等六种，可根据影像实际情况进行选择。②通道：选择需要进行调整的色彩通道，通道包括 RGB 色彩。③输出：显示曲线调节后输出的像素值。④输入：显示曲线调节前输入的像素值。⑤预览：勾选后可实时显示曲线调节影像色彩的变化。

（3）色阶。色阶调节可以调节选中影像的色阶进而改变影像的显示色彩。点击【色阶】选项，打开调节页面，参数设置如下。①预设：软件提供了一些预设的色阶调整方案，包括默认值、较暗、增强对比度 1、增强对比度 2、增强对比度 3、加亮阴影、较亮、中间调较亮、中间调较暗等，可根据影像实际情况进行选择。②通道：选择需要进行调整的色彩通道，通道包括 RGB 色彩。③输入色阶：水平 X 轴方向代表绝对亮度范围，为 0～255，竖直 Y 轴方向代表像素的数量。和直方图一样，Y 轴有时并不能完全反映像素数量。黑色滑块向右滑动，暗部区域更暗，白色滑块向左滑动，亮部区域更亮。中间灰色滑块：控制暗部区域和亮部区域的比例平衡。④输出色阶：黑色滑块向右滑动，图像整体变亮。白色滑块向左滑动，图像整体变暗。如果将输出色阶的白色箭头移至 200，那么就代表图像中最亮的像素是 200 亮度。如果将黑色的箭头移至 60，就代表图像中最暗的像素是 60 亮度。通常为使影像输出时不出现 0 值，会把输出色阶最小值改成 1。⑤预览：勾选后可实时显示色阶调节影像色彩的变化。

（4）色相/饱和度。色相/饱和度调节可以调节选中影像的色相、饱和度、明度等改变影像的显示色彩。点击【色相/饱和度】选项，打开调节页面，参数设置如下。①预设：软件提供了一些预设的色相/饱和度调整方案，包括自定义、默认值、氰版照相、增加饱和度、进一步增加饱和度、旧样式、红色提升、深褐、强饱和度、黄色提升等，可根据影像实际情况进行选择。②色彩类型：选择需要进行调整的色彩类型，包括全图、红、洋红、黄、绿、蓝、青等，其中选择全图时影像色彩会整体进行改变。③色相：指颜色的品相，如红、黄、青、蓝等，移动色相滑块，影像中选中的颜色会朝着其他品相相应地变化。④饱和度：饱和度是指颜色的饱和程度，移动滑块影像颜色的鲜艳程度会相应地发生变化。⑤明度：影像的明暗程度，移动滑块影像的明暗会相应地变化。⑥吸管：可选择需要调节的颜色，在选择全图的情况下不可用。⑦预览：勾选后可实时显示色相饱和度调节影像色彩的变化。

（5）可选颜色。可选颜色可通过调节选中影像的 CMYK 色彩来改变影像的显示色彩。点击【可选颜色】选项，打开调节页面，参数设置如下。①颜色：选择需要进行调整的色彩类型，可调整的主色分为以下三组。

RGB 三原色：红色、绿色、蓝色

CMY 三原色：黄色、青色、洋红色

黑白灰：白色、黑色、中性色

②相对：只调整颜色本身存在的油墨量，例如，在 60%的洋红色基础上增加 10%，最终结果为 66%。③绝对：除了能调整其本身存在的油墨量外，还能增加其他的油墨，例如，黄色油墨中不含有青色油墨，即 0%，在“相对”方法下调整青色油墨，黄色油墨的信息不会改变，而在“绝对”方法下，当增加青色油墨量时（就是大于 0%），黄色油墨中就会因为混入了青色油墨而使结果色呈现偏绿，青色油墨增加得越多，结果色就越偏绿。④预览：勾选后可实时显示调节操作相应的色彩变化。

（6）锐化。锐化能够突出影像上地物的边缘轮廓，使影像变得更清晰。点击【锐化】选项，打开调节页面，参数设置如下。①数量：该参数可以理解为锐化的强度或振幅，数量值过大图像会变得虚假。默认数值为 50。②半径：用来决定作边沿强调的像素点的宽度，如果半径值为 1，则从亮到暗的整个宽度是两个像素，如果半径值为 2，则边沿两边各有两个像素点，那么从亮到暗的整个宽度是 4 个像素。半径越大，细节的差别越清晰，但同时会产生光晕。

3. 显示设置

显示设置用于控制影像镶嵌界面主视图区域相关信息的显示。

（1）镶嵌线：在主地图工程中是否显示生成的镶嵌线。

（2）独立羽化区：可设置在地图上显示或者隐藏所有的独立羽化区域。

（3）单景选择：当选中【单景选择】选项时所有的区域选择功能只针对选择区域内的最上层影像进行操作，在未选中【单景选择】选项时所有编辑功可针对选择区域内所有影像进行操作。

（4）匀色区：在地图上显示或者隐藏所有的历史色彩调节区域边框。

（5）匀色编辑区：勾选状态在地图上显示当前色彩调节区域的范围边框。

（6）变形点：可选择在地图上显示或者隐藏添加的所有变形点。

（7）变形区：可选择在地图上显示或者隐藏添加的所有变形区。

（8）变形区点：可选择在地图上显示或者隐藏添加的所有变形区点。

4. 设置

设置功能包括设置镶嵌线的羽化值大小、变形区点边框颜色和大小、功能符号显示设置等。

（1）镶嵌羽化值：设置镶嵌线的羽化值大小。

（2）变形点范围：设置变形点外边框范围大小。

（3）符号设置：主要设置功能显示的色彩、透明度、线宽、线型、线色等。

5. 输出

1）整幅输出

整幅输出用于输出待镶嵌的所有成果数据，软件提供了多种输出方式。点击【整幅输出】按钮，弹出镶嵌影像输出对话框，参数设置如下。

A. 输出形式

软件提供了整幅输出、分景、标准分幅、矢量分幅四种输出形式，可根据需要进行选择。

（1）整幅输出：在主视图界面中的匀色镶嵌成果整体输出成一幅影像。

（2）分景：匀色镶嵌结果按单景影像范围进行输出。

原有分辨率：输出结果影像的分辨率与原始影像保持一致。

去除镶嵌边界：勾选后可输出按照镶嵌线对原影像裁剪的单景影像。

（3）标准分幅：按照标准分幅输出匀色镶嵌结果影像。

分幅比例尺：设置分幅输出的比例尺，软件提供了从 1∶2000 到 1∶1000000 的 9 种比例尺。

外扩像素：设置按分幅线裁剪的外扩像素数量。

（4）矢量分幅：根据导入的分幅矢量文件范围输出匀色镶嵌结果。

分幅矢量：可选择已有矢量文件作为分幅裁剪的裁剪矢量。

命名字段：选择分幅矢量中的字段给分幅影像命名。

B. 输出分辨率

设置输出影像成果的分辨率，当工程采用投影坐标系时单位为米，采用地理坐标系时单位为度，需将米与度进行换算。

C. 输出类型

选择影像成果的输出类型，可选择三通道 8 位或原始数据格式。

D. 输出文件路径

设置输出影像成果的保存位置和影像成果名称。

2）选择输出

选择输出提供人工挑选输出影像或者人工设置输出范围等多种方式对镶嵌影像进行选择性的输出。点击【选择输出】按钮，弹出对话框，参数设置如下。

A. 输出范围

（1）输出范围：人工输入坐标的范围值。

（2）地图绘制：人工从主视图界面中勾绘输出的范围。

（3）选择影像：在主地图中已选择的要输出的影像。

B. 输出形式

提供了整幅输出、分景输出、矢量分幅、标准分幅四种输出形式，可根据需要进行选择。

（1）整幅输出：在主视图界面中的匀色镶嵌成果整体输出成一幅影像。

（2）分景输出：匀色镶嵌结果按单景影像进行输出。

（3）矢量分幅：按照输出的矢量文件分幅输出匀色镶嵌结果影像。

（4）标准分幅：按照国标分幅输出匀色镶嵌结果影像。

C. 分辨率

设置输出影像成果的分辨率，当工程采用投影坐标系时单位为米，采用地理坐标系时单位为度，需进行单位换算。

D. 输出类型

选择成果影像的输出影像类型，可选择三通道 8 位或原始数据格式。

E. 输出文件路径

设置输出影像成果的保存位置和影像成果名称。

6. 操作列表

操作列表中记录了镶嵌线编辑工作所进行的步骤，包括色彩调节、局部形变等操作，用户可以对其进行撤销、重做、定位等。操作列表中记录了所有的操作步骤，列表里的箭头指向当前所在的操作，双击列表中某一行可以回到该条操作记录。

7. 镶嵌线编辑工具条

镶嵌线编辑工具条位于主视图左侧，提供了常用的镶嵌匀色工具。

1）选择影像

可用拖动鼠标拉框的方式在地图上选择影像；从上往下拉框时和矩形相交的图层会被选中；从下往上拉框时矩形包含的图层将会被选中；点选时包含点的最上层图层将会被选中，配合【Ctrl】键可实现图层的加选和减选。

2）全选影像

选择主视图中所有的影像，影像边框高亮显示。

3）卷帘

在视图中按住鼠标左键向上、向下、向左、向右移动，可实现上层影像的卷帘效果。

4）镶嵌线

（1）镶嵌套索：按住鼠标左键拖动鼠标，在需要修改的两景影像接边处画与原镶嵌线相交的任意形状的封闭图形，可将套索区域所包含的区域裁切到套索第一个点所在的图层。

（2）镶嵌线折线：可使用折线的方式修改两景影像接边处的镶嵌线，在添加折线和现有镶嵌线的第一个交点和最后一个交点的中间这一段镶嵌线将会被替换成新加的折线。

（3）镶嵌多边形：点击鼠标左键，在需要修改的两景影像接边处画与原镶嵌线相交的多边形，可将多边形区域所包含的区域裁切到多边形第一个点所在的图层。

（4）创建新的镶嵌线：用鼠标左键点击勾绘一条首尾与原镶嵌线有两个交点的折线，即可创建一条新的镶嵌线。添加结束后，软件会自动将新的镶嵌线和现有镶嵌线进行融合。创建新的镶嵌线通常是应用在影像被完全覆盖，未生成镶嵌线的情况，通过人工添加镶嵌线的方式，选择重叠区内质量最优的影像。

（5）镶嵌线羽化范围：设置镶嵌线羽化范围的大小。

5）独立羽化区添加

可使用鼠标画多边形的方式在地图上选择一块接边区域，然后在该区域内点击右键，选择【设置羽化范围】，弹出设置对话框，可以输入一个羽化范围，在该区域内的所有镶嵌线将使用输入值进行羽化。

6）独立羽化区选择

使用点选的方式在地图上选择历史添加的独立羽化区域，然后在区域内点击右键可以修改该区域的羽化范围以及删除该独立羽化区域等。

7）匀色添加

（1）匀色多边形：使用多边形方式在地图上选择一块色彩调节区域。【Ctrl】键与鼠标左键配合使用可加选局部调节区域，【Alt】键与鼠标左键配合使用可减选局部调节区域。

（2）匀色套索：可使用套索方式在地图上选择一块色彩调节区域，【Ctrl】键与鼠标左键配合使用可加选局部调节区域，【Alt】键与鼠标左键配合使用可减选局部调节区域。

（3）羽化范围：可设置当前选中的局部调色区域的羽化范围。

8）匀色选择

选择添加的匀色区域。

9）变形点添加

点选方式在镶嵌线接边有误差的地方添加一个变形点，可解决接边精度问题。

10）变形点选择

用点击的方式选择已添加的变形点。

11）变形区添加

用点选的方式在镶嵌线接边有误差的地方添加一个变形区，可解决接边精度问题。

12）变形区选择

用点击的方式选择已添加的变形区。

13）自动匹配变形区

对添加的变形区，自动匹配变形点。

14）变形区点编辑

对选择的变形区或者变形点点位进行修改。

15）撤销

点击撤销或使用快捷键【Ctrl+Z】可撤销上一条操作。

16）恢复

点击恢复可恢复上一条操作。

17）拉框放大

对影像进行放大。

18）拉框缩小

对影像进行缩小。

19）漫游

对影像进行平移。

9.2.6 产品输出

输出功能是将工程中生产的产品成果进行输出。输出的成果类型包括正射产品、融合产品、真彩色产品、镶嵌产品。

1. 输出成果

1）输出成果类型

（1）正射产品：在工程中将质检合格后的全色和多光谱影像数据进行输出。

（2）融合产品：在工程中将质检合格后的融合成果数据进行输出。

（3）真彩色产品：在工程中将质检合格后的真彩色数据进行输出。

2）影像列表

在工程中添加的全色和多光谱影像会显示在列表中，用户可以对需要处理的影像进行选择，也可以点击【全选】选中所有数据。

2. 输出参数

输出参数是设置输出成果的分辨率和输出路径。

（1）全色输出分辨率：设置输出成果的分辨率。

（2）全色输出路径：设置输出成果的输出路径，默认设置为工程目录。

（3）多光谱输出分辨率：设置输出成果的分辨率。

（4）多光谱输出路径：设置输出成果的输出路径，默认设置为工程目录。

9.3 DEM/DSM 制作

9.3.1 核线影像

核线影像产品是从原始图像沿核线重采样得到的没有上下视差的左右两景影像，用于立体测图使用及 DEM 的自动生产。区域网立体平差成功后，点击【核线影像】按钮，弹出对话框，参数设置如下。

1）待处理影像列表

显示待生成的核线影像对信息。

（1）待处理核线：勾选此选项，则只显示没有生成核线的影像。

（2）已存在核线：勾选此选项，则只显示已生成核线的影像。

2）是否需要相对定向

单景立体像对无法进行立体平差时可勾选此选项，勾选后前后视之间会匹配同名点提高相对精度。

待处理影像对选择完毕后，点击【处理】按钮，即可全自动进行核线影像产品生产。处理完毕后，在工程目录下 DSM\epi 文件夹下会产生核线影像文件，每组立体像对会产生两景核线影像，工程日志内容会自动记录到工程中。

9.3.2 核线初始匹配

核线初始匹配用于生成密集匹配的特征点，特征点将作为种子点参与 DSM 密集匹配计算。点击【核线初始匹配】按钮，弹出对话框，参数设置如下。

1）待处理影像列表

显示工程内的待生成核线影像对信息。

（1）待处理核线：勾选此选项，则只显示没有生成核线的影像。

（2）已初始匹配核线：勾选此选项，则只显示已生成核线的影像。

2）预匹配种子点数量

预设根据核线影像生成的密集匹配点云种子点数量。

9.3.3 特征点采集

特征点采集提供了手动添加特征点和对核线初始匹配获取的特征点的编辑功能。特征点为从左右核线影像上采集的地形地貌特征点，用于密集匹配获取精度较高的 DSM 影像。特征点采集通常包括山头、洼地、肩部、鞍部等。点击【特征点采集】按钮，弹出对话框，参数设置如下。

1）待处理影像列表

显示待处理影像信息。

2）全选

选择影像列表中全部的立体相对影像进行特征点线采集。

3）特征影像管理

查看特征点的个数和分布情况，检查每个点的精度情况，并可对特征点进行增加、删除、位置调整等手动编辑操作。

（1）导出特征点：对手动添加的特征点进行保存。

（2）特征点编辑：双击列表中立体像对所在的行进入点位测量界面，可对特征点进行增加、删除、位置调整等手动编辑操作。

（3）特征点管理：用来管理添加的特征点，可检查和修改特征点的精度。双击特征点管理列表里的点可以打开点位测量窗口，可对特征点进行增加、删除、位置调整等手动编辑操作。

9.3.4 DSM 密集匹配

DSM 密集匹配是利用之前生产的核线影像产品结合初始匹配结果，再经过立体密集点云匹配或特征点文件后插值生产的 DSM 影像产品。点击【DSM 密集匹配】按钮，打开对话框，参数设置如下。

1）待处理影像

显示待进行 DSM 匹配的影像信息。

（1）DSM 未存在：勾选后在待处理影像列表中显示没有生成对应 DSM 的影像。

（2）DSM 已存在：勾选后在待处理影像列表中显示已经生成对应 DSM 的影像。

2）匹配方法

选择 DSM 密集匹配的方法，可选择特征点线参与匹配或全自动匹配。

3）匹配参数

（1）核线匹配格网大小（像素）：默认值为 5，即将 5×5（像素）大小的格网数据作为一个密集匹配单元。核线格网越小，生成的特征点越多。

（2）密集匹配搜索窗口大小（像素）：设置基于种子点的密集匹配搜索窗口的像素大小，默认最小值为 21 个像素，值越大计算量越大。

（3）输出无效值：勾选后可设置栅格影像的无效像素值。

9.3.5 DEM/DSM 编辑

DEM/DSM 编辑主要是修改 DEM/DSM 数据中局部存在异常值的区域，支持的修改方法有内插、置平、河流区域和抬降区域等。在影像列表中选择需要编辑的 DEM/DSM 数据，或者点击【全选】，然后点击【确认】，进入 DEM/DSM 编辑界面。

1）显示控制

在界面中显示编辑 DEM/DSM 的操作内容。

2）设置

显示内插区域、置平区域、河流区域等矢量面的填充、线型等符号设置。

3）输出

主要设置成果的输出路径。

4）操作列表

记录了 DEM/DSM 编辑工作所进行的步骤，用户可以对其进行撤销、重做、定位等。列表里的箭头指向当前所在的操作，通过双击列表中某一行可以回到该条操作记录。

5）编辑工具

主要是在编辑 DEM/DSM 时用到的算法和图像浏览工具。

（1）选择：选择已进行编辑的内插区域、置平区域、河流区域的范围。

（2）内插区域：以绘制的多边形的顶点构建不规则三角网，在此基础上进行双线性内插。

（3）置平区域：取绘制多边形的所有顶点周边 3×3 格网的平均值作为置平值进行置平。

（4）河流区域：取绘制多边形的所有顶点周边 3×3 格网的值，通过统计、插值的方式拟合成一个平面。

（5）抬降区域：根据设置的值进行抬升或者下降。

（6）DSM 羽化范围：对绘制的问题区域设置羽化范围。

（7）删除：对选择的已编辑区域进行删除。

（8）拉框放大/拉框缩小：对影像进行放大和缩小。

（9）漫游：对影像进行平移。

（10）前一视图：回退到前一视图。

（11）后一视图：返回到后一视图。

（12）撤销：对本次编辑内容进行撤销。

（13）恢复：恢复前一次的编辑内容。

9.4 质量评价

9.4.1 精度检查

精度检查主要是通过自动或人工添加检查点检查影像的位置精度，其中自动是针对待处理影像和基准影像都有投影信息的情况；人工辅助是针对待处理影像或辅助影像没有投影信息或者是地方坐标系统的情况。此功能可以实现检查点的生成、质检报告的生成，可以进行人工编辑、增加、修改点后再进行 RPC/RPB 文件生成及几何精纠正。

1. 精度检查

点击【精度检查】按钮，弹出对话框，参数设置如下。

1）工作模式

（1）全自动处理模式：要求输入的待检查影像和基准影像都必须有通用投影信息，根据投影信息可以自动生成地理邻近关系。

（2）人工辅助处理模式：输入的检查影像可以没有投影信息，需要在待纠正影像上人工均匀刺三个点后，再进行自动检查点生成。

2）待纠正影像

选择待进行质检的工程内结果影像的类型，可选择全色影像、多光谱影像、融合影像、真彩色影像、镶嵌影像等。

3）影像列表

显示工程内所选类型输出结果的影像信息。

4）全选

工程内所有选中类型的影像作为待处理影像，可用【Ctrl】键配合鼠标减选或加选影像。

2. 加载

点击【加载】按钮，进入精度检查操作界面，参数设置如下。

1）符号显示管理

（1）显示符号控制：在主地图中显示或隐藏点的类型，包括检查点和只显示当前编辑点。①检查点：在检查点列表中生成的检查点；②只显示当前编辑点：编辑点是在检查点中被选中的点。

（2）显示名称控制：显示检查点的名称。

（3）编辑工具栏：包括点位编辑工具和质检工具。

2）精度检查工具栏

精度检查工具如表 9-3 所示。

3）检查图像管理

A. 生成检查点

点击【生成检查点】按钮，弹出对话框，参数设置如下。

（1）影像列表：显示待检查影像信息。

（2）纹理质量：默认为一般，如果影像质量较差，选择较差。

（3）几何均匀度：一般为默认，当影像的几何均匀度较差时可选择较差。

（4）格网匹配：勾选此选项后，在一定大小格网内只保留一个精度最高的检查点。

表 9-3　精度检查工具

工具名称	工具功能
	选择点位
	编辑点位
	删除点位
	放大
	缩小
	平移
	显示全图
	屏幕探针

（5）预设种子点数量：根据参考影像纹理质量和分幅数量进行种子点数量的设置，如果纹理较差，而且参考影像数量比较多，可以适当把数值设置大一点。

（6）高级设置：主要是设置误差阈值，软件会自动删除超出阈值的检查点，参数设置如下。①搜寻半径：针对影像的初始精度差距很远的情况，可设置较大的搜索半径，以便更好地匹配处理；②误差阈值：数字越大代表阈值越宽松，点位会相应增多，但不排除会有错点存在，默认为 5 个像素；③相似阈值：相当于纹理质量的量化指标，值越大代表影像之间纹理相似性越高，反之则越低。

（7）按标准分幅生产检查点：可选择国家标准或军用标准。①比例尺：根据实际需要进行比例尺的设置，软件内置 1∶2000～1∶1000000 等 9 种比例尺类型；②每个图幅期望点数：设置每个图幅预设种子点数量。

B. 精度质检报告导出

可以完成质检报告的输出，导出内容有单景影像的精度报告和所有影像整体精度报告。

C. 生成 RPC/RPB 文件

在检查点生成完毕后，保证每景影像上面有不少于 39 个检查点，点击【生成 RPC/RPB 文件】按钮，这样可以根据生成的检查点反算每景正射影像的 RPB 文件。通过此功能，可以解决正射影像精度不够的问题，通过反算正射影像的 RPB 文件得到新的 RPB 文件，再新建工程，进行连接点匹配和控制点生成，从而达到提高成果精度的目的。

D. 几何精校正

几何精纠正功能是解决正射影像与基准影像的全自动配准问题。输入待纠正影像和基准影像及 DEM 数据，系统会根据地理坐标范围进行自动配对。待纠正影像、基准影像、DEM 数据的投影可以不一致，系统可以进行动态的坐标转换，因此所输入的数据都必须要有投影，设置好选项后，处理完成会输出几何校正结果。

在质量评价模块下，点击【几何精校正】按钮，弹出对话框，如图 9-8 所示。

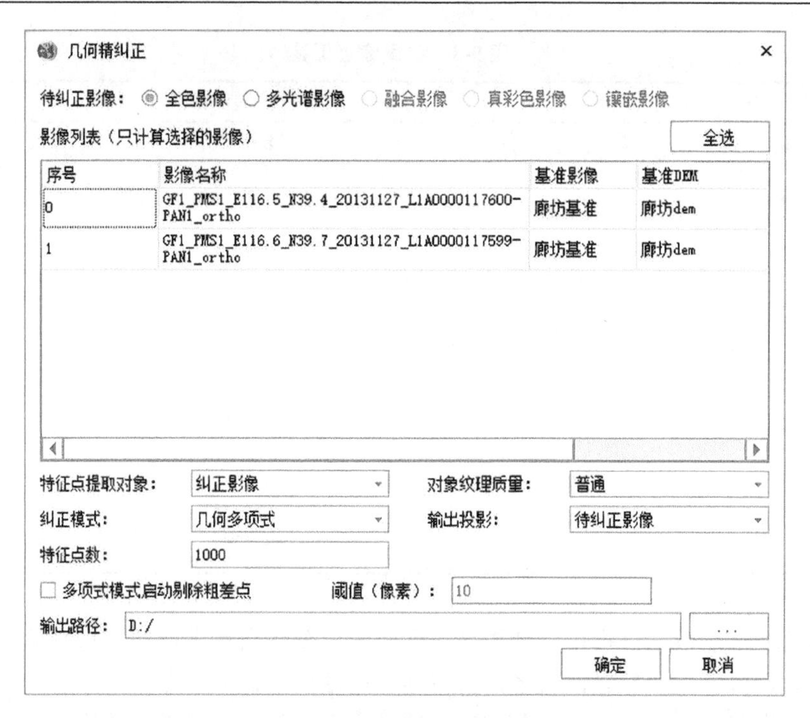

图 9-8　几何精纠正对话框

（1）待纠正影像：选择待进行质检的工程内结果影像的类型，可选择全色影像、多光谱影像、融合影像、真彩色影像、镶嵌影像等。

（2）影像列表：显示工程内所选类型结果影像的影像信息。

（3）全选：工程内所有选中类型的影像作为待处理影像，可用【Ctrl】键配合鼠标减选或加选影像。

（4）特征点提取对象：可选择纠正影像或基准影像。

（5）对象纹理质量：有较好、普通或者较差三个选项。当影像纹理差别比较大时可以选择较差，反之待纠正影像和基准影像纹理质量较好的情况下可以选择较好，默认为普通。

（6）纠正模式：有几何多项式、小面元模型、摄影模型三种选项，用户可根据数据实际情况选择使用合适的纠正模型。

几何多项式：基本原理是回避成像的空间几何过程，直接利用地面控制点数据对遥感影像的几何畸变本身进行数据模拟，并且认为遥感影像的总体畸变可以看作挤压、扭曲、缩放、偏移及更高层次的基本变形综合作用的结果。因此，校正前后影像相应点的坐标关系可以用一个适当的数学模型来表示。利用地面控制点的影像坐标与其同名点的地面坐标通过平差原理计算多项式系数，然后用该多项式对影像进行校正。几何多项式校正模型能够对比较平坦的地区进行几何校正，对于地形起伏较大的区域，则会造成部分地区校正精度不高的情况。仿射变换是一种简单的几何多项式模型，利用控制点数据计算仿射变换系数，包括左上角地理坐标、纵横方向上的分辨率，以及旋转系数。该模型适用于比较简单的影像校正情况。

小面元模型：在待处理影像数据和基准影像数据间提取出大量的同名控制点，误差阈值适当放宽，以防止正确的控制点被删除。在保证所有的控制点正确无误的前提下，对这些控制点进行空间域的TIN构网，形成很多个由控制点组成的三角形，将影像的有效范围进行完全覆盖。每个三角形由三个控制点来组成，每个三角形区域作为一个构建模型的单元，利用三个控制点来拟合一套仿射模型，从而能够解决一些数据局部区域校正精度不高的问题。

摄影模型：摄影模型考虑了地形起伏的因素和成像的空间几何过程，利用现有控制点去拟合该影像的 RPC/RPB 模型的若干参数，至少需要 39 对控制点和 DEM 数据。摄影模型相当于利用控制点和 DEM 数据重新构造了 RPC/RPB 模型参数，其本质是影像的正射校正。对于标准化程度较低的几何粗校正影像，如 Maxar 光学卫星、高景卫星标准影像产品、天绘卫星 3A 级影像产品，当有高精度 DEM 数据时，可以使用此模型重新进行正射校正。

（7）输出投影：选择输出的纠正结果投影，可以选择使用待纠正影像的投影或者是基准影像的投影。

（8）特征点数量：预设每景影像提取特征点数量，值越大匹配出的同名点也越多。

（9）多项式模式启动剔除粗差点：勾选此选项可激活多项式模型残差阈值的设置，在自动匹配的过程中可自动删除残差值大于阈值的检查点。

（10）输出路径：设置输出几何精纠正结果的保存路径。

E. 检查点管理

点击检查图像管理中的各行影像记录，在检查点管理中显示每景影像对应的检查点信息。

（1）刷新：对列表中的检查点信息进行刷新。

（2）删除：对列表中选中的记录进行删除，可使用【Shift 】/【Ctrl】键增加或者减少选择。

（3）批量删除：软件还可以通过设置阈值来批量删除点位，可设置的阈值名称包括 X 误差、Y 误差和 XY 误差。X、Y 误差大于 5 的点位及 XY 误差大于 10 的点位均被删除。

（4）保存影像检查点：保存全部检查点。

9.4.2　图面检查

图面检查主要是通过人工的方式检查影像的图面质量，并可输出检查记录矢量文件和检查报告。

1. 符号设置

符号设置用于设置点、线、面、文字等标注标绘的显示风格。点击【符号设置】按钮，弹出风格设置对话框，参数设置如下。

（1）点符号：设置点的显示颜色和大小。

（2）线符号：设置线的显示颜色、线宽、线型等。

（3）面符号：设置面的填充颜色、边框粗细、线型及线颜色等。

（4）文字符号：设置文字的颜色、字体、字号大小、加粗、下划线、斜体等。

2. 标绘导入

标绘导入可导入已有的标注标绘文件，与工程中正射影像成果进行叠加，输出带有标注标绘的正射影像图。点击【标绘导入】按钮，弹出对话框，设置完成后，点击【选择文件夹】，即可把标注标绘文件加载到视图窗口中。

3. 导出标绘

导出标绘可导出图面检查过程中在正射影像成果上标绘的符号，并保存为 shp 格式的文件。选择标绘文件的输出保存路径，设置完成后，点击【选择文件夹】，即可输出图面检查的标绘内容保存成文件。文件默认存储路径为工程目录下的 DOM\qualitycheck。

4. 标绘显示控制

（1）显示标绘：在主视图中显示标绘的错误。

（2）显示标绘 ID：在主视图中显示标绘的 ID 号。

5. 图面检查错误列表

1）编辑

对错误记录进行检查和修改。点击错误记录，高亮显示后，点击编辑工具，弹出添加错误记录对话框，开始对错误记录进行检查和修改。参数设置如下。

（1）错误范围：此种错误覆盖的范围，包括部分影像和全部影像。

（2）关联影像：与错误记录相交的所有影像，都被记录下来。

（3）错误描述：描述错误的类型，可用自带的快捷添加的方式，用户也可自行描述错误类型。

（4）快捷添加：向错误描述中添加软件自带的错误类型，内容包括颜色失真、匀色存在问题、影像存在无效值、影像扭曲、影像偏移、拼接错误、无效值错误、存在重影、色彩溢出、颜色过饱和。

（5）设置：对快捷添加的描述内容进行编辑。编辑内容包括对已存在的问题进行修改、顺序调整、删除和人工添加新问题等。点击【保存】，对修改的内容进行保存，点击【取消】，则取消修改的内容。

（6）最近常用：记录最近常用的错误描述，为方便用户快速查找提供帮助。

2）删除

点击错误记录，高亮显示后，点击删除工具，删除错误记录。

3）清空

清空错误列中所有记录。

4）影像筛选

在错误列表中按照影像名称查找记录。

5）图面报告预览

预览图面质量检查报告。

6）图面报告导出

导出图面质量检查报告，格式为 doc。

技巧　若生产出的 DOM 影像局部精度不满足要求，可使用 PIE-Ortho 质量评价的【精度检查】或【几何精校正】两个功能模块进行局部精度改善。其中【几何精校正】功能为全自动处理方式，【精度检查】为人机交互半自动处理方式。针对整体精度基本符合要求，局部精度超限的情况，可使用【精度检查】功能，选择小面元算法实现局部精度提升。

第 10 章　高光谱图像处理

10.1　影像质量评价与图谱分析

10.1.1　影像质量评价

1. 噪声估计

典型地物具有的诊断性光谱特征是高光谱遥感目标探测和精细分类的前提，但是成像光谱仪波段通道较密会造成光谱成像能量不足。相对于全色图像，提高高光谱图像的信噪比比较困难。在图像数据获取过程中，地物光谱特征在噪声的影响下容易产生“失真”，如对某一吸收特征进行探测，则要求噪声水平比吸收深度至少要低一个数量级。因此，噪声的精确估计无论对于遥感器性能评价，还是对于后续信息提取算法的支撑，都具有重要意义。

噪声估计中使用 HRDSDC 高光谱图像噪声评估方法。该算法假设噪声与信号无关，对图像空间纹理特征的依赖性相对较低。HRDSDC 算法先根据地物在空间上分布的连续性对图像进行自动分块，因此在自动分块中，需要设置一个相邻像元光谱角度距离的判别阈值，如果两个相邻像元的光谱角小于或等于该阈值，则这两个相邻的像元可能属于同一种地物，反之则属于不同的地物。阈值设置得越小，所得到的分块精度越高，软件默认设置为 0.1，可根据具体情况调整。

在【影像统计评价】标签下的【影像评价】组，点击【噪声估计】按钮，弹出对话框，如图 10-1 所示。

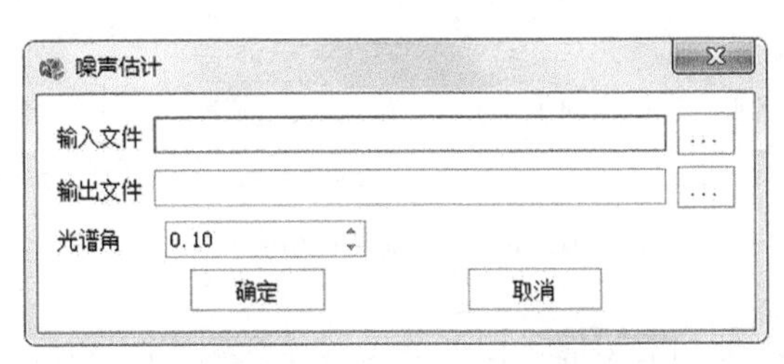

图 10-1　噪声估计对话框

（1）输入文件：设置输入的待处理数据，选择的影像至少需要 3 个波段。

（2）输出文件：设置输出噪声估计结果的保存路径及文件名。

（3）光谱角：设置光谱角，单位为弧度。设置范围为 0～1，光谱角度值设置越小，噪声估计精度越高。

2. 清晰度评价

高光谱遥感影像的质量评价中，清晰度评价功能主要是计算高光谱影像中不同波段影像的清晰度指标。在评价三维高光谱影像的清晰度时，对每个波段的图像进行清晰度评价，提供平均梯度、Brenner 梯度、能量梯度、方差，以及对上述几种算法评价结果进行归一化处理的结果等几种清晰度评价指标。在【影像评价】组，点击【清晰度评价】按钮，弹出对话框，如图 10-2 所示。

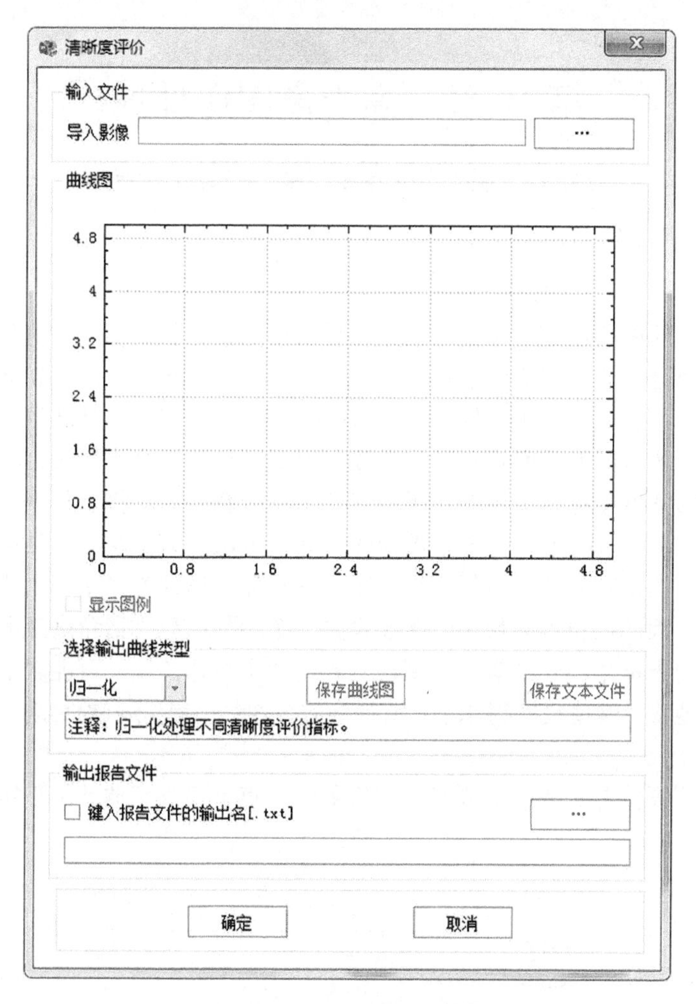

图 10-2　清晰度评价界面

（1）导入影像：输入高光谱影像，根据需要选择区域和波段。

（2）输出报告文件：该报告文件以文本文件的形式存储各类清晰度评价算法的计算结果进行归一化后的值。

（3）确定：点击确定按钮，程序会同时计算平均梯度、Brenner 梯度、能量梯度和方差等 4 种清晰度评价指标值，将结果导出成报告文件，并在视图中显示指标曲线。

（4）选择输出曲线类型：归一化是将各种算法（平均梯度、Brenner 梯度、能量梯度和方差）评价的结果进行归一化处理，用于比较不同算法之间的计算差异。输出值的范围为 0～1，视图窗口会显示各个评价指标的结果曲线。其他单一的评价算法输出的结果为原始计算评价结果，为非归一化处理数值，且窗口视图只会显示所选择的指标曲线。

（5）保存曲线图：可选择单一算法计算的曲线图和文本文件进行手动存储。

（6）保存文本文件：同保存曲线图功能。

3. 信息熵

高光谱影像评价的一个方面就是计算影像的信息熵。信息熵是为评价影像中所含信息量的多少而建立的一个评价指标。

在信源中，考虑的不是某一个符号发生的不确定性，而是要考虑这个信源所有可能发生情况的平均不确定性。若信源符号由 n 中取值，对应的概率为 p_1，p_2，p_3，…，p_n，且各种符号的出现彼此独立。这时信源的平均不确定性应当为单个符号不确定性 $-\log p_i$ 的统计平均值，可称为信息熵。

在“影像评价”组，点击【信息熵】按钮，弹出对话框，如图 10-3 所示。

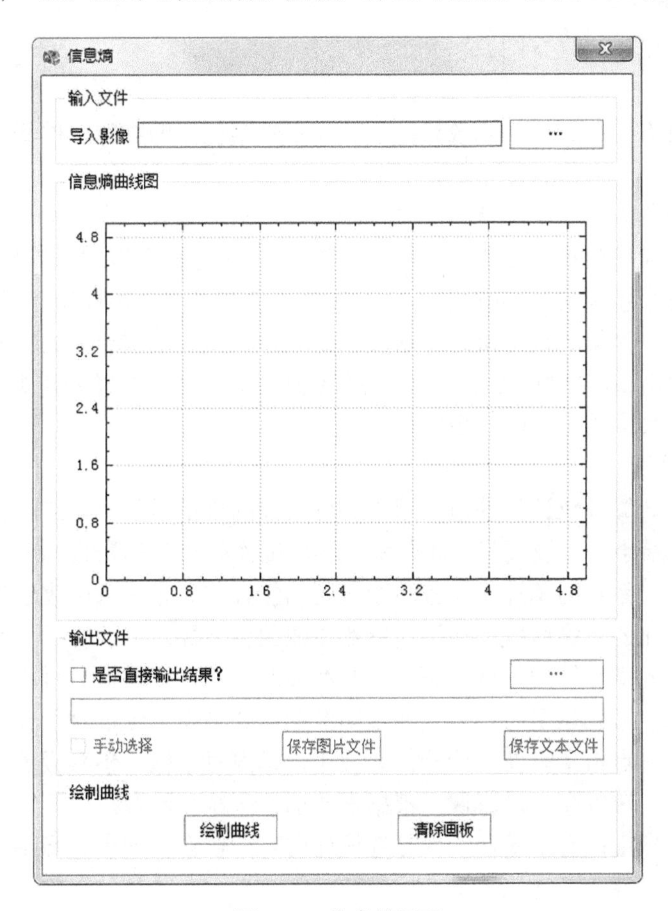

图 10-3　信息熵界面

（1）导入影像：直接导入打开需要计算的高光谱文件，在文件列表中选择需要计算的文件，然后点击【绘制曲线】，等待绘制曲线。

（2）清除画板：清除画板中绘制的高光谱信息熵曲线。

（3）保存图片文件：将绘制的信息熵曲线用图片的形式存储。

（4）保存文本文件：导出高光谱信息熵计算结果，以文本文件的形式存储。

10.1.2　统计分析

1. 波段序列直方图统计

波段序列直方图使用二维加颜色表示高光谱影像的多波段直方图信息，X 轴表示波段或者波长，Y 轴表示灰度值大小，颜色表示每个灰度值（或者每段灰度值范围）对应的像元个数。从波段序列直方图中能够很好地总览与分析高光谱数据整幅图像所有波段光谱值的分布形态，背景区域和异常分布特征等。在【统计分析】组，点击【波段序列直方图】按钮，弹出界面，打开待处理的文件，则会自动显示光谱序列直方图，参数设置如下。

1）*波段序列直方图*

显示影像的波段序列直方图。

2）*颜色*

（1）右侧的直方图：x 轴表示数量；y 轴表示数据值，即影像中的每个出现的数据值的数量有多少。

（2）左侧的颜色设置：中间有一个颜色条，颜色条下方有一个下拉选择框，可以选择不同的颜色表，对波段序列直方图进行不同颜色的渲染。【逆转】按钮可以将颜色条颜色反转。下方的表格表示每个级别的渲染颜色，例如，在第一个波段中，数据值为 0.1 的只有 1～3 个，这时候该值就被渲染为第一级别所对应的颜色，如果有 1～8 个，就被渲染为第二级别的颜色，依次类推，默认给出 16 个颜色级别。选择好颜色表后，即可点击【应用】按钮，上方的波段序列直方图就被渲染为给定的颜色表中的颜色。

2. 影像统计分析

统计分析主要计算各统计量的值，用于评价影像的成像质量。在统计分析中基本统计量主要包括平均值、最小值、最大值、标准差，还有针对多/高光谱影像与各波段之间的协方差和各波段之间的相关系数的统计量。各波段之间的协方差和相关系数表示波段之间的相关性和连续性，颜色变化的平稳程度反映了传感器成像的稳定性。

在计算三维高光谱影像的统计量时，按照波段的形式，平均值、最小值、最大值和标准差均可以通过曲线的形式呈现，协方差通过图像的形式呈现，纵横轴像元序号表示波段号。在【统计分析】组，点击【影像统计分析】按钮，弹出对话框，参数设置如下。

（1）导入影像：输入高光谱影像，根据需要选择区域和波段。

（2）选择统计参量：基本统计量为必选统计内容，包含平均值、最小值、最大值和标准差；协方差和相关系数为可选统计量。

（3）输出相关性统计量文件：在选择协方差统计的前提下可选择，选中后默认生成文件保存路径和文件名，可修改文件保存路径和文件名。

（4）输出报告文件：选择是否输出相关的报告文件，包括含有统计量的文本文件和绘制好的基本统计曲线图。

10.1.3　地物波谱库

地物波谱库是对典型地物波谱曲线的管理、查询、分析工具。一切地物，由于其种类和环境条件不同，反射和辐射电磁波的特征随波长而变化。通常用二维几何空间内的曲线表示，横坐标表示波长 λ（或者波段序号），纵坐标一般表示反射率 ρ（或者像素值、辐亮度等），称为波谱曲线。地物波谱可以通过仪器测量，如 ASD 地物波谱仪、SVC 地物光谱仪，也可以通过高光谱/超光谱图像获取。不同方式获取的地物光谱数据均可以存储在地物波谱库中进行管理。地物波谱库提供的光谱信息查询、分析与管理能力，结合高光谱遥感影像可以用于伪装识别、目标探测与分类、水环境监测、农作物精细化分类、岩矿识别等应用。目前软件中的地物波谱库覆盖了 USGS 光谱库、地物光谱仪测量数据等地物波谱信息，提供光谱的查询、分析与应用等功能。在【图谱分析】标签下的【地物波谱库】组，点击【地物波谱库】按钮，弹出对话框，参数设置如下。

地物波谱库主界面主要包括光谱数据存储目录列表、光谱数据信息显示列表及文件、数据的操作功能等几个部分。

光谱文件操作功能菜单如下。

1. 文件

可将选中的地物波谱保存为 sli 格式的光谱文件。

2. 导入

导入不同类型的光谱文件到地物波谱库中，支持的类型包括 ASCII 文件、ASD 文件和 SLI 光谱库文件三种数据类型。其中，ASCII 文件为二进制文本文件，存储地物光谱的波长和反射率值等信息；ASD 文件是 ASD 地物光谱仪专业的数据存储格式；sli 光谱库文件是与 ENVI 等常用光谱数据通用的光谱数据存储格式。

3. 工具

地物波谱库提供两种操作方式：①文件目录选择双击添加地物光谱，通过文件夹中选择相应的地物光谱数据，双击之后即可添加到右侧的光谱数据列表；②工具中通过点击【工具】选择【查找】后即可进行地物光谱的查找检索。查找的地物光谱默认添加到光谱数据列表中。

在地物波谱库中选择光谱数据，点击【绘图】，打开【光谱浏览】对话框，如图 10-4 所示。

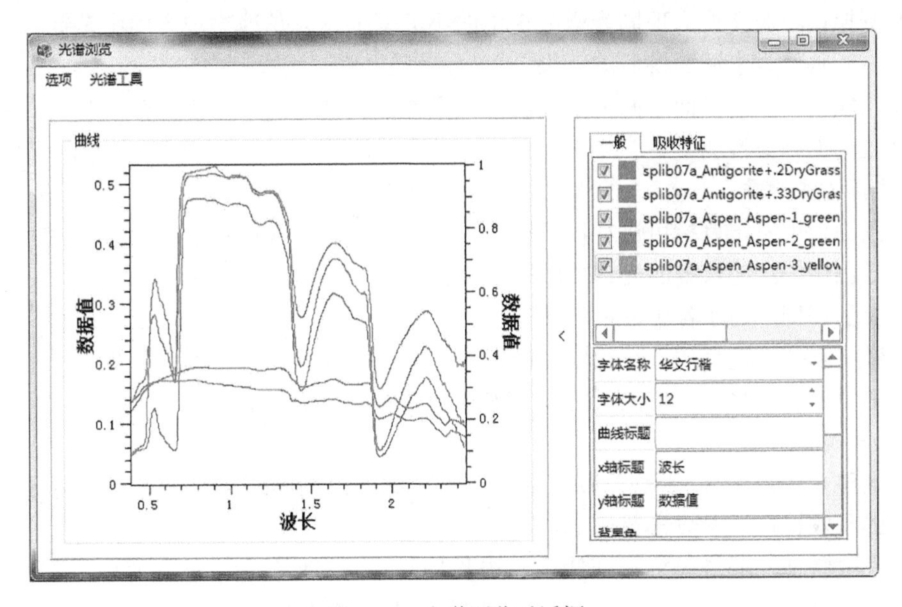

图 10-4　光谱浏览对话框

1）选项

清除视图框中绘制的光谱曲线。

2）选项工具

对加载到视图框中的光谱曲线提供以下操作。

（1）X 轴：波长，X 轴以波长形式显示光谱曲线，各个数据点值中 X 对应波长，单位一般为 nm 或 μm。

（2）X 轴：索引，即波段号，X 轴以波段形式显示光谱曲线，各个数据点值中 X 对应波段号。

（3）连续统去除：即包络线去除，Y 轴值为经过包络线处理之后的数据值。

（4）移动平均法：Y 轴值为经过移动平均处理之后的数据值。

（5）光谱特征：光谱特征功能包含以下几个功能。

光谱坡度指数：可认为是光谱曲线的斜率，大于 0 为 1，小于 0 为–1，等于 0 的为 0，对光谱所有波段取值处理。Y 取值只有–1，0，1 三个数。

二值编码：对 Y 值操作，当所有波段数值进行均值处理，波段中大于均值取 1，小于均值取 0，Y 的取值只有 0，1 两个数。

光谱导数：当 X 为波段即光谱微分，Y 轴值为包络线处理之后的数据值。

光谱归一化：用各个波段除以所有波段中最大值，将值归一到 0～1。

S-G 滤波：即 Savitzky-Golay 滤波。利用多项式进行数据平滑，基于最小二乘法，能够保留分析信号中的有用信息，消除随机噪声，在信号图谱中最直接的结果就是将图谱的“毛刺”去掉，使整个图谱更加平滑。只是地物波谱库中是针对少数光谱进行操作。

光谱重采样：重采样原理同光谱处理中的光谱重采样，只是地物波谱库中是针对少数光谱进行操作。

小波变换：小波变换原理同光谱处理中的小波变换，只是地物波谱库中是针对少数光谱进行操作，Y 轴值为小波变换后的结果。

光谱匹配：计算若干曲线两两之间的相关系数、光谱角度、光谱角余弦等值，用于评价两条光谱之间的相似性测量。

3）鼠标右击操作

在绘图面板上右击鼠标可进行以下操作。

（1）导出图像：将绘制的光谱曲线输出成图片。

（2）显示图例：显示各个曲线的图例。

（3）禁止拖拽：选择后，在绘图面板中将不能以拖拽方式移动光谱曲线。

（4）重置曲线：将缩小放大后的曲线重置为初始绘制状态。

4）吸收特征

在光谱浏览中点击【>】展开默认显示光谱曲线的绘制属性，点击【吸收特征】按钮，计算光谱的吸收特征，参数设置如下。

（1）吸收特征：通过鼠标在曲线上左击长按显示 X、Y 轴值，输入吸收谷的左肩波长、右肩波长和谷底波长，计算该吸收谷的吸收特征值，包括吸收深度、吸收指数和吸收对称性等。

（2）光谱积分：输入积分起始波长和积分终止波长，得到光谱积分结果。

10.1.4　图谱浏览

1. 图谱立方体

高光谱图像数据为数据立方体(cube)。该数据立方体由沿着光谱轴以一定光谱分辨率间隔的连续二维图像组成。为了在视觉上达到三维效果，将数据的每个波段看作一个层面，并采用密度分割的方法，应用一个颜色表，最终合成一幅“三维”RGB 彩色合成图像立方体。用图谱立方体可以很直观地表达多波谱或者高光谱数据的整体。在“图谱分析”标签下的“图谱浏览”组，点击【图谱立方体】按钮，弹出对话框，如图 10-5 所示。

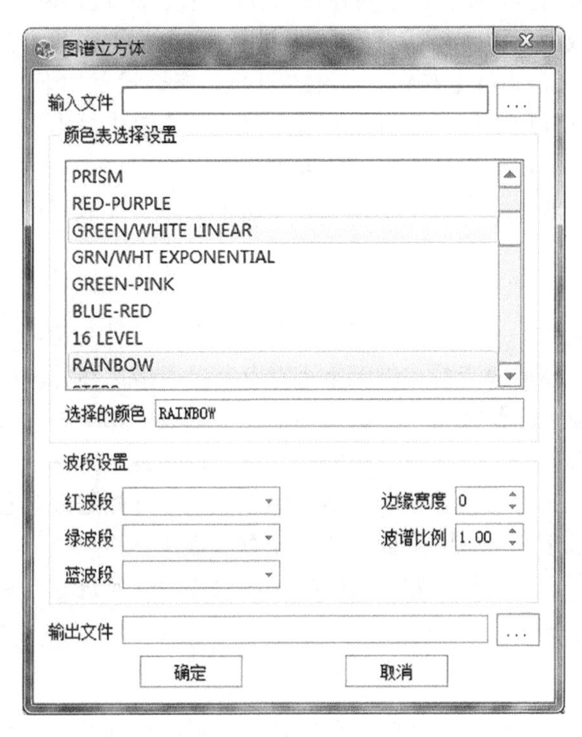

图 10-5　图谱立方体对话框

（1）输入文件：输入高光谱文件，可以通过下拉列表从当前图层列表中获取，也可以通过点击【...】按钮从本地磁盘中选取。

（2）颜色表选择设置：设置图谱立方体顶部和旁侧的颜色表。

（3）波段设置：设置图谱立方体前端图像的 R、G、B 波段。

（4）边缘宽度：设置图谱立方体的边缘宽度，该值决定了图像周围背景像元的个数。

（5）波谱比例：设置图谱立方体的波段比例，该值决定了图谱立方体波谱剖面重复的次数。

（6）输出文件：设置输出图谱立方体的保存路径及文件名。

2. 光谱浏览器

光谱浏览器用于浏览波谱库中的光谱曲线，目前支持的波谱库文件格式为 sli 和 ENVI 的标准波谱库。在“图谱浏览”组，点击【光谱浏览器】按钮，弹出对话框。对话框由两部分组成：光谱文件列表和光谱曲线图，参数设置如下。

1）光谱文件列表

（1）打开光谱文件：可选择打开 sli、asd 和 txt 格式的光谱文件。

（2）关闭所有文件：所有被打开的光谱文件被删除。

2）光谱曲线图

（1）导入：可选择导入 ENVI ASCII 文件和 ENVI 光谱文件。

（2）导出：可以用图片的形式将波谱图进行保存。

3. 散点图

高光谱影像波段数目多，且波段之间存在高度的相关性，选择两个波段分别作为纵横轴，将其所有像元值绘制成散点图，根据点的分散情况，可分析不同两个波段之间的相关性。在【图谱浏览】组，点击【散点图】按钮，弹出对话框，参数设置如下。

（1）打开文件：选择用于散点分析的影像，文件列表框中会出现所选择的影像，点击该影像，选择波段窗口会出现该影像所有的波段列表。

（2）选择波段绘制散点：分别选择 X 轴和 Y 轴的波段，在散点窗口会自动绘制所选波段像元的散点图。

4. 波段动画

高光谱影像波段数目多，通常情况下在个别波段存在条带或者坏线，通过波段动画工具对高光谱影像数据进行逐波段查看，以此来查看存在条带或坏线的波段所在位置。在“图谱浏览”组，点击【波段动画】按钮，弹出对话框，参数设置如下。

（1）文件名：选择需要进行波段查看的高光谱影像数据。

（2）向后开始：点击“向后开始”按钮按照波段倒序开始进行查看。

（3）开始：点击该按钮进行波段查看或暂停查看操作。

（4）向前开始：点击“向前开始”按钮按照波段顺序开始进行查看。

10.1.5 光谱处理

1. 包络线去除

包络线去除是将反射波谱归一化的一种方法，可以有效地突出曲线的吸收和反射特征，使得在同一基准线上可以对比吸收特征。经过包络线去除后的图像，有效地抑制了噪声，突出了地物波谱的特征信息，便于图像分类和识别。

包络线是连接波谱顶部的凸起（局部波谱最大值）的直线段拟合。第一个和最后一个波谱数据值在外壳上，因此在输出的包络线去除的数据文件中的首末波段都等于 1.0。在包络线去除后的图像中，包络线和初始波谱匹配处波谱等于 1.0，出现吸收特征的区域波谱小于 1.0。在【光谱处理】组，点击【包络线去除】按钮，弹出对话框，参数设置如下。

1）输入文件

选择需要进行包络线去除的文件。

（1）点击【...】按钮，弹出输入数据信息对话框。

（2）通过“选择文件”中的文件列表选择文件或者通过点击【导入文件】按钮打开对话框选择输入外部文件。

（3）点击“选择区域”右下端的【...】按钮打开空间子集选择对话框，可通过缩放红色方框或者手动输入选择待处理的空间范围。

（4）点击“选择波段”右下端的【...】按钮打开波段子集选择对话框，可通过波段列表选择待处理的波段子集，至少需要选择 2 个波段。

（5）点击【确定】按钮，文件及空间波谱子集选择完成，返回到包络线去除对话框。

2）输出文件

设置输出数据的保存路径及名称。

技巧　在光谱曲线十分相似，不便于直接提取光谱特征用于计算的情况下，包络线去除处理可以突出光谱曲线的吸收、反射等光谱特征，并能将不同量级的曲线归一化到一致的光谱背景上，这样就可以比较不同曲线的光谱差异，即相似光谱曲线经包络线去除后能明显区分或提取吸收、反射特征。

2. 光谱重采样

使用光谱重采样工具可以对波谱库进行重采样，使其与其他波谱或者波谱源相匹配，这些波谱或者波谱源来自已知传感器（如 TM、MSS 等）滤波函数（波谱响应函数）、自定义的滤波函数、ASCII 波长文件或一个特定图像的波长文件。这些波谱源可来自 ENVI 标准波谱文件，或者从影像中获取的波长信息。目前本软件中采用拉格朗日插值法进行插值重采样。点击【光谱重采样】按钮，弹出对话框，如图 10-6 所示。

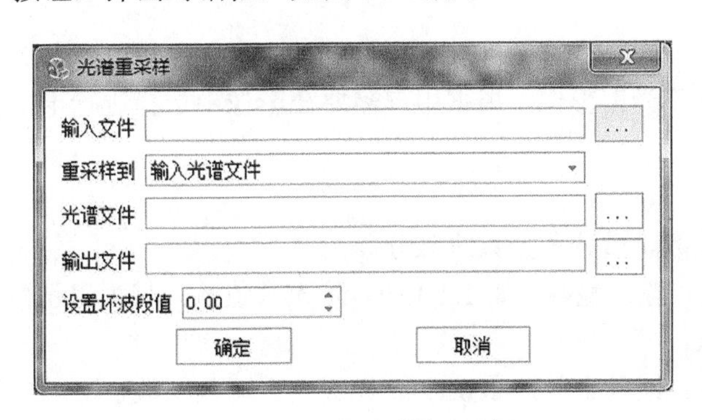

图 10-6　光谱重采样对话框

1）输入文件

选择需要进行重采样的光谱文件，光谱文件为 sli 格式。

2）重采样到

设置输入的文件需要重采样到什么波谱源。

（1）输入光谱文件：以输入的光谱文件为参考。

（2）输入影像文件：以输入的影像文件为参考，影像文件必须包含中心波长信息。

3）光谱文件

选择参考光谱文件或参考影像。

4）输出文件

设置输出数据的保存路径及名称。

5）设置坏波段值

修改坏波段值。

3. 光谱微分

光谱在经过微分处理后可以放大相似光谱之间的差异，提取特定应用的特定波段，增强各类定量反演的准确性。点击【光谱微分】按钮，弹出对话框，如图 10-7 所示。

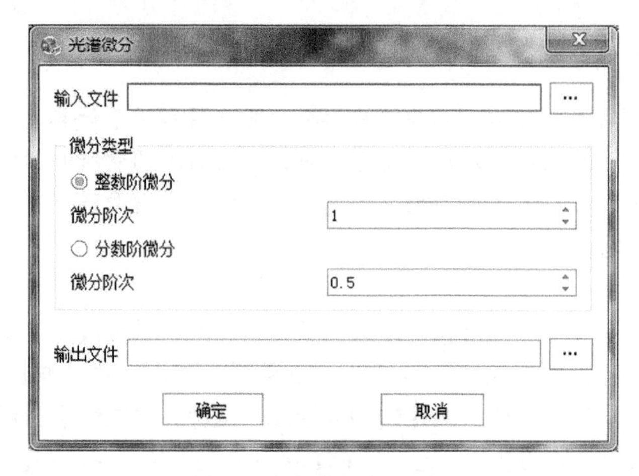

图 10-7　光谱微分对话框

1）输入文件

点击【…】输入高光谱影像，根据用户需要在影像中选择进行丰度反演的区域范围和波段子集。

2）微分类型

微分类型包括整数阶微分和分数阶微分。

（1）整数阶微分：输入整数，如 1,2,3,…。阶次数值输入越大表示微分阶次越高，光谱中特征波段突出更明显。

（2）分数阶微分：输入小数，如 0.1,0.5,10.2,…。输入小数阶次微分是弱化整数阶次微分处理后差异过度突出的问题。

3）输出文件

设置输出数据的保存路径及名称。

4. 光谱滤波

Savitzky-Golay 滤波器（S-G 滤波器）最初由 Savitzky 和 Golay 于 1964 年提出，发表在 *Analytical Chemistry* 杂志上，之后被广泛运用于数据流平滑去噪，是一种在时域内基于局域多项式最小二乘法拟合的滤波算法。这种滤波器最大的特点在于消除滤波噪声的同时可以准确保持信号的形状和宽度不变。应用 Savitzky-Golay 滤波算法可以消除光谱曲线存在的毛刺和不平滑现象。点击【光谱滤波】按钮，弹出对话框，如图 10-8 所示。

1）输入文件

同定量反演中输入文件操作。

2）滤波参数

（1）点数：输入整数，如 1,2,3,…，对整个光谱曲线进行窗口移动平滑。该项代表一次拟合的点数，也是曲线拟合窗口的大小或长度。

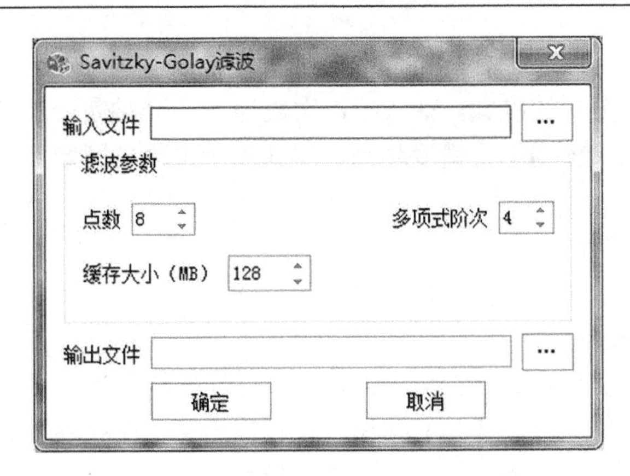

图 10-8　Savitzky-Golay 滤波功能界面

（2）多项式阶次：输入整数，如 1,2,3,⋯，表示拟合多项式的阶次，阶次越高，曲线拟合越完整，但噪声去除越不明显，与拟合窗口点数相配合设置。

一般情况而言，点数和多项式阶次按界面默认设置，点数设置越大，多项式阶次设置也应该增大，对曲线拟合效果好；如果点数设置增加，多项式阶次设置减少，则曲线拟合不充分，噪声去除过度，光谱信息出现丢失。

3）输出滤波影像

输出结果为光谱维度滤波后的影像文件。

5. 谐波分析

谐波分析将任何连续的周期曲线 $f(t)$都可以表示成傅里叶级数形式。像元光谱曲线经过谐波分解后产生谐波余项、谐波振幅与谐波相位三项系数。将谐波分解分量进行重构得到逆谐波重构影像，能有效地消除光谱中存在的高频噪声，且对光谱有良好的平滑作用。点击【谐波分析】按钮，弹出对话框，如图 10-9 所示。

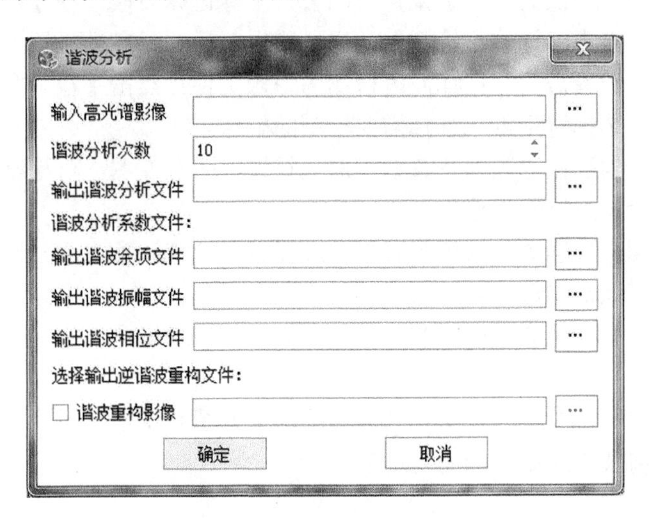

图 10-9　谐波分析对话框

1）输入高光谱影像

输入待处理的高光谱影像。

2）谐波分析次数

输入需要进行谐波分析的次数，默认分析次数为 10。此项是分析的关键，根据需要而确定。谐波分析次数越大，重构拟合精度越高，但计算量也随之剧增，一般最佳分析次数为波段数目的 1/3 左右。

3）输出谐波分析文件

点击【…】按钮，设置输出文件保存路径和文件名。

4）谐波分析系数文件

（1）输出谐波余项文件：谐波余项（$A_0/2$）分量计算结果为一个常数，该值为像元每个波段光谱值的算术平均值。点击【…】按钮，设置输出文件保存路径和文件名。

（2）输出谐波振幅文件：谐波振幅与光谱能量相关。点击【…】按钮，设置输出文件保存路径和文件名。

（3）输出谐波相位文件：谐波分析初相位，单位：弧度。点击【…】按钮，设置输出文件保存路径和文件名。

5）选择输出逆谐波重构文件

可根据需要选择性勾选谐波重构影像前的复选框，点击【…】按钮，设置输出文件保存路径和文件名。根据需要将分解后的谐波文件进行逆谐波重构，默认不进行此操作。

10.2　高光谱影像图像预处理

10.2.1　图像修复

1. 坏波段检测

坏波段检测功能是用于剔除坏波段的工具，这里的坏波段是指波段中没有数据，或者波段质量较差的波段。该工具自动检测出图像中没有数据的波段，使用者也可以根据查看每个波段的灰度图或者通过图像的统计量或直方图去人工标记坏波段。在【图像预处理】标签下的【图像修复】组，点击【坏波段检测】按钮，弹出对话框，参数设置如下。

（1）输入文件：选择需要进行坏波段检测的影像文件；点击【输入文件】右端的【…】按钮，打开输入文件选择对话框，选择需要检测的影像。

（2）显示图像：勾选该选项即可查看当前选择波段的灰度图，可根据灰度图质量和直方图来人工标记坏波段，默认不勾选。

（3）显示直方图：勾选该选项可查看当前选择波段的统计直方图，可结合图像的灰度图来人工标记坏波段，默认勾选。

（4）坏波段数：表示当前被标记的坏波段的数目。该功能自动标记出影像中无数据值的波段。

通过点击表格中的每个波段，结合当前波段的直方图和灰度图质量，人工标记坏波段，标记方法为选中当前波段的第一列的复选框。

2. 坏线修复

坏线多是由传感器自身原因造成，坏线列的像元值通常为 0 或接近 0，且坏线列对于同一传感器来说，一段时间内是固定不变的。坏线修复就是将这些坏线列通过邻近列的像元值进行修复。在【图像修复】组，点击【坏线修复】按钮，弹出对话框，参数设置如下。

（1）输入文件：输入待处理的高光谱数据。

（2）添加坏线：在坏线输入框中输入坏线所在的列号，点击【添加】按钮，可将坏线列号添加到列表中；选中列表中的列号，点击【移除】按钮，可将添加的坏线列号移除掉。

（3）设置“均值半宽”值：单位为像素，该值表示以坏线为中心，该值为半径，取两侧的像元值进行求和计算均值，并用该均值填充修补坏线处的值。

（4）输出文件：设置坏线修复后的输出文件保存路径和文件名。

3. 条带去除

GF-5 星载 AHSI 数据会因为探元响应不一致而伴有条纹噪声的存在，尤其在初级产品中，会有不同频率不同宽度的条纹混合存在于某些波段中。相关研究表明，传统条纹去除算法在大面积高光谱影像条纹修复时，存在普适性差、条纹修复不完全、不同类型条纹兼并去除效果差，以及地物不均匀区域去除效果差等问题。高光谱影像中条纹噪声的存在严重影响影像的后续使用，是高光谱数据进行定量遥感应用处理的关键。目前，针对高光谱影像条纹去除有大量的研究，主要是基于统计学理论和频域分析两大类，但各类方法的条纹去除难以达到很高的普适性。

本节提出基于谐波分析的条纹去除方法，是在统计学理论的基础上，结合信号领域中时频分析的谐波分析理论，去除条纹列中积累的均值和方差噪声，计算无条纹状态下的列均值与方差，再反算理论中正确的各列像素值。由于谐波分析算法采用了时频分析方法，可对不同频率的条纹同时去除，算法具备较高的稳定性、普适性，尤其针对存在大面积水域的高光谱影像，谐波分析条纹去除方法具有很高的鲁棒性。

基于谐波分析的高光谱条纹去除技术流程如图 10-10 所示。

基于谐波分析的高光谱影像条纹去除算法计算具体步骤如下。

（1）读取高光谱影像数据，判断条纹类型，以竖直条纹为例，计算各列像元值的均值和方差。

（2）分别对均值向量 E 和均方差向量进行谐波分析。

（3）根据谐波分析第一能量特征谱及包含信号中的大部分信息，得到分解结果，选取第一能量特征分量和谐波余项对均值和均方差进行重构获得影像各列理论的均值向量和均方差向量。

（4）根据理论均值和均方差计算理论像元值，即影像去除条纹噪声后的像元值。

水平条纹去除的方法与竖直条纹几乎相同，不同之处仅在于将计算列向均值和均方差更换为计算行向均值和均方差。点击【图像修复】中的【条带去除】按钮，打开条带去除窗口，参数设置如下。

（1）输入文件：设置待进行去除坏线条带处理的高光谱影像，选择文件中的任一波段即可，程序会自动导入所有波段。

（2）参考列：选择成像质量较好的列，认为该列没有出现条纹现象，计算其均值和方差。以该列作为参考，根据该参考列的均值和方差对其他列像元值进行调整。

（3）输出文件：设置输出的去除坏线条带的文件的保存路径及文件名。

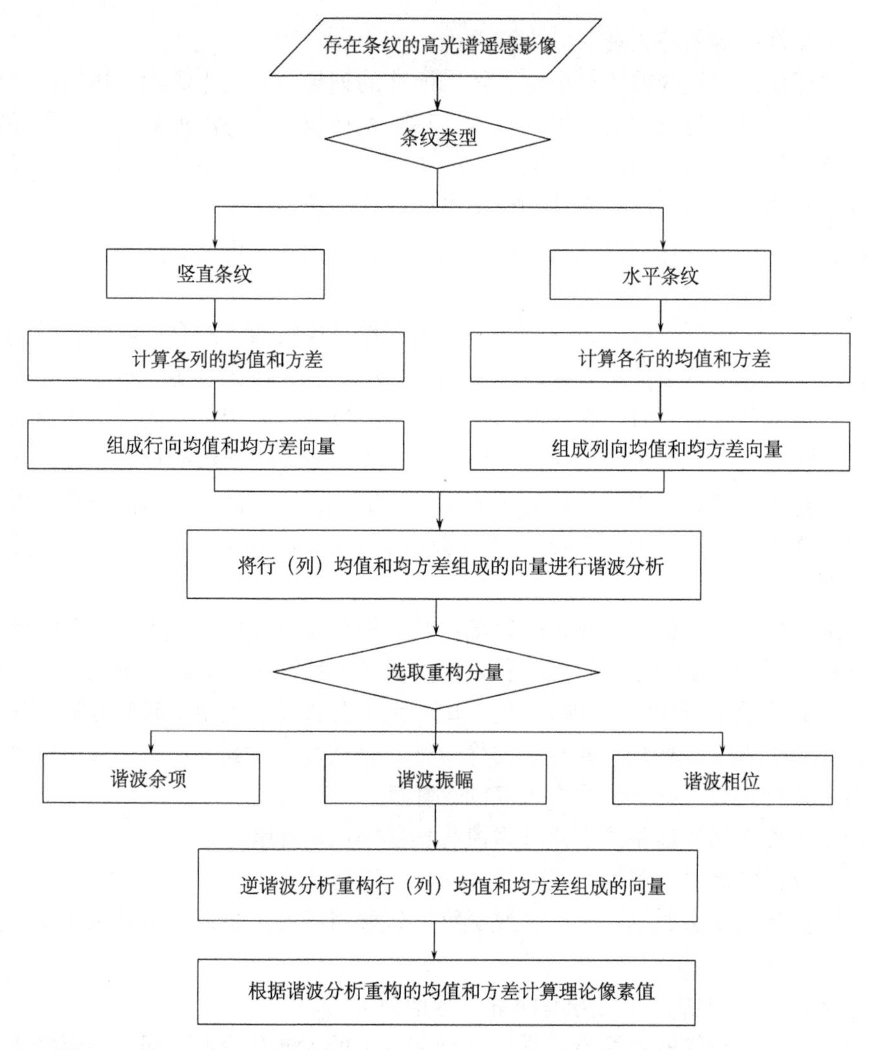

图 10-10　基于谐波分析的高光谱条纹去除技术流程图

10.2.2　高光谱影像预处理

1. GF-5 前期预处理

根据 GF-5 高光谱数据的特点，需要对数据文件夹下的相关数据进行整合处理后方能进行辐射校正等工作。将可见光波段和短波红外波段两个部分的高光谱数据合并为一个单一的影像文件。在“高光谱影像预处理”组，选择【GF5-AHSI 前期预处理】，打开对话框，如图 10-11 所示。

（1）VNIR 影像数据：输入 GF5 可见光-近红外影像数据。

（2）SWIR 影像数据：输入 GF5 短波红外影像数据。

（3）VNIR 波长文件：输入 GF5 可见光-近红外数据的中心波长、半高宽文件。

（4）SWIR 波长文件：输入 GF5 短波外数据的中心波长、半高宽文件。

（5）是否剔除重合波段：选择是否舍弃波长重合波段中短波红外部分（SWIR）的前 4 个波段或者可见光-近红外部分（VNIR）的前 6 个波段。

GF5-AHSI前期预处理
输入文件
VNIR影像数据
SWIR影像数据
VNIR波长文件
SWIR波长文件
是否剔除重合波段
可见光近红波段
短波红外波段
前(n个) 4
是否剔除水汽吸收波段
输出文件
确定
取消

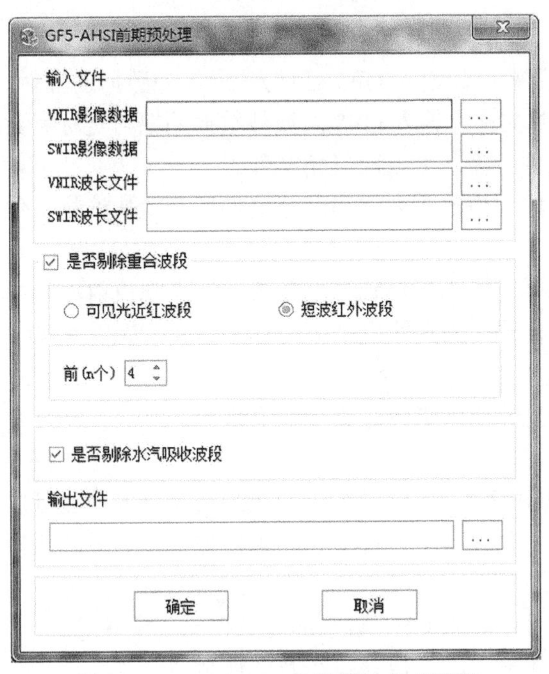

图 10-11　GF5-AHSI 前期预处理对话框

（6）是否剔除水汽吸收波段：选择是否默认剔除 25 个水汽强吸收波段。

（7）输出文件：设置输出结果保存路径及文件名。

2. GF-5 辐射定标

PIE-Hyp 软件高光谱影像辐射定标功能可以对 GF-5 和 OHS 等经前期预处理得到的结果进行辐射定标处理。将原始 DN 值数据定标为辐射亮度值或大气表观反射率，默认以表观反射率的形式输出辐射定标后的数据。选择【GF5-AHSI 辐射定标】，打开对话框，如图 10-12 所示。

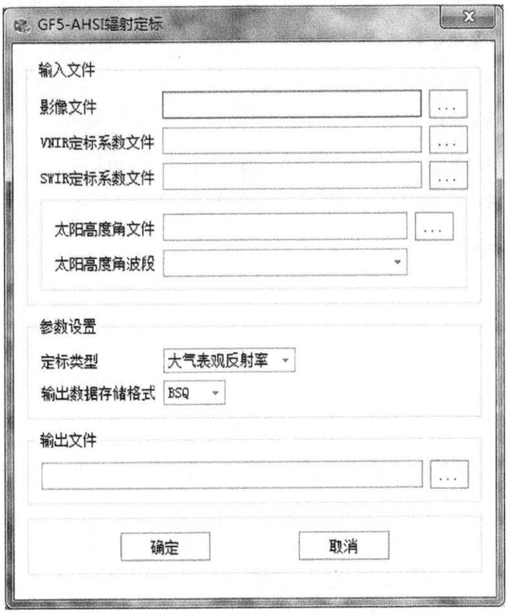

GF5-AHSI辐射定标
输入文件
影像文件
VNIR定标系数文件
SWIR定标系数文件
太阳高度角文件
太阳高度角波段
参数设置
定标类型
大气表观反射率
输出数据存储格式
BSQ
输出文件
确定
取消

图 10-12　GF5-AHSI 辐射定标对话框

（1）影像文件：输入 GF5 经前期预处理合并后的结果数据。

（2）VNIR 定标系数文件：输入 GF5 可见光-近红外数据的辐射定标系数文件。

（3）SWIR 定标系数文件：输入 GF5 短波外数据的辐射定标系数文件。

（4）太阳高度角文件：输入太阳高度角文件。

（5）太阳高度角波段：当输入太阳高度角文件后会默认读物文件中的第二波段作为太阳高度角波段。

（6）定标类型：选择定标为表观辐亮度或者大气表观反射率。

（7）输出数据存储格式：选择输出结果的存储格式，提供 BSQ、BIP 和 BIL 等三种存储方式。

（8）输出文件：设置输出结果保存路径及文件名。

3. OHS 波段合成

珠海一号 OHS 数据由 32 个单波段组成。OHS 波段合成功能可以将多波段数据合并成一个单一的文件进行后续相关处理。在【高光谱影像预处理】组，选择【OHS 波段合成】，打开对话框，参数设置如下。

（1）输入元数据文件：输入 OHS 数据的元数据 xml 文件。

（2）输出文件：设置输出结果保存路径及文件名。

4. OHS 辐射定标

OHS 辐射定标功能可以将通过 OHS 波段合成得到的结果进行辐射定标，可以将原始 DN 值数据定标为辐射亮度值或大气表观反射率。默认以表观反射率的形式输出辐射定标后的数据。选择【ZH1-OHS 辐射定标】，打开对话框，如图 10-13 所示。

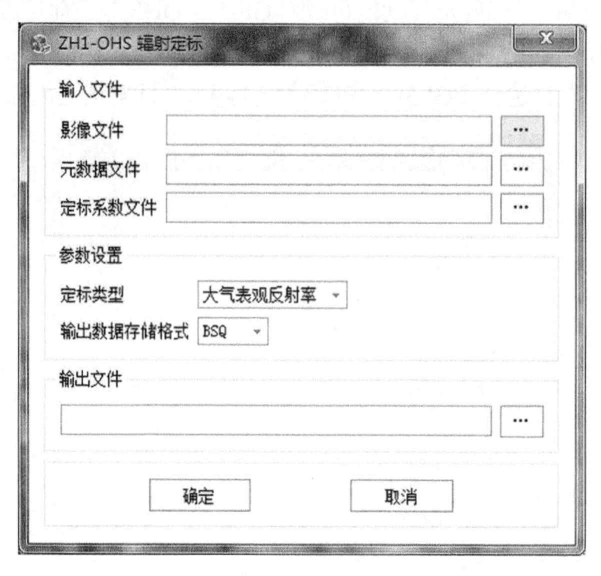

图 10-13　ZH1-OHS 辐射定标对话框

（1）影像文件：输入 OHS 数据经前期合并后的结果数据。

（2）元数据文件：输入 OHS 数据的元数据 xml 文件。

（3）定标系数文件：输入 OHS 数据的辐射定标系数文件。

（4）定标类型：选择定标为表观辐亮度或者大气表观反射率。

（5）输出数据存储格式：选择输出结果的存储格式，提供 BSQ、BIP 和 BIL 等三种存储方式。

（6）输出文件：设置输出结果保存路径及文件名。

5. 大气校正

大气校正，是利用 6S 辐射传输模型根据输入的参数动态地构建大气校正查找表的方式来进行校正。对通过辐射定标为大气表观反射率的数据进行大气校正，软件大气校正功能提供了气溶胶反演和水汽反演的选项，并可以将结果输出。选择【高光谱大气校正】，打开参数设置对话框，如图 10-14 所示。

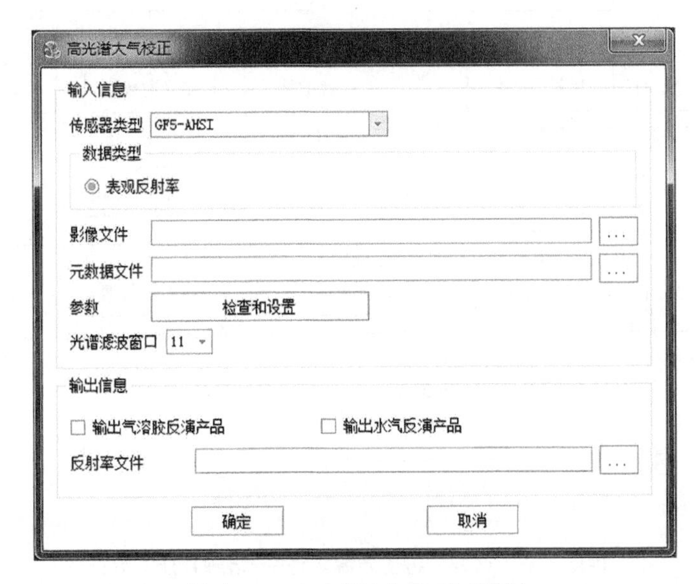

图 10-14　高光谱大气校正对话框

（1）传感器类型：选择需要进行大气校正高光谱数据的传感器类型，包括 GF5-AHSI 和 ZH10-OHS。

（2）影像文件：输入辐射定标后的数据。

（3）元数据文件：输入传感器对应的元数据 xml 文件。

（4）检查和设置：设置卫星平台的相关参数，软件可以从数据文件中自动获取。

（5）光谱滤波窗口：选择滤波处理操作过程中窗口的大小。

（6）输出信息：选择是否输出气溶胶反演产品和水汽反演产品。

（7）反射率文件：设置输出结果保存路径及文件名。

10.2.3　异源融合

1. 基本原理

异源影像空-谱融合技术的理论基础是谐波分析，融合后的数据具备高空间分辨率和高光谱分辨率的双重特性。基于谐波分析的影像融合算法克服了融合后数据保真度不高和普适性低的问题，可以与全色波段、单波段或多光谱影像兼容处理，并能获得很好的融合效果，解决高光谱数据空间分辨率低的缺陷。融合影像不论是在空间解析特性的空间信息融入度方面，还是在光谱物理特性和波形形态的保真性方面都有较高的保持效果，尤其是在光谱曲线波形形态的保持方面与原始影像的光谱曲线达到了完美吻合。

为保证得到良好的异源影像空-谱融合效果，待融合的高光谱遥感影像和高空间分辨率影像时相应相一致或尽可能接近，且两景影像的空间位置需配准后再进行融合处理。基于谐波分析的异源影像空-谱融合技术流程如图 10-15 所示。

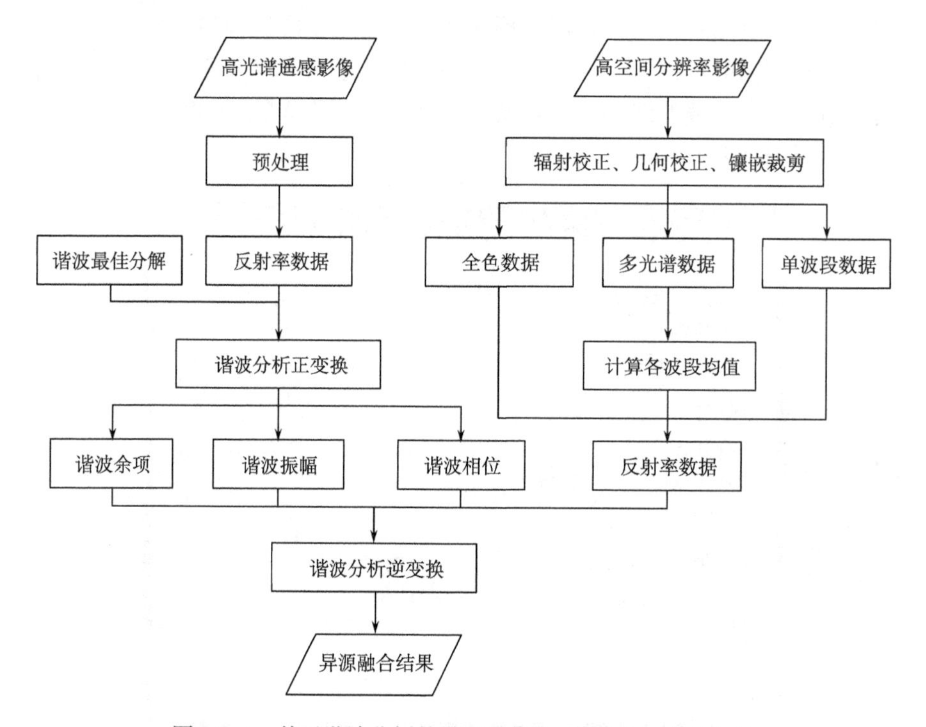

图 10-15　基于谐波分析的异源影像空-谱融合技术流程图

（1）对预处理后的高光谱反射率数据进行最佳分解次数的谐波分析，获得谐波振幅、谐波相位和谐波余项三个分量。

（2）对高空间分辨率影像进行预处理，获得与高光谱影像级别相同的反射率数据，并配准裁剪至与高光谱影像空间位置和范围相一致。

（3）用裁剪获得高空间分辨率影像的反射率数据替换谐波分解后的谐波余项分量，多光谱数据需计算各波段均值再替换谐波余项分量。

（4）依据替换谐波余项的高空间分辨率数据，获取相同空间位置的高光谱影像经过谐波分析的谐波振幅和谐波相位，并将相同空间位置的各个分量再进行谐波逆变换，从而获得异源影像空-谱融合结果。

2. 空谱融合

在【异源融合】组，点击【空-谱融合】按钮，弹出对话框，如图 10-16 所示。

1）高光谱影像

输入空间分辨率较低的高光谱影像，影像格式为常规的 img、tif 等。空-谱融合后影像的光谱分辨率与该影像保持一致。

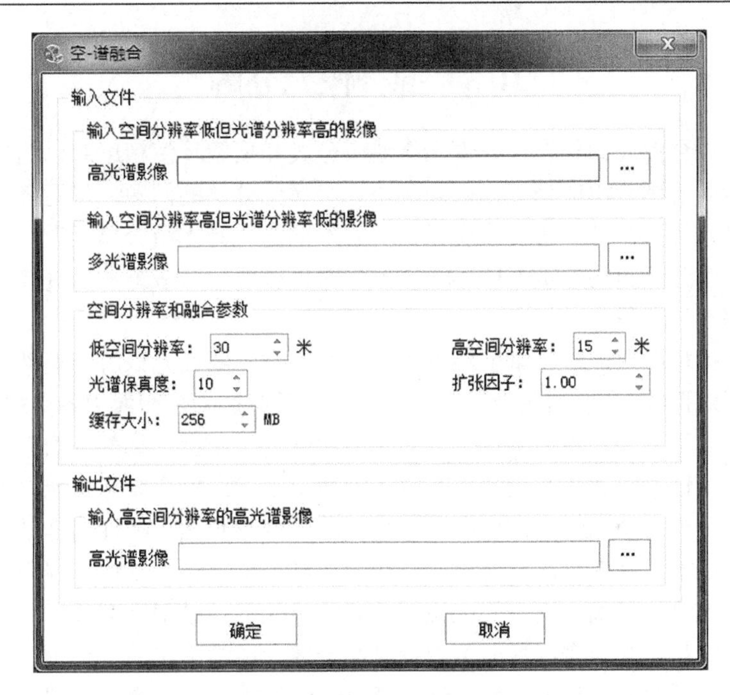

图 10-16　空-谱融合对话框

2）多光谱影像

输入空间分辨率高的多光谱影像或全色影像及单波段影像，影像格式为常规的 img、tif 等，空-谱融合后影像的空间分辨率与该影像保持一致。

3）空间分辨率和融合参数

（1）低空间分辨率：设置为输入高光谱影像的空间分辨率。

（2）高空间分辨率：设置为输入空间分辨率高的多光谱影像或全色影像或单波段影像的空间分辨率。

（3）光谱保真度：默认为 10，设置值不超过高光谱影像波段数目的 1/2。设置的值越大算法计算的耗时越长。

（4）扩张因子：扩张因子为两幅影像的单位的缩放比例。当两幅输入影像的单位不一致时，需调整扩张因子，软件默认设置为 1。

（5）缓存大小：根据计算机性能选取读取进内存处理的影像大小，以便融合时进行分块处理。

4）输出文件

设置输出同时具备高空间分辨率和光谱分辨率融合结果的名称及保存路径。

技巧　对于高光谱影像的空-谱融合，因为是异源影像之间的融合，融合输入影像值的级别最好一致，同为反射率、表观反射率或者表观辐亮度等，否则融合结果会出现不正确的输出。两景融合影像的空间分辨率比率低于 1∶5，才能达到较好的融合效果，当影像融合比率超过 1∶5 时，融合影像可能会出现规则的栅格块等情况，建议控制影像的融合比率进行融合处理。

10.3　混合像元分解

遥感图像中混合像元的存在，是像元级遥感分类和要素反演精度难以达到使用要求的主要原因。为了提高遥感应用的精度，必须解决混合像元分解的问题，使遥感应用由像元级达到亚像元级。进入像元内部，将混合像元分解为不同的“基本组分单元”，或称“端元”，并求得这些基本组分所占的比例（即地物丰度），对混合像元对应地物的真实组成情况进行还原，即“光谱解混”过程。

同光谱混合模型相对应，光谱解混模型分为两大类：线性光谱解混模型和非线性光谱解混模型。通常情况下，高光谱图像中每个像元都可以近似认为是图像中各个端元的线性混合。线性混合模型一般可分为三种情形：①无约束的线性混合模型，②部分约束混合模型，③全约束混合模型。线性解混就是在已知所有端元的情况下求出每个图像像元中各个端元所占的比例，从而得到反映每个端元在图像中分布情况的比例系数图。线性混合模型适用于本质上就属于或者基本属于线性混合的地物，以及在大尺度上可以认为是线性混合的地物。但对于一些微观尺度上地物的精细光谱分析来说，需要非线性混合模型来解释。

线性光谱解混是在高光谱影像分类中针对混合像元经常采用的一种方法。该方法主要分为端元提取和丰度反演两个步骤，第一步是提取“纯”地物的光谱，即端元提取；第二步是用端元的线性组合来表示混合像元，即混合像元分解（丰度反演）。丰度反演主要应用的方法是最小二乘算法。

10.3.1　端元数目估计

基于最小误差的高光谱信号辨识（hyperspectral signal identification by minimum error，Hysime）算法是 José 等提出的高光谱子空间识别算法。子空间识别步骤可以得到高光谱降维后的有效波段，是目标探测、变化检测、分类和混合像元分类等处理算法的重要预处理步骤，有助于改善高光谱数据的存储和计算复杂度。HySime 算法估计信号和噪声的相关系数矩阵后，在信号特征向量构成的空间中选择使得投影前后具有最小均方差的子空间，构成该子空间的特征向量个数即为端元估计数目。该算法是基于最小均方差的无监督、全自动（不涉及任何需要调整的参数）的特征分解算法。在【混合像元分解】标签下的【端元数目估计】组，点击【HySime 端元数目估计】按钮，弹出对话框，参数设置如下。

（1）输入文件：选择需要进行端元数目估计的影像。

（2）噪声类型：设置影像噪声类型为乘性噪声 Poisson 或加性噪声 Additive。

（3）缓存大小：设置影像处理过程中的缓存块大小，缓存值设置越大，对计算机运行内存要求越高；值设置越小，计算机读取数据次数增加，会增加计算读取数据的时间。

10.3.2　端元提取

端元波谱作为高光谱分类、地物识别和混合像元分解等过程中的参考波谱，与监督分类中的分类样本具有类似的作用，直接影响波谱识别与混合像元分解结果的精度。端元提取的作用是从高光谱图像中提取“纯”地物，即端元的光谱。端元提取包括顶点成分分析（vertex component analysis，VCA）法、正交子空间投影、内部最大体积（N-FINDR）法。

1. 顶点成分分析法

顶点成分分析法以线性光谱混合模型的几何学描述为基础，通过反复寻找正交向量并计算图像矩阵在正交向量上的投影距离逐一提取端元。在【端元提取】组，点击【顶点成分分析】按钮，弹出对话框，如图 10-17 所示。

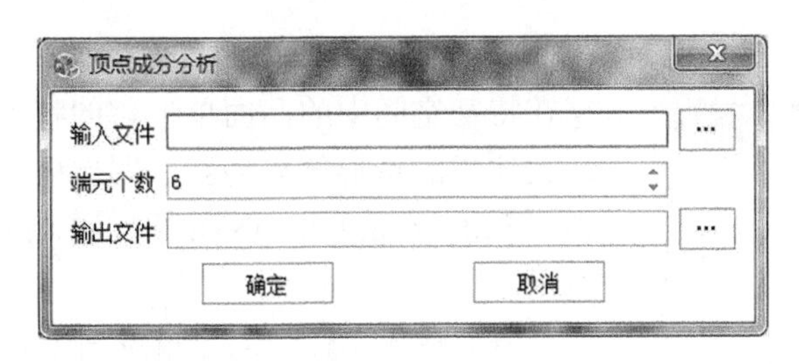

图 10-17　顶点成分分析对话框

（1）输入文件：选择需要进行端元提取的影像。

（2）端元个数：设置需要提取的端元数目，默认设置为 6，最少为 1，最大为 30。端元数目也是输出文件中输出光谱曲线的数目，值设置越大，提取曲线的差异越小。

（3）输出文件：设置输出顶点成分分析结果的保存路径及名称。

2. 正交子空间投影

正交子空间投影（OSP）算法是在已知目标光谱和背景光谱情况下进行目标探测与提取的算法，OSP 算子可实现感兴趣目标和背景的有效分离。该方法建立在向量正交子空间投影的理论基础上。采用正交投影的方法一方面可以抑制噪声对信号的影响，另一方面还可以抑制其他类别的信号而将所需检测的信号提取出来，但是在投影以后的信号中随机噪声并没有完全消除。这里进一步引入信号检测理论的结果，正交子空间投影后的信号通过一个匹配滤波器就可以使信号与随机噪声的比值达到最大。将这种思想应用到高光谱图像数据中，基本做法是：将像元矢量投影到正交于干扰特征的子空间，这里干扰特征包括其他需要抑制的类别的信号特征及噪声，是一种在最小均方根误差意义上的干扰最优压缩过程。一旦干扰被消除，将剩余的信号再投影到要检测的特征上去，使信噪比达到最大，产生一个单一的图像，可以作为目标识别依据。在【端元提取】组，点击【正交子空间投影】按钮，弹出对话框，如图 10-18 所示。

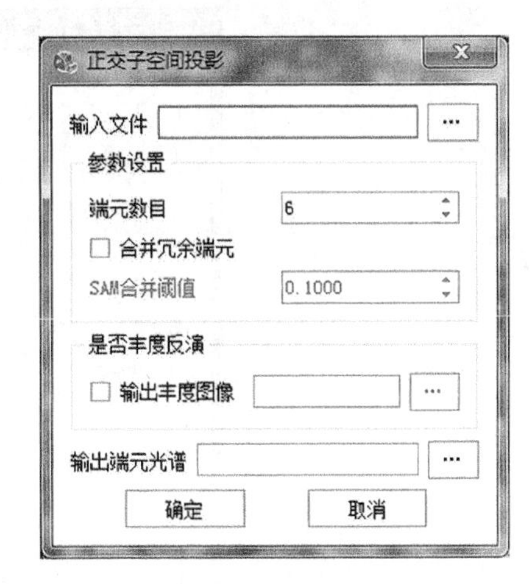

图 10-18　正交子空间投影对话框

（1）输入文件：选择待进行处理的高光谱影像。

（2）参数设置：根据需要输入提取的端元数目，默认为 6，也是输出文件中输出光谱曲线的数目，值设置越大，提取曲线的差异越小。如果需要合并相似端元光谱，选择合并冗余端元，合并相似光谱计算方法为光谱角填图（spectral angle mapper，SAM）计算，阈值默认为 0.1。

（3）是否丰度反演：根据需要选择丰度反演，此反演模型为非约束线性混合模型，采用最小二乘法进行无约束丰度反演，反演精度不高。

（4）输出端元光谱：设置待输出端元光谱文件的保存路径及文件名。

技巧　SAM 合并阈值根据提取端元的个数进行设置。如果提取的端元数比较多，则该值设置得比较小；反之，该值设置得比较大。

3. N-FINDR

内部最大体积（N-FINDR）法以线性光谱混合模型的几何学描述为基础，利用高光谱数据在特征空间中的凸面单形体的特殊结构，通过寻找具有最大体积的单形体自动获取图像中的所有端元。在【端元提取】组，点击【N-FINDR】按钮，弹出对话框，如图 10-19 所示。

图 10-19　N-FINDR 对话框

（1）输入文件：同定量反演中输入文件操作。

（2）参数设置：根据需要输入提取的端元数目，默认为 6，也是输出文件中输出光谱曲线的数目，值设置越大，提取曲线的差异越小。如果需要合并相似端元光谱，选择合并冗余端元，合并相似光谱计算方法为光谱角填图（SAM）计算，阈值默认为 0.1。

（3）是否丰度反演：根据需要选择丰度反演，此反演模型为非约束线性混合模型，采用最小二乘法进行无约束丰度反演，反演精度不高。

（4）输出端元光谱：同定量反演中输出文件操作。

10.3.3　丰度反演

丰度反演主要是用于求混合像元中不同的基本组分单元所占的比例。丰度反演包括最小二乘法、单形体体积和超平面距离等。在【丰度反演】组，单击【最小二乘法】按钮，弹出对话框，如图 10-20 所示。

图 10-20　最小二乘法对话框

1）输入文件

选择待处理的高光谱影像。

2）波谱源

下拉【波谱源】选项，选择对应的光谱文件。从选择的光谱源文件的光谱列表中选择需要进行丰度反演的光谱。可通过【绘图】按钮查看选择的光谱曲线，如图 10-21 所示。

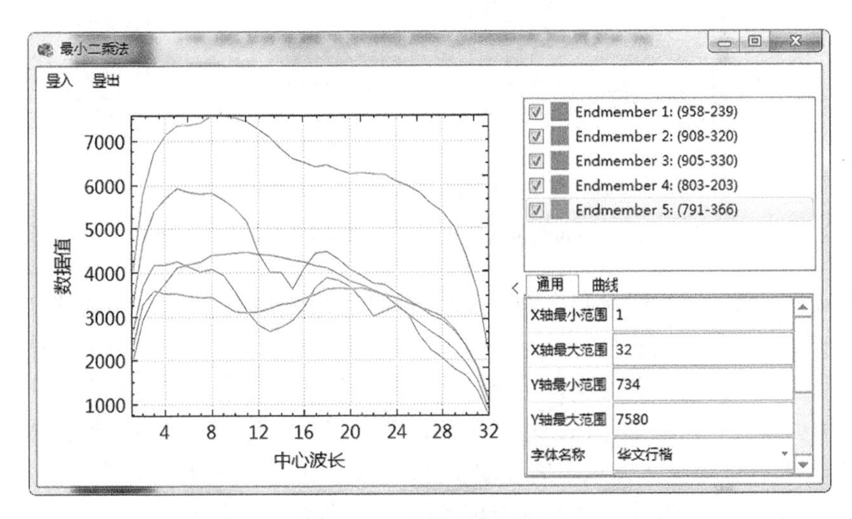

图 10-21　光谱浏览对话框

3）算法选择

点击算法选择按钮，选择需要进行丰度反演的算法。可以通过界面启动某种丰度反演的算法，如点击的【最小二乘法】按钮，在弹出的界面窗口中输入了参数后，还可以通过【算法选择】换成其他的丰度反演算法，而不必重新打开界面后再输入参数，如图 10-22 所示。

图 10-22　最小二乘法算法选择对话框

（1）最小二乘法。通常情况下，高光谱图像中每个像元都可以近似认为是图像中各个端元的线性组合。当获取了高光谱影像中的端元光谱矩阵后，就要通过丰度反演求解高光谱影像中每个像元里各个端元所占的比例。最小二乘法是目前应用最为广泛的算法，根据线性光谱混合模型的代数学描述（不考虑误差），需在不同的约束条件下求解每个图像像元中各个端元所占的比例，从而得到反映每个端元在图像中分布情况的比例系数图。点击【应用】按钮，弹出对应算法的参数设置对话框，如图 10-23 所示，在不同约束程度的最小二乘法选项中选择对应的约束条件。

根据满足丰度约束条件的程度可分为以下四种不同的最小二乘法。

无约束最小二乘（unconstrained least squares）法：不考虑任何约束条件，仅用最小二乘法解式方程组，可得到无约束解。由于不考虑约束条件，这种方法的求解速度最快，但精度较低。

“和为 1”约束最小二乘法：满足各个丰度值和为 1 的条件。

“非负”约束最小二乘法：满足各个丰度值为非负数的条件。

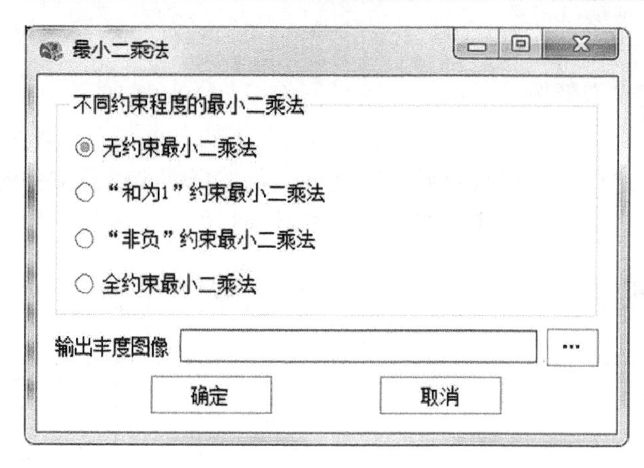

图 10-23　不同约束程度的最小二乘法参数设置对话框

全约束最小二乘法：同时满足各个丰度值为非负数且它们之和为 1 的条件。

（2）单形体体积。根据线性光谱混合模型的代数学描述（不考虑误差）和高光谱数据在特征空间中凸面单形体的特殊结构，端元组成的单形体体积最大。某个端元用其他像元替换后所得单形体的体积比原单形体体积小，因此，可根据替换后单形体与原单形体的体积比计算像元中端元的丰度。单形体体积丰度反演算法功能输入的高光谱影像需为地表反射率数据。

（3）超平面距离。根据线性光谱混合模型的几何学描述，混合像元应位于 L 维特征空间单形体内部，端元应位于单形体顶点，某个端元是距离其他端元构成的 L 维空间超平面最远的点，因此可以根据像元到超平面的距离与端元到超平面距离的比值计算像元中的端元丰度。

4）输出丰度图像

设置输出丰度图像的保存路径及文件名。

5）完成

所有参数设置完成后，点击【确定】按钮，执行最小二乘法丰度反演操作。

10.4　高光谱影像图像分类

10.4.1　非监督分类

1. ISODATA 分类

参见 5.1.1 节。

2. K-Means 分类

参见 5.1.2 节。

3. BP 神经网络分类

参见 5.1.3 节。

4. 模糊 C 均值

模糊 C 均值（fuzzy C-means algorithm, FCM）算法是一种基于划分的聚类算法，它的思想就是使得被划分到同一簇的对象之间相似度最大，而不同簇之间的相似度最小。FCM 算法是普通 K-Means 算法的改进，普通 C 均值算法对于数据的划分是硬性的，而 FCM 则是一种柔性的模糊划分。在“图像分类”标签下的【非监督分类】组，点击【模糊 C 均值】，打开

【FCM（模糊 C 均值分类）】参数设置对话框，如图 10-24 所示。

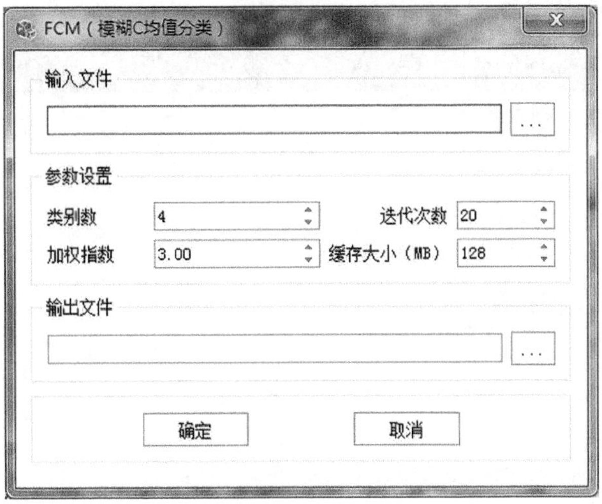

图 10-24　FCM（模糊 C 均值分类）对话框

1）输入文件

设置待处理的影像。

2）参数设置

（1）类别数：高光谱影像中需要进行分类的数目，分类数目设置越大，种类越多，分类结果越详细。

（2）迭代次数：算法中计算的迭代次数，迭代次数越多，计算耗时越长，根据分类精度对迭代次数进行取舍调整。

（3）加权指数：对于权值指数的设定中，如果加权指数过大，则聚类效果会比较差，而如果加权指数过小则算法会接近 K-Means 聚类算法，因此该值需要根据实际分类效果进行调整。

（4）缓存大小（MB）：当分类数据过大时，可以对数据进行分块处理，该值代表分块数据的大小，需要根据当前计算机的配置及输入数据的大小进行设置。默认 128，表示分配 128MB 内存空间进行计算。

3）输出文件

输出分类结果影像。

5. 基于混合像元的模糊分类

高光谱影像中的混合像元是大量存在的，混合像元如果从精确的角度出发不应当被划归为某一个类别。基于混合像元的模糊分类算法（mixed-pixel classification, MPC），就是利用端元提取获得相关类别的端元光谱，并进行混合像元丰度反演，获得各像元中不同类别的隶属度，可按照一定规则将其进行分类。在【图像分类】标签下的【非监督分类】组，点击【MPC】，打开参数设置对话框，如图 10-25 所示。

（1）输入文件：设置待处理的影像。

（2）缓存大小（MB）：当分类数据过大时，可以对数据进行分块处理，该值代表分块数据的大小，需要根据当前计算机的配置及输入数据的大小进行设置。默认 128，表示分配

128MB 内存空间进行计算。

（3）输出文件：输出分类结果影像。

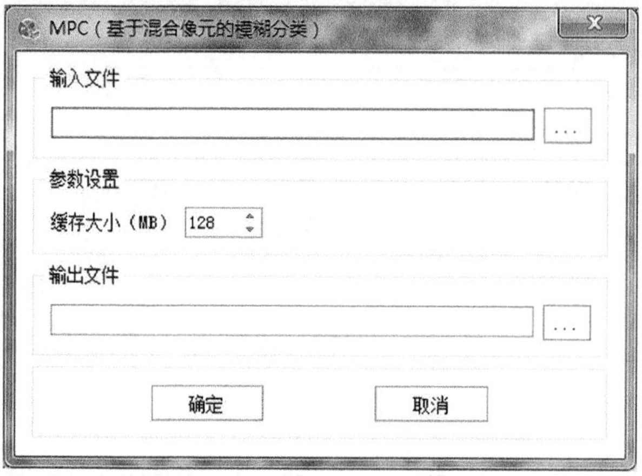

图 10-25　MPC（基于混合像元的模糊分类）对话框

6. 整合空间信息的模糊分类

整合空间信息的模糊分类（robust fuzzy C-means clustering, RFCM）是在传统 C 均值聚类的基础上，加入空间上下文相关性的一种模糊聚类算法，通过迭代，逐次移动各类的中心，直至达到一定迭代次数或目标函数收敛为止，即得到聚类结果。在【图像分类】标签下的【非监督分类】组，点击【RFCM】，打开参数设置对话框，如图 10-26 所示。

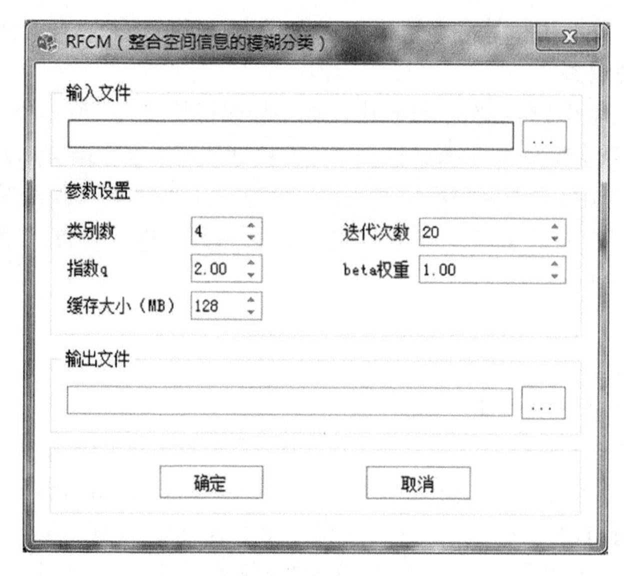

图 10-26　RFCM（整合空间信息的模糊分类）对话框

（1）输入文件：设置待处理的影像。

（2）类别数：高光谱影像中需要进行分类的数目。

（3）迭代次数：算法中计算的迭代次数，迭代次数需要根据分类效果进行调整。

（4）指数 q：是一个加权指数，一般取值 1.5≤q≤2.5（可以默认为 2）。

（5）beta 权重：beta 为权重系数，可以取值较大的值如 1000，beta 默认取值 1.0。

（6）缓存大小（MB）：当分类数据过大时，可以对数据进行分块处理，该值代表分块数据的大小，需要根据当前计算机的配置及输入数据的大小进行设置。默认 128，表示分配 128MB 内存空间进行计算。

（7）输出文件：输出分类结果影像。

10.4.2　监督分类

1. 距离分类

参见 5.2.2 节。

2. 最大似然分类

参见 5.2.3 节。

3. 光谱角填图

光谱角填图（spectral angle mapping，SAM）是一种监督分类技术。将光谱看成是维数与波段数相等的空间里的向量，根据像元与端元波谱之间的夹角判定其相似度，夹角越小，越相似，当比特定的最大角度的弧度阈值更大的时候就不会被分类。在【图像分类】标签下的【监督分类】组，点击【光谱角填图】按钮，弹出对话框，如图 10-27 所示。

图 10-27　光谱角填图界面

1）输入文件

输入待处理的高光谱文件。点击【...】按钮，弹出输入数据信息对话框。

2）光谱搜集

点击【波谱源】右侧的下拉列表框选择目标光谱的来源。

（1）光谱库：从标准光谱文件中获得目标光谱，为文件后缀名为 sli 的光谱文件。

（2）ASD 二进制文件：利用 ASD 地物光谱仪测量采集的光谱反射率文件，为文件后缀名为 asd 的 ASD 文件。

（3）ASCII 二进制文件：从 ASCII 文件中获取目标光谱，为文件后缀名为 txt 的存储光谱信息的文本文件。

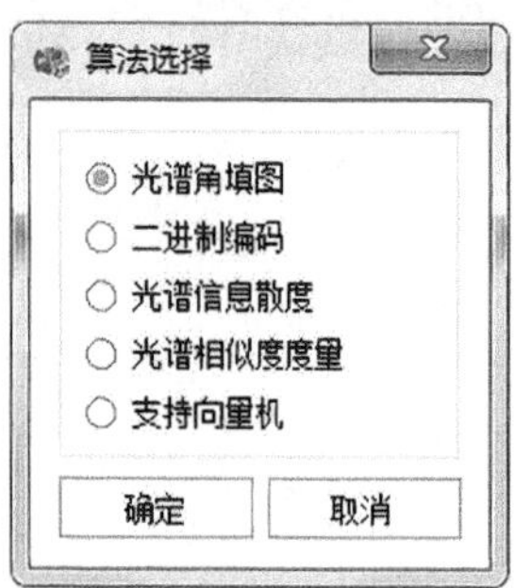

图 10-28　光谱角填图算法选择对话框

（4）ROI 图层：在进行目标探测功能之前，利用图像分类工具手动勾选 ROI，将各感兴趣区内像元的均值作为波谱源。

3）算法选择

此项为可选操作，可以选择使用的目标分类算法。点击【算法选择】按钮，弹出算法选择对话框，如图 10-28 所示。

设置完成后，点击【应用】按钮，弹出光谱角填图参数设置界面（如果在上一步中选择了其他算法，则弹出相应算法的参数设置界面），如图 10-29 所示。

图 10-29　光谱角填图参数界面

（1）设置最大角度阈值（弧度）：可以选择【单角度阈值】，也可以选择【多角度阈值】选项，并设置最大角度值，阈值设置越大分类结果越粗糙。

（2）输出分类结果文件：设置输出文件的存放路径及名称。

（3）输出规则图像：指的是每个像元光谱角值所构成的图像，是未经过分类处理计算的规则结果图像。可勾选输出规则图像，并设置输出图像的保存路径及名称。

4. 二进制编码

二进制编码分类技术将数据和端元波谱编码为 0 和 1，使用逻辑函数对每一种编码的参照波谱和分类波谱进行比较，生成分类图像。在【图像分类】标签下的【监督分类】组，点击【二进制编码】按钮，弹出对话框。参数设置参考【光谱角填图参数】界面。

5. 光谱信息散度

光谱信息散度是利用散度度量像元光谱与每个类别光谱的匹配程度，散度越小，相似度越高。参数设置参考【光谱角填图参数】界面。

6. 平行六面体

遥感图像分类过程中，对于被分类的每一个类别，其在各波段的维上都要选取一个一定变差范围的识别窗口，这样在多维空间中就分割形成一个多维空间平行六面体，而属于这一类别的所有多维空间矢量点，就都应该落入这一平行六面体内。在一次分类中如果分了多个类别，那么在多维空间中也就分割形成同样多个多维平行六面体，所有居于各个类别的多维空间矢量点也就都分别归属落入各自的多维平行六面体内。参数设置参考【光谱角填图参数】界面。

7. 光谱相似度度量

直接计算样本光谱矢量与每个像元光谱矢量之间的线性相似度，对于同一类地物具有很高的线性相似度，而对于非同一类地物则具有较低的线性相似度。光谱相似度（spectral similarity）度量分类算法可提取出与输入光谱相似的地物。波谱搜集及其他相关设置操作参照光谱角填图或二进制编码的操作介绍。输入待处理影像及选择样本光谱后，点击【应用】按钮，弹出参数设置对话框，如图 10-30 所示。

图 10-30　光谱相似度度量对话框

设置每个类别的相似度阈值：阈值越小则限制越严格，像元光谱与参考光谱之间的相似度小于阈值的，该像元才会认为是参考光谱所对应的地物，取值范围为 0～1，默认设置为 0.1。

8. 马尔可夫随机场分类

马尔可夫随机场（Markov random field, MRF）分类是在传统最大似然分类基础上，加入空间上下文相关性的一种监督分类算法。首先选择高光谱影像文件及各类样本或输入文件(后缀为 roi)，通过训练集进行参数估计，获得各类别概率密度函数估计，然后针对目标函数进行迭代求解，逐渐减少目标函数的能量，直至达到一定迭代次数或目标函数收敛为止，即得到分类结果。

9. 支持向量机分类

支持向量机（SVM）分类是一种广义的线性分类器，它是在线性分类器的基础上，通过引入结构风险最小化原理、最优化理论和核方法演化而成。它的思想是：把对训练样本寻找最优分类超平面的问题转化为不等式约束下求二次函数极值的问题，通过训练样本求得最优分类函数的各项参数。波谱搜集及其他相关设置操作参照光谱角填图或二进制编码的操作介绍。输入待处理影像及选择样本光谱后，点击【应用】按钮，弹出参数设置对话框，如图 10-31 所示。

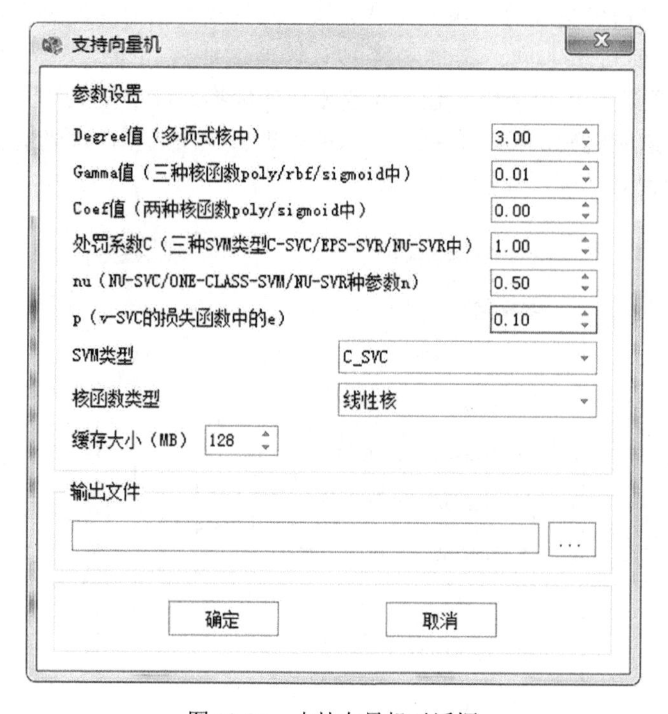

图 10-31　支持向量机对话框

（1）Degree 值：多项式的阶次，默认为 3。

（2）Gamma 值：Gamma 是选择径向基函数作为核后，该函数自带的一个参数。该值隐含地决定了数据映射到新的特征空间后的分布。

（3）Coef 值：核函数中的 Coef0 设置（针对多项式/sigmoid 核函数）（默认 0）。

（4）处罚系数 C：即对误差的宽容度，这个值越高，说明越不能容忍出现误差。

（5）nu：设置 v-SVC，一类 SVM 和 v-SVR 的参数（默认 0.5）。

（6）p：设置 e-SVR 中损失函数 p 的值（默认 0.1）。

（7）SVM 类型：选择 SVM 类型。

（8）核函数类型：选择不同类型的核函数。

（9）缓存大小（MB）：当分类数据过大时，可以对数据进行分块处理，该值代表分块数据的大小，需要根据当前计算机的配置及输入数据的大小进行设置。默认 128，表示分配 128MB 内存空间进行计算。

（10）输出文件：设置输出的分类结果文件的保存路径及文件名。

10.5　高光谱影像目标探测

20 世纪 80 年代遥感领域最重要的发展之一就是高光谱遥感的兴起。从 20 世纪 90 年代开始，高光谱遥感已成为国际遥感技术研究的热门课题和光电遥感的最主要手段。高光谱遥感图像目标探测在民用和军事上都具有重要的理论价值和应用前景，是当前目标识别及遥感信息处理研究领域中的一个热点研究问题。

目标探测功能用于通过目标或背景光谱来探测影像中与目标一致的地物或与背景有较大差异的地物。PIE-Hyp 软件目标探测功能中包含不同模式下的目标探测，包括已知目标光谱和已知背景光谱的探测算法，如目标约束下的干扰最小化滤波器（target constrained interference minimized filter，TCIMF）算法。已知目标光谱未知背景光谱下的目标探测，如约束能量最小化（constrained energy minimization，CEM）算法，该目标探测算法适应于小目标的探测；基于样本估计的快速目标探测（spectral spatial information extraction，SSIE）算法；基于光谱分解的非监督 TCIMF 目标探测（unsupervised target constrained interference minimized filter，UTCIMF）算法。已知背景光谱未知目标光谱的探测算法，如抑制背景的子空间 RX 目标探测（subspace RX，SSRX）算法。

10.5.1　异常探测（检测）

异常探测是一种从遥感图像中寻找异常目标的方法，基于概率统计模型，是一种在未知目标、未知背景情况下的目标探测算法，主要有异常探测（reed-X detector, RXD）算法、均衡目标探测（uniform target detector, UTD）算法、RXD 均衡目标探测（RXD-UTD）算法。异常探测输出的是一个单波段图像，像元值为 0～1，越接近 1 表示与背景差异越大，越有可能就是要提取的目标。可以通过对输出图像进行阈值分割提取目标地物。在【目标探测】标签下的【异常探测】组，点击【异常探测】按钮，弹出对话框，如图 10-32 所示。

（1）输入文件：输入待进行异常检测的高光谱影像。

（2）算法：设置算法，包括 RXD、UTD 和 RXD-UTD 三种。

（3）输出文件：设置输出文件路径及名称。

输出的结果文件为一幅单波段灰度图像，每个像元所表示的意思是原始影像的每一个像元光谱经过决策函数所得到的探测统计量。对于得到的探测结果，可以设定一个阈值，如果该像元的值大于阈值，则表明该像元为探测到的异常目标，如果小于阈值，则表示为背景。

10.5.2　目标探测

目标探测主要是用于从高光谱影像中分离背景目标，寻找异常目标。目标探测包括约束能量最小化、自适应余弦估计、自适应匹配滤波、TCIMF、UTCIMF、SSRX 和 SSIE 七部分。

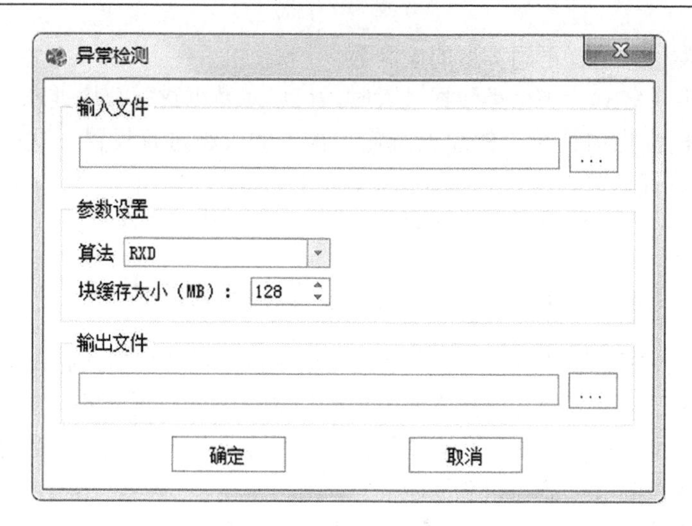

图 10-32　异常检测对话框

1. 约束能量最小化

约束能量最小化（constrained energy minimization，CEM）使用有限脉冲响应线性滤波器和约束条件，最小化平均输出能量，以抑制图像中噪声和非目标端元波谱信号，即抑制背景波谱，定义目标约束条件以分离目标波谱。最小能量约束是一种已知目标、未知背景情况下的目标探测算法，适用于小目标的探测。点击【约束能量最小化】按钮。弹出对话框，如图 10-33 所示。

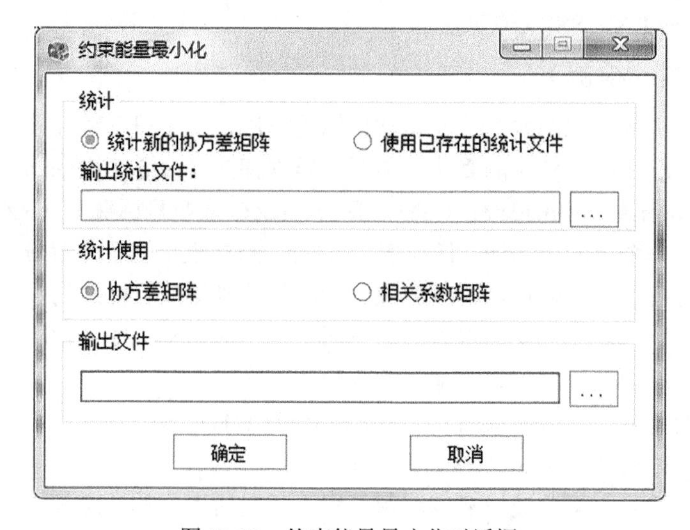

图 10-33　约束能量最小化对话框

（1）统计：可以选择【统计新的协方差矩阵】选项重新计算图像的协方差，并输出协方差统计文件；也可以选择【使用已存在的统计文件】选项打开已有的统计文件。

（2）输出统计文件：设置输出统计文件的存放路径及名称。

（3）统计使用：计算过程中可以选择【协方差矩阵】选项或者【相关系数矩阵】选项。

（4）输出文件：设置输出数据的保存路径及名称。

2. 自适应余弦估计

自适应余弦估计（adaptive coherence estimator，ACE）是一种已知目标、未知背景的目标探测算法，该算法不适用于小目标的探测。参数设置见“约束能量最小化”相关内容。

3. 自适应匹配滤波

自适应匹配滤波（adaptive matched filter，AMF）是一种已知目标、未知背景的目标探测算法，参数设置见“约束能量最小化”相关内容。

4. TCIMF

目标约束下的干扰最小化滤波器（target constrained interference minimized filter，TCIMF）是在 CEM 探测算法基础上，设计一个探测算子同时约束目标特征 *d* 和背景矩阵 *U*，在 *d* 中的期望目标特征被探测出来，同时 *U* 中不期望目标特征可以被消除掉，如图 10-34 所示。

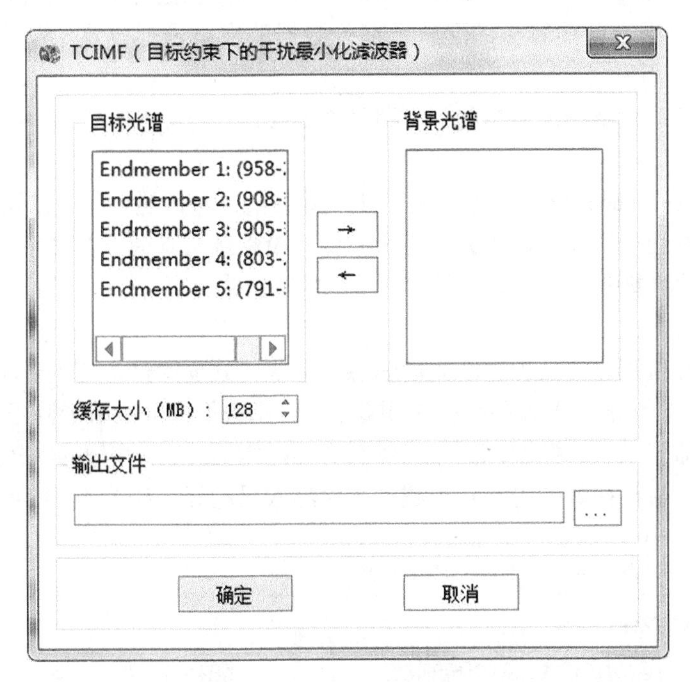

图 10-34　TCIMF（目标约束下的干扰最小化滤波器）对话框

（1）背景光谱：选择作为背景的光谱。

（2）输出文件：设置输出数据的保存路径及名称。

5. UTCIMF

非监督 TCIMF（unsupervised target constrained interference minimized filter，UTCIMF）是对 TCIMF 算法的改进。通过混合像元分解中的端元提取算法，以目标光谱为初始端元进行端元提取，以提取的结果作为背景光谱。利用已知的目标光谱和上述的背景光谱运行 TCIMF 算法，得到目标探测结果。需要注意的是，TCIMF 支持多目标、多背景，但目前 UTCIMF 只支持单目标，如图 10-35 所示。

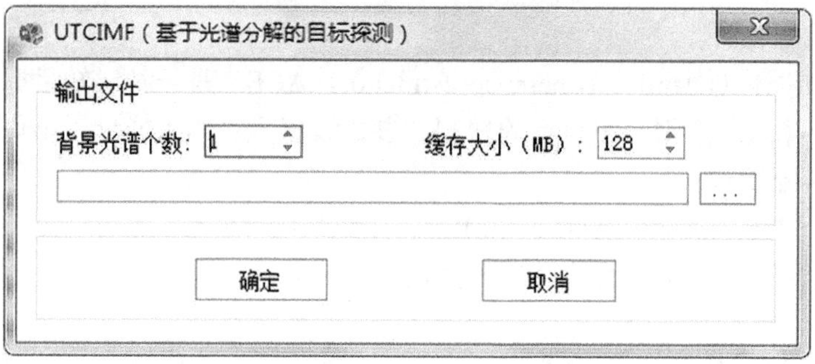

图 10-35　UTCIMF（基于光谱分解的目标探测）对话框

（1）背景光谱个数：选择作为背景光谱的个数。

（2）缓存大小（MB）：当分类数据过大时，可以对数据进行分块处理，该值代表分块数据的大小，需要根据当前计算机的配置及输入数据的大小进行设置。默认 128，表示分配 128MB 内存空间进行计算。

（3）输出文件：设置输出数据的保存路径及名称。

6. SSRX

子空间 RX（subspace RX，SSRX）是对 RX 算法的一种改进，属于已知背景、未知目标。运算过程中，先利用子空间投影的方法将所有像元投影到背景的正交子空间，再在此子空间中进行 RX 异常检测算法。参数设置见“UTCIMF”相关内容。

7. SSIE

样本估计目标检测算法又称空间光谱信息提取快速处理策略，它是一种实现协方差矩阵快速计算的策略，普遍适用于各种目标探测算法。该算法不仅可以用于监督型目标探测算法，而且可以用于非监督型目标探测算法。总体而言，样本估计目标检测算法可以显著提高目标探测的处理速率，目标探测的先验知识越多，探测效果越好，如图 10-36 所示。

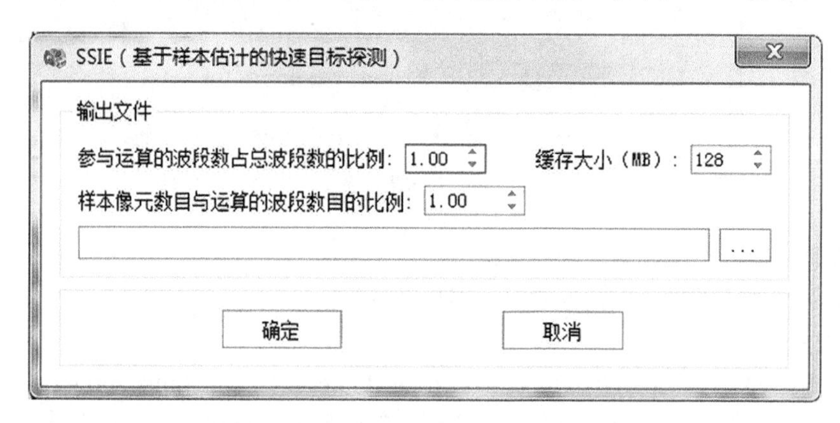

图 10-36　SSIE（基于样本估计的快速目标探测）输出文件对话框

（1）参与运算的波段数占总波段数的比例：选择参与运算的波段数占总波段数的比例。

（2）缓存大小（MB）：当分类数据过大时，可以对数据进行分块处理，该值代表分块数据的大小，需要根据当前计算机的配置及输入数据的大小进行设置。默认 128，表示分配 128MB 内存空间进行计算。

（3）样本像元数目与运算的波段数目的比例：选择样本像元数目与运算的波段数目的比例。

（4）输出文件：设置输出数据的保存路径及名称。

10.6　高光谱影像定量应用

10.6.1　指数工具箱

高光谱遥感在对目标的空间特征成像的同时，对每个像元可在更宽波长范围上形成几十个乃至几百个窄波段连续的光谱覆盖，使更深入地考察植被光谱的响应机制和物理机制成为可能，因此成为植被及相关领域监测的强有力工具。

1. 植被指数

植被指数（vegetation index，VI）是两个或多个波长范围内的地物反射率组合运算，以增强植被某一特性或者细节。所有的植被指数要求从高精度的多光谱或者高光谱反射率数据中计算。未经过大气校正的辐射亮度或者无量纲的 DN 值数据不适合计算植被指数。在【定量应用】标签下的【指数工具箱】组，点击【植被指数】按钮，弹出对话框，如图 10-37 所示。

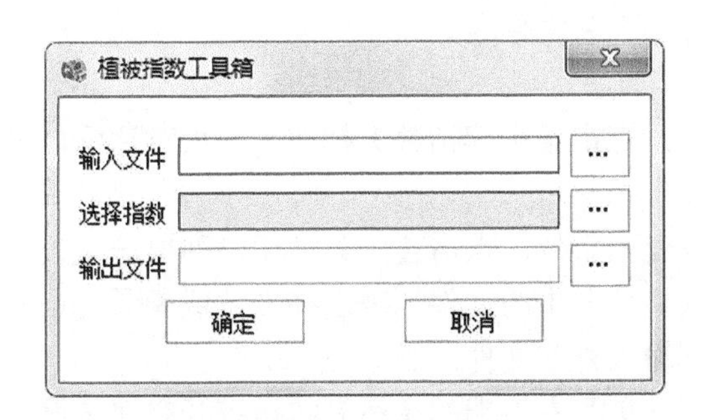

图 10-37　植被指数工具箱主界面

1）输入文件

输入待进行处理的高光谱影像，点击【…】按钮，弹出输入数据信息对话框。

（1）通过【选择输入文件】中的文件列表选择文件或者通过点击【导入文件】按钮打开输入文件选择对话框选择输入外部文件。

（2）点击【选择空间子集】右下端的【…】按钮打开空间子集选择对话框，可通过缩放红色方框或者手动输入选择待处理的空间范围。

（3）点击【选择光谱子集】右下端的【…】按钮打开波段子集选择对话框，可通过波段列表选择待处理的波段子集，至少需要选择两个波段。

（4）点击【确定】按钮，文件及空间波谱子集选择完成，返回到植被指数工具对话框。

2）选择指数

根据需要选择需要生成的植被指数图像，也可同时处理生成多个植被指数，多个植被指数生成在同一个文件的不同波段中。默认是生成所有植被指数图，界面如图 10-38 所示。

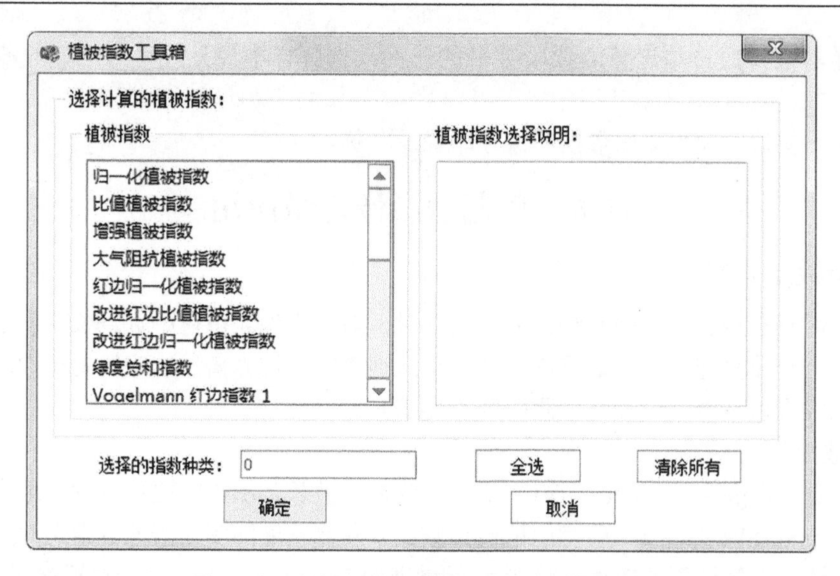

图 10-38　植被指数工具箱植被指数选择界面

3）输出文件

设置输出数据的保存路径和文件名。

2. 土壤指数

在【指数工具箱】组，点击【土壤指数】按钮，弹出对话框，参数设置如下。

1）输入影像

输入待进行处理的高光谱影像，点击【…】按钮，弹出输入数据信息对话框。

（1）通过【选择输入文件】中的文件列表选择文件或者通过点击【导入文件】按钮打开输入文件选择对话框选择输入外部文件。

（2）点击【选择空间子集】右下端的【…】按钮打开空间子集选择对话框，可通过缩放红色方框或者手动输入待处理的空间范围。

（3）点击【选择光谱子集】右下端的【…】按钮打开波段子集选择对话框，可通过波段列表选择待处理的波段子集，至少需要选择两个波段。

（4）点击【确定】按钮，文件及空间波谱子集选择完成，返回到土壤指数工具对话框。

2）设置土壤指数

根据需要选择需要生成的土壤指数图像，也可同时处理生成多个土壤指数，多个土壤指数生成在同一个文件的不同波段中。默认是生成所有土壤指数图，界面如图 10-39 所示。

3）输出文件

设置输出数据的保存路径和文件名。

10.6.2　定量反演

定量反演模块中基于连续统去除算法和一阶微分算法处理反射率数据，利用多元逐步线性回归法建立几种物质的定量反演模型供用户选择。定量反演模块中模型属于线性模型，高光谱定量反演模块需要用户自己建立线性模型来提供相应的模型参数，应准确对应建模时的波段所对应的波长。

图 10-39　土壤指数工具箱土壤指数选择界面

用户根据自己已有数据建立线性反演模型，确定模型自变量波段的波长所对应的波段号和与之对应的自变量系数。在【参量反演】组，点击【定量反演】按钮，弹出对话框，如图 10-40 所示。

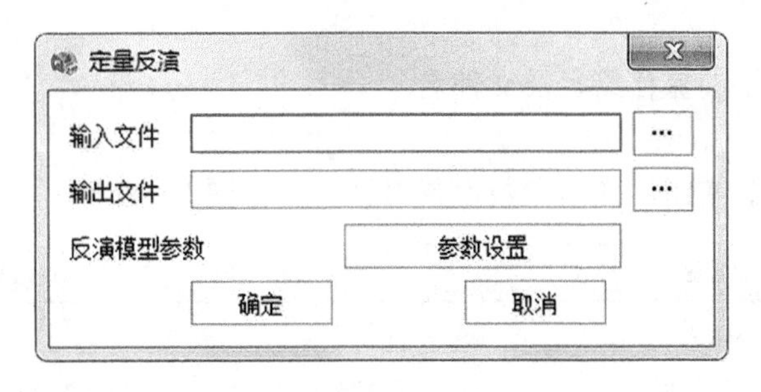

图 10-40　定量反演对话框

1）输入文件

输入待进行处理的高光谱影像，点击【…】按钮，弹出输入文件对话框，如图 10-41 所示。

（1）通过【选择输入文件】中的文件列表选择文件或者通过点击【导入文件】按钮打开输入文件选择对话框选择输入外部文件。

（2）点击【选择空间子集】右下端的【…】按钮打开空间子集选择对话框，可通过缩放红色方框或者手动输入选择待处理的空间范围。

（3）点击【选择光谱子集】右下端的【…】按钮打开波段子集选择对话框，可通过波段列表选择待处理的波段子集，至少需要选择两个波段。

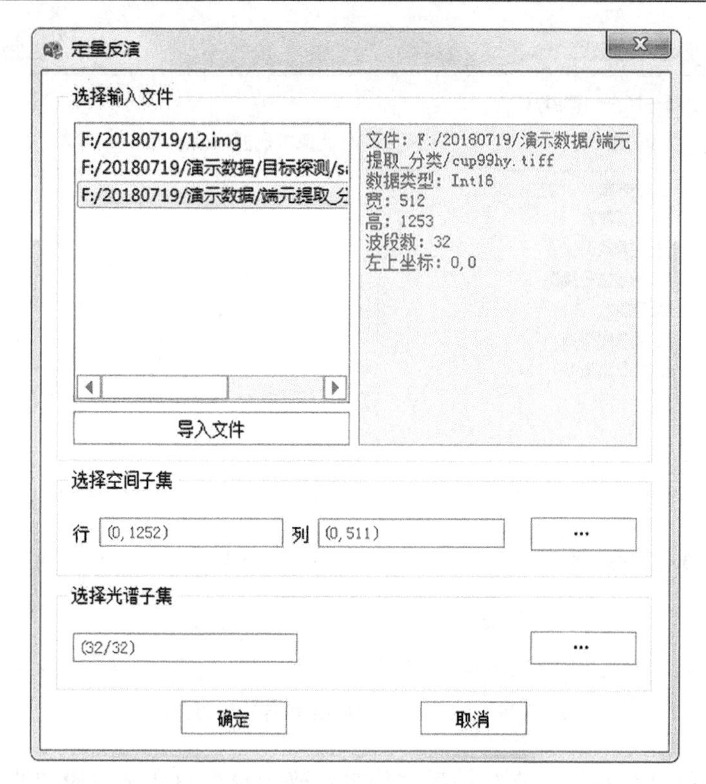

图 10-41　定量反演输入文件对话框

（4）点击【确定】按钮，文件及空间波谱子集选择完成，返回到定量反演对话框。

2）输出文件

设置输出反演结果的保存路径及文件名。

3）反演模型参数

点击【参数设置】按钮，弹出参数设置对话框，如图 10-42 所示。

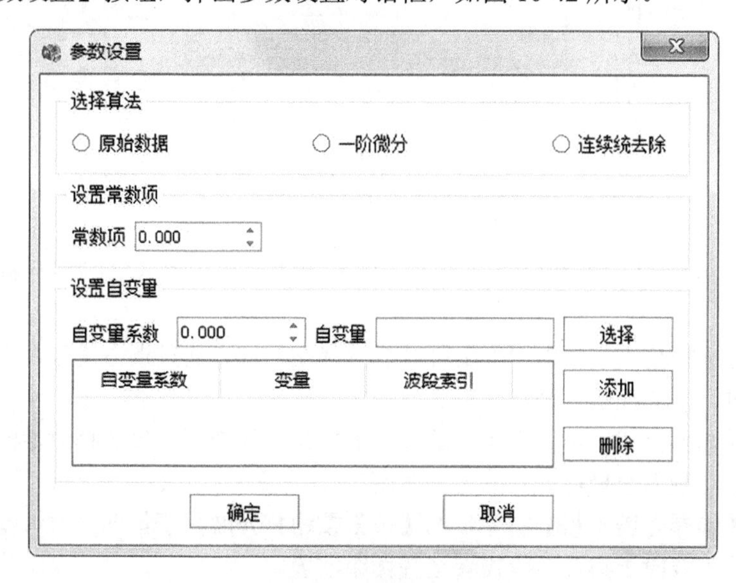

图 10-42　参数设置对话框

（1）选择算法：设置处理算法，包括原始数据、一阶微分、连续统去除三种处理算法。选择原始数据为反射率数据，或者结合图谱分析中各类变换操作后的输出数据作为原始数据输入，一阶微分和连续统去除是在反射率功能上直接进行一阶微分或连续统去除处理。

（2）设置常数项：输入反演模型的常数项，即提取的地物元素计算公式中的常数项数值。

（3）设置自变量：设置自变量系数和自变量。自变量系数设置的是模型中相应波段的系数，可通过【选择】按钮，选择与系数相对应的自变量（波段）；点击【添加】按钮，即可将选择的自变量添加到自变量列表中；选中自变量列表中的自变量，点击【删除】按钮即可删除选中的自变量。

第 11 章　SAR 图像处理

11.1　SAR 基础工具

11.1.1　SAR 数据导入

SAR 数据导入模块可以对不同格式的星载 SAR 数据体和元数据进行解析。该模块支持 GF-3、Sentinel-1、PALSAR-1、PALSAR-2、Radarsat-2、TerraSAR-X、COSMO-SkyMed、Envisat-ASAR、ERS-1/2 等雷达数据的单景和批量导入。具体数据说明如表 11-1 所示。

表 11-1　SAR 数据导入说明

数据名称	导入数据格式说明	是否支持批量导入
GF-3	条带模式/扫描模式	是
Sentinel-1	Strip 模式/TOPS 模式	否
PALSAR-1/2	标准数据格式	否
Radarsat-2	标准数据格式	否
TerraSAR-X	标准数据格式	是
COSMO-SkyMed	标准数据格式	是
Envisat-ASAR	标准数据格式	是
ERS-1/2	标准数据格式	是

11.1.2　复数据转换

强度/幅度特征是 SAR 影像最主要的特征之一，基于 SAR 强度/幅度影像可以提取地物目标信息，因此需要将 SAR 复数数据转换为 SAR 强度/幅度数据。复数据转换即可将复数格式数据转换为强度、幅度、相位、实部、虚部等类型。在【基础 SAR】标签下的【基础工具】组，点击【复数据转换】按钮，弹出对话框，如图 11-1 所示。

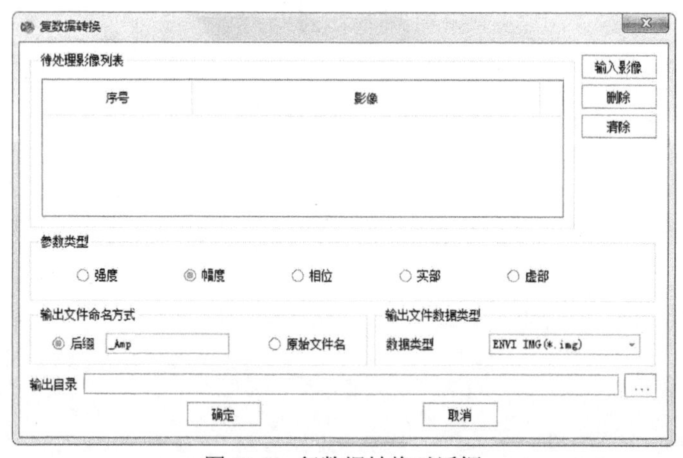

图 11-1　复数据转换对话框

（1）输入影像：输入待进行转换的雷达数据，可以为数据导入结果。

（2）删除：删除在待处理影像列表中选中的影像。

（3）清除：清空待处理影像列表。

（4）参数类型：设置格式转换类型，如强度、幅度、相位、实部、虚部。

（5）输出文件命名方式：设置输出文件的名称后缀，也可以选择原始文件名进行命名。

（6）输出文件数据类型：目前软件支持输出 ENVI IMG、ERDAS IMG、GeoTIFF 格式。

11.1.3　多视处理

为提高图像的视觉效果，同时提高对每个像元后向散射的估计精度，需要进行多视处理。多视处理的目的是抑制斑点噪声，代价是降低分辨率。在【基础工具】组，点击【多视处理】按钮，弹出对话框，如图 11-2 所示。

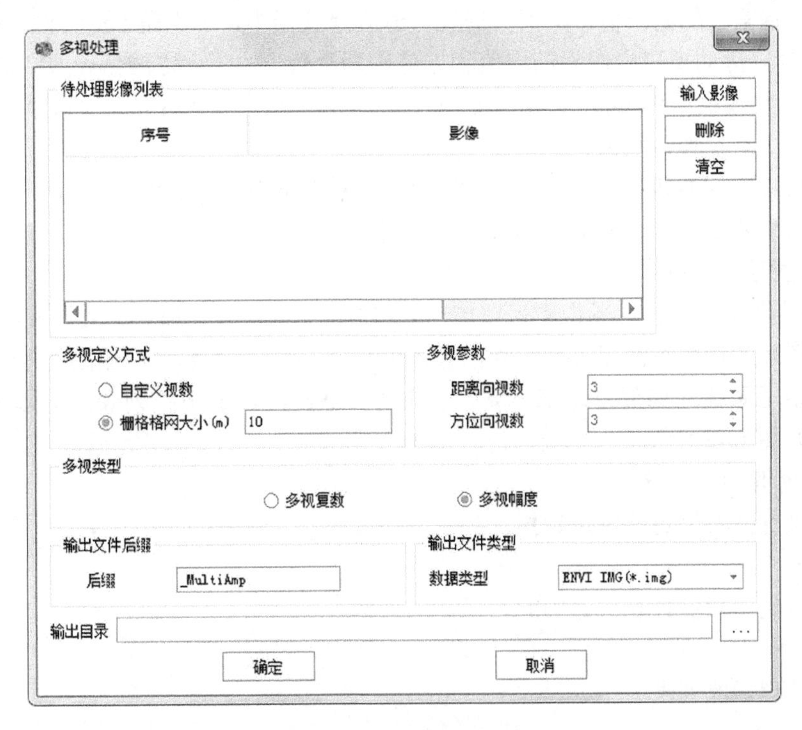

图 11-2　多视处理对话框

（1）输入影像：输入待进行多视处理的雷达数据。

（2）删除：删除在待处理影像列表中选中的影像。

（3）清空：清空待处理影像列表。

（4）多视定义方式：设置多视定义的方式，包括自定义视数和栅格格网大小（m）。①自定义视数：设置方位向视数和距离向的视数，多视视数可根据导入数据（xml）中的入射角、距离向分辨率和方位向分辨率计算。保证“距离向分辨率/sin（入射角）”与对应视数的乘积近似等于方位向分辨率与对应视数的乘积即可。②栅格格网大小（m）：设置多视后的栅格格网大小（单位：m），根据设置的栅格格网大小可自动计算多视视数。

（5）多视类型：设置输入数据的类型（多视复数据或者多视幅度数据）。

（6）输出文件后缀：设置输出文件的名称后缀。

（7）输出数据类型：目前软件支持输出 ENVI IMG、ERDAS IMG、GeoTIFF 格式。

11.1.4　自适应滤波

SAR 是相干系统，斑点噪声是其固有特性。均匀的区域，图像表现出明显的亮度随机变化，与分辨率、极化和入射角没有直接关系，属于乘性噪声。斑点噪声是由一个分辨单元内众多散射体的反射波叠加形成的，表现为图像灰度的剧烈变化，即在 SAR 图像同一片均匀的粗糙区域内，有的分辨率单元呈亮点，有的呈暗点，直接影响了 SAR 图像的灰度分辨率，隐藏了 SAR 图像的细节部分，从而给 SAR 图像的解译和定量化应用带来很大困难，严重影响判读和解译。多视处理可以抑制斑点噪声，但牺牲了图像的空间分辨率。自适应滤波属于空域滤波算法，它是在图像上取一个滑动窗口，对窗口内的像素进行滤波处理得到窗口中心像素（当前滤波像素）的滤波值。典型的局域自适应滤波器中，一类是 Lee 算法、Frost 算法和 Kuan 算法，都以滑动窗口内像素的均值和方差作为参数，按照一定的估计原则进行滤波；另一类是 Sigma 滤波器、Weighting 滤波器和改进 Sigma 方法，将所有与窗口中心像素具有相同分布的像素平均值作为滤波值。

软件中自适应滤波包括 Frost 滤波、增强型 Frost（En Frost）滤波、Lee 滤波、增强型 Lee（EnLee）滤波、Kuan 滤波和 Gamma 滤波六部分。

1. Frost 滤波

Frost 滤波器用于在雷达图像中保留边缘的情况下，减少斑点噪声。它是使用局部统计的按阻尼指数循环的均衡滤波器。被滤除的像元值将被某个值代替，该值根据像元到滤波器中心的距离、阻尼系数和局部方差来计算。点击【自适应滤波】下拉列表，选择【Frost】，打开对话框，如图 11-3 所示。

1）输入影像

输入待进行滤波处理的雷达数据。

2）删除

删除在待处理影像列表中选中的影像。

3）清空

清空待处理影像列表。

4）参数设置

（1）滤波窗口：设置滤波窗口的大小，窗口越大，滤波效果越明显，但同时也会损失部分细节；反之，窗口越小，滤波效果越不明显。

（2）阻尼系数因子：设置阻尼系数因子，决定了阻尼指数循环的次数，默认值 1 对于雷达图像已足够。阻尼值越大，保留的边缘越好，但是平滑越少；反之，阻尼值较小时，平滑较大；当阻尼值为 0 时，其滤波结果与低通滤波结果一样。

5）数据类型

设置输入数据的类型：幅度数据或者强度数据。

图 11-3　Frost 滤波对话框

6）输出文件后缀

设置输出文件的名称后缀。

7）输出数据类型

目前软件支持输出 ENVI IMG、ERDAS IMG、GeoTIFF 格式。

2. 增强型 Frost 滤波

增强型 Frost 滤波器可以在保持雷达图像纹理信息的同时减少斑点噪声。它是对 Frost 滤波器的改进，也同样根据单独滤波窗口中计算出的统计（方差系数）对数据进行滤波。每个像元都被分到三个类型中：相似像元、差异像元、指向目标的像元。每种类型被区别对待。对于相似像元，像元值被滤波窗口中的像元均值代替；对于差异像元，以脉冲响应作为变换核对像元进行卷积滤波，从而确定像元值。

选择【EnFrost】，打开对话框，参数设置如下。

1）输入影像

输入待进行滤波处理的雷达数据。

2）删除

删除在待处理影像列表中选中的影像。

3）清空

清空待处理影像列表。

4）参数设置

（1）阻尼系数因子：设置阻尼系数因子，用来反向指定用于差异像元的权重均值的阻尼指数的范围，阻尼系数越大，生成结果越不均匀。

（2）视数：视数（ENL）表现了原始图像的噪声水平，通常设置为 1。越大表示噪声水平越高，图像滤波效果越明显；反之越小，滤波效果越不明显。

（3）滤波窗口大小：设置滤波窗口大小。窗口越大，滤波效果越明显，但同时也会损失部分细节；反之，窗口越小，滤波效果越不明显。

5）数据类型

设置输出结果的类型，即幅度图像或强度图像。

6）输出文件后缀

设置输出文件的名称后缀。

7）输出数据类型

目前软件支持输出 ENVI IMG、ERDAS IMG、GeoTIFF 格式。

3. Lee 滤波

Lee 滤波器用于平滑强度跟图像景象密切相关的噪声数据（斑点）及附加和/或倍增类型的噪声。它是一个基于标准差（δ）的滤波器，它根据单独滤波窗口中计算出的统计对数据进行滤波。不同于典型的低通平滑滤波器，Lee 滤波器和其他类似的 δ 滤波器在抑制噪声的同时，保留了图像的尖锐信息和细节。被滤掉的像元将用周围像元计算出的值来代替。

选择【Lee】，打开对话框，如图 11-4 所示。

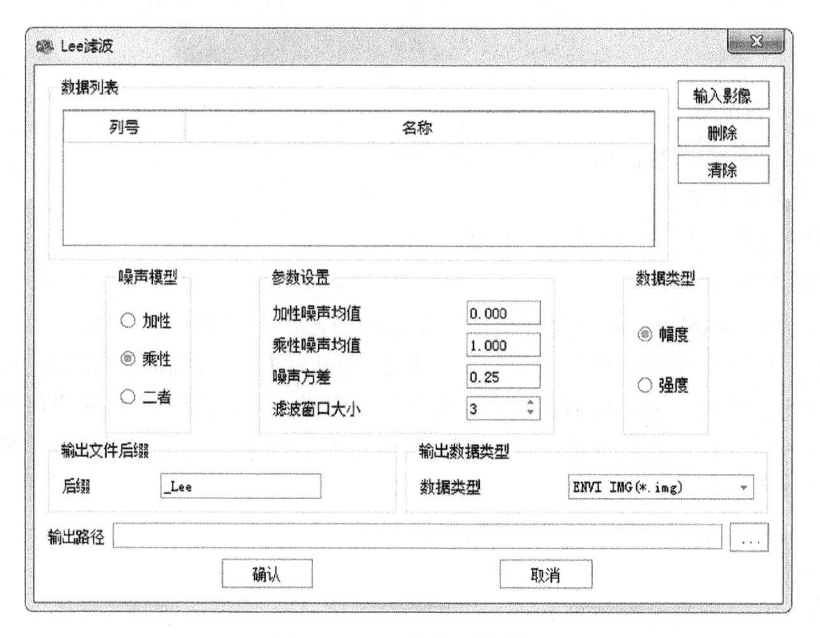

图 11-4　Lee 滤波对话框

（1）输入影像：输入待进行滤波处理的雷达数据。

（2）删除：删除在待处理影像列表中选中的影像。

（3）清空：清空待处理影像列表。

（4）噪声模型：集成了三种不同类型的去噪模型，加性噪声模型、乘性噪声模型、二者模型的混合。

（5）参数设置：设置加性噪声均值、乘性噪声均值、噪声方差及滤波窗口大小。

（6）输出文件后缀：设置输出文件的名称后缀。

（7）输出数据类型：目前软件支持输出 ENVI IMG、ERDAS IMG、GeoTIFF 格式。

4. 增强型 Lee 滤波

增强型 Lee 滤波器可以在保持雷达图像纹理信息的同时减少斑点噪声。它是 Lee 滤波器的改进，也同样根据单独滤波窗口中计算出的统计（方差系数）对数据进行滤波。每个像元都被分到三个类型中：相似像元（homogeneous）、差异像元（heterogeneous）、指向目标的像元（point target）。每种类型被区别对待。对于相似像元，像元值被滤波窗口中的像元均值代替；对于差异像元，像元值被权重均值代替；对于指向目标的像元，像元值不变。选择【EnLee】，打开对话框，如图 11-5 所示。

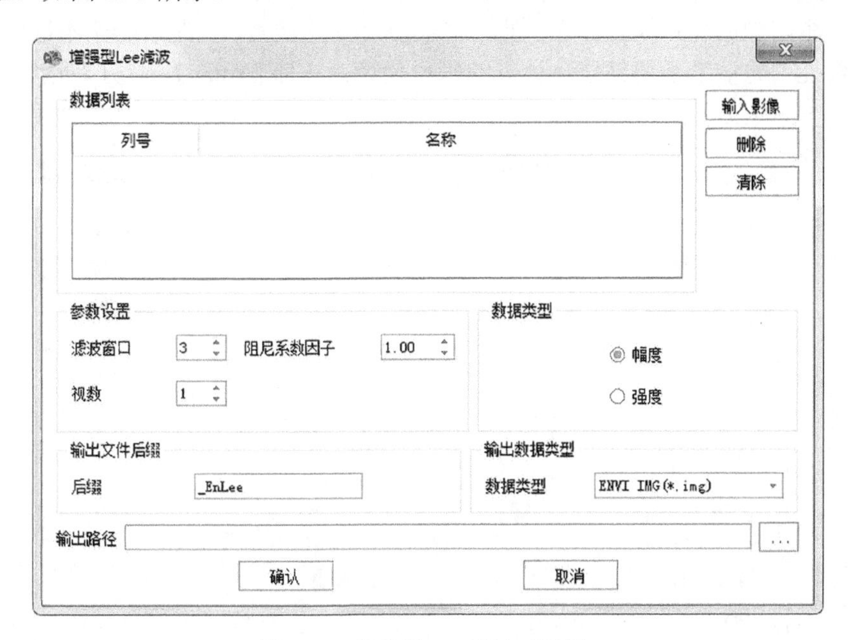

图 11-5　增强型 Lee 滤波对话框

1）输入影像

输入待进行滤波处理的雷达数据。

2）删除

删除在待处理影像列表中选中的影像。

3）清空

清空待处理影像列表。

4）参数设置

（1）阻尼系数因子：设置阻尼系数，用来反向指定用于差异像元的权重均值的阻尼指数的范围，阻尼系数越大，生成结果越不均匀。

（2）视数：视数（ENL）表现了原始图像的噪声水平，通常设置为 1。越大表示噪声水平越高，图像滤波效果越明显；反之越小，滤波效果越不明显。

（3）滤波窗口：设置滤波窗口的大小。窗口越大，滤波效果越明显，但同时也会损失部分细节；反之，窗口越小，滤波效果越不明显。

5）数据类型

设置输出数据类型，幅度图像或强度图像。

6）输出文件后缀

设置输出文件的名称后缀。

7）输出数据类型

目前软件支持输出 ENVI IMG、ERDAS IMG、GeoTIFF 格式。

5. Kuan 滤波

Kuan 滤波器用于在雷达图像中保留边缘的情况下，减少斑点噪声。它将倍增的噪声模型变换为一个附加的噪声模型。这一滤波器类似 Lee 滤波器，但是有一个不同的权重函数。被滤除的像元值将被基于局部统计计算的值所代替。选择【Kuan】，打开对话框，如图 11-6 所示。

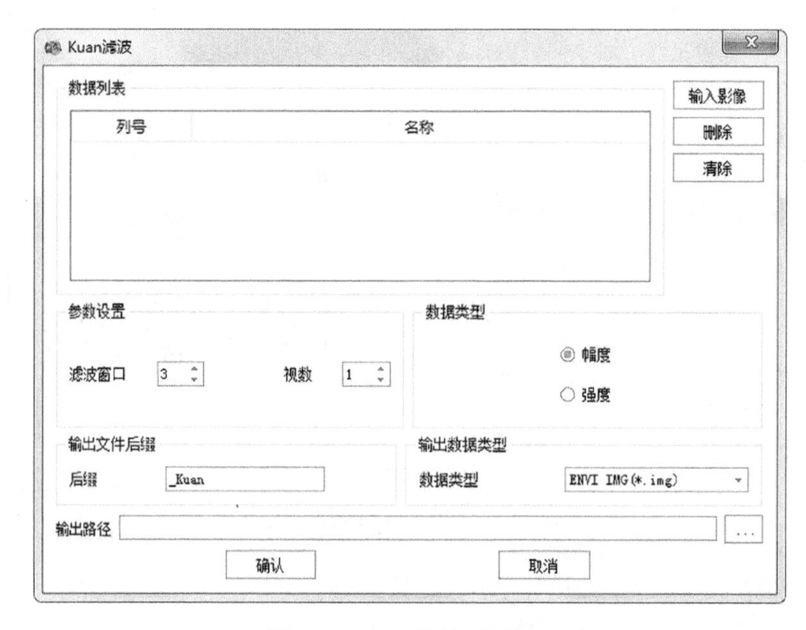

图 11-6　Kuan 滤波对话框

1）输入影像

输入待进行滤波处理的雷达数据。

2）删除

删除在待处理影像列表中选中的影像。

3）清空

清空待处理影像列表。

4）参数设置

（1）滤波窗口：设置滤波窗口的大小。窗口越大，滤波效果越明显，但同时也会损失部分细节；反之，窗口越小，滤波效果越不明显。

（2）视数：视数（ENL）表现了原始图像的噪声水平，通常设置为 1。越大表示噪声水平越高，图像滤波效果越明显；反之越小，滤波效果越不明显。

5）输出文件后缀

设置输出文件的名称后缀。

6）输出数据类型

目前软件支持输出 ENVI IMG、ERDAS IMG、GeoTIFF 格式。

6. Gamma 滤波

Gamma 滤波器用于在雷达图像中保留边缘信息时，减少斑点噪声。它类似于 Kuan 滤波器，但是假定数据呈 γ 分布。被滤除的像元值将被基于局部统计计算的值所代替。选择【Gamma 滤波】，打开对话框，如图 11-7 所示。

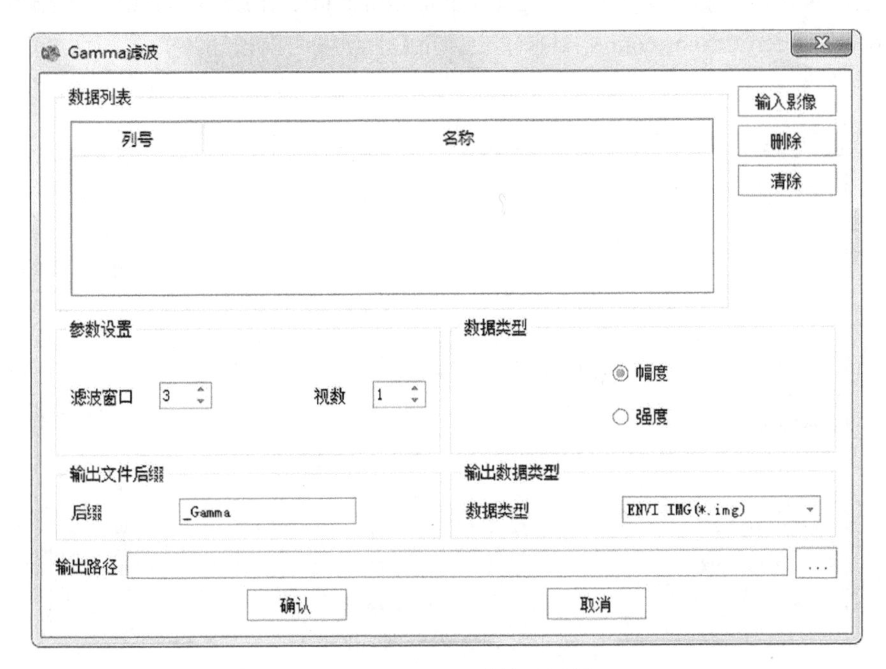

图 11-7　Gamma 滤波对话框

1）输入影像

输入待进行滤波处理的雷达数据。

2）删除

删除在待处理影像列表中选中的影像。

3）清空

清空待处理影像列表。

4）参数设置

（1）视数：视数（ENL）表现了图像灰度的对比度。视数越大，图像对比度越小，对边缘的保持越好，滤波效果越不明显；反之越小，表示受到的干扰越小。

（2）滤波窗口：设置滤波窗口大小。窗口越大，滤波效果越明显，但同时也会损失部分细节；反之，窗口越小，滤波效果越不明显。

5）数据类型

设置输出影像的类型，幅度图像或强度图像。

6）输出文件后缀

设置输出文件的名称后缀。

7）输出数据类型

目前软件支持输出 ENVI IMG、ERDAS IMG、GeoTIFF 格式。

11.1.5 地理编码

根据卫星下传的姿态轨道数据，对 L1 级图像数据经过几何定位、地图投影和重采样后的数据产品形成 L2 级地理编码产品。软件中的地理编码功能采用基于 RD 定位模型的几何校正处理方法，包括地理编码椭球校正（geocoding ellipsoid correction, GEC）和地理编码地形校正（geocoding terrain correction, GTC）。点击【地理编码】按钮，打开对话框，如图 11-8 所示。

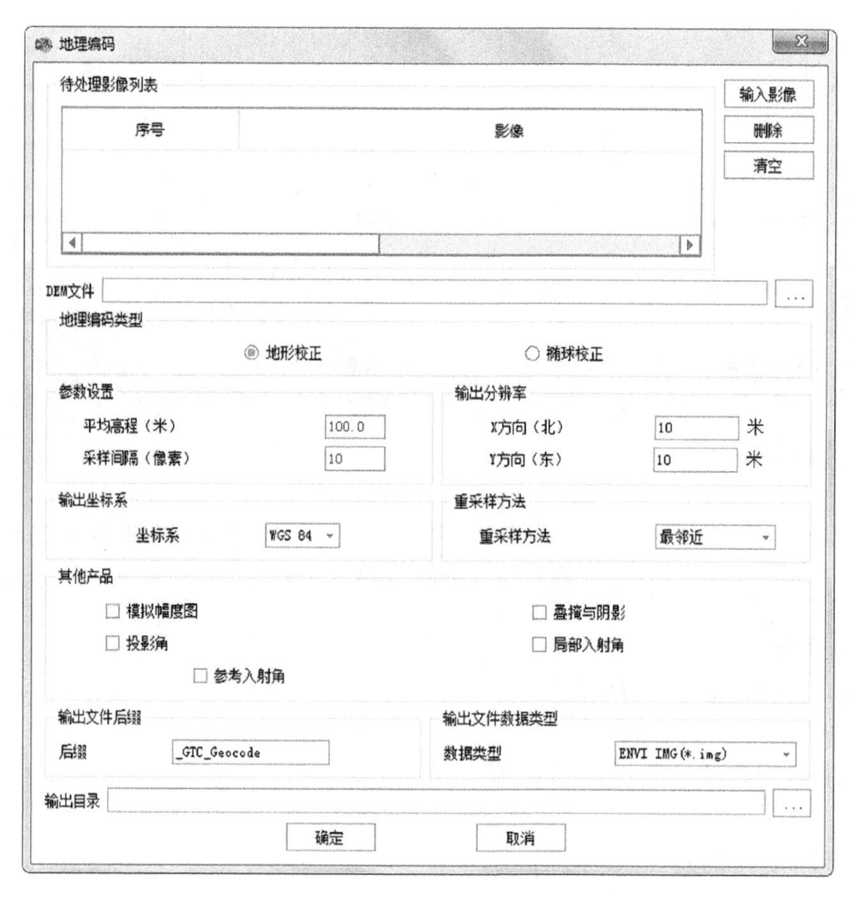

图 11-8 地理编码对话框

（1）输入影像：输入待进行滤波处理的雷达数据。

（2）删除：删除在待处理影像列表中选中的影像。

（3）清空：清空待处理影像列表。

（4）DEM 文件：设置对应的 DEM 文件（编码类型为 GTC 时必须设置）。

（5）地理编码类型：椭球校正（GEC）将地球表面简化为一个椭球面，地形校正（GTC）

利用数字高程表面模型作为真实地球表面进行参数优化。

（6）参数设置：地理编码类型为 GEC 时，设置平均高程（米）、采样间隔（像素）。

（7）输出分辨率：设置 X 方向（北）分辨率、Y 方向（东）分辨率。

（8）输出坐标系：设置输出坐标系，可选择 WGS 84 和 UTM。

（9）重采样方法：设置重采样方法，可选择最邻近法、线性内插法和双线性内插法。

（10）其他产品：是否输出模拟幅度图、叠掩与阴影、投影角、局部入射角和参考入射角。

（11）输出文件后缀：设置输出文件的名称后缀。

（12）输出数据类型：目前软件支持输出 ENVI IMG、ERDAS IMG、GeoTIFF 格式。

11.1.6　图像裁剪

根据用户输入的影像起始行列数和裁剪行列数进行影像裁剪，输出的影像大小即为裁剪的行列数，并更新轨道参数等元数据信息。在【基础 SAR】选项卡下的【辅助工具】组，点击【图像裁剪】按钮，打开对话框，参数设置如下。

（1）输入文件：输入待裁剪雷达影像，本功能不可对原数据进行裁剪，可对进行数据导入并输出后的数据进行裁剪，因为需要读取 par 文件。

（2）影像范围：输入待裁剪影像后，系统会自动读取显示待裁剪影像的行列数。

（3）裁剪范围：设置影像的裁剪范围，起始行列数（索引号从 1 开始）及要裁剪的行列数。

11.1.7　斜地距转换

由于雷达装置所测量的距离是目标物到平台一侧的距离（倾斜距离），这导致了真实地面制图（地面距离）中的失真。假定地形是平坦的，使用软件的斜地距校正可以将倾斜距离的雷达图像重采样为与地面距离图像中的像元尺寸相同的图像中。在【辅助工具】组，打开对话框，如图 11-9 所示。

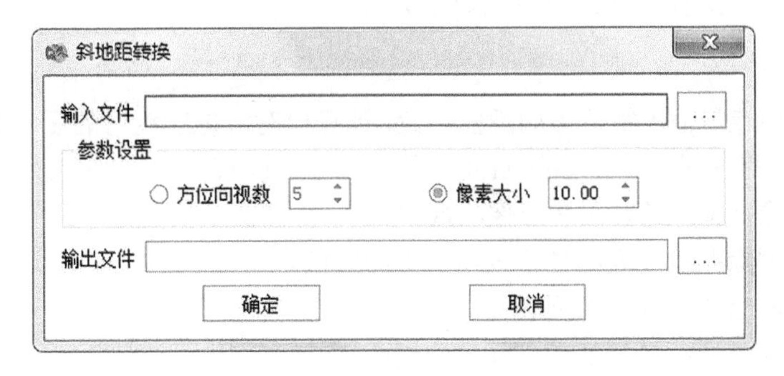

图 11-9　斜地距转换对话框

（1）输入文件：输入待处理的雷达数据。

（2）参数设置：设置方位向视数，或者像元大小（根据像元大小自动计算）。

（3）方位向视数：根据该视数，进行影像的方位向多视，并使距离向和方位向的栅格大小保持一致。

11.1.8　地形辐射校正

在复杂的山区地形中，由于地表接收的太阳辐射受到地形因素的影响，使得不同坡度、坡向上的像元存在辐射失真问题，增加了地物提取的难度。通过地形辐射校正，可以减小或者消除地形影响。点击【地形辐射校正】按钮，打开对话框，如图 11-10 所示。

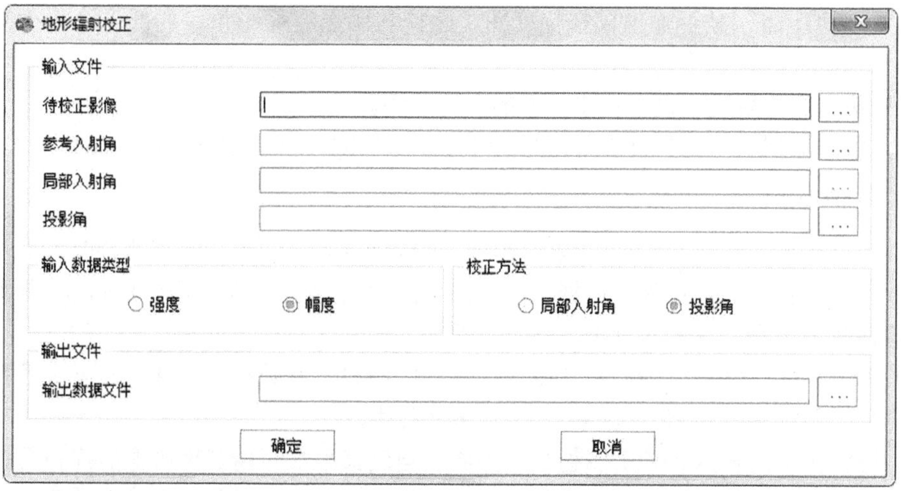

图 11-10　地形辐射校正对话框

（1）待校正影像：输入待校正的 SAR 影像。

（2）参考入射角：输入参考入射角文件。

（3）局部入射角：输入局部入射角文件。

（4）投影角：输入投影角文件。

（5）输入数据类型：选择幅度或者强度类型。

（6）校正方法：选择局部入射角或者投影角。

11.1.9　转 DB 影像

转 DB 影像功能是输出雷达后向散射系数，计算出对应地物绝对的后向散射值。点击【转 DB 影像】按钮，打开对话框，如图 11-11 所示。

（1）输入影像：输入待转 DB 影像的数据。

（2）删除：删除在待处理影像列表中选中的影像。

（3）清空：清空待处理影像列表。

（4）输入数据类型：包括复数、强度或幅度。

（5）输出文件后缀：设置输出文件的名称后缀。

（6）数据类型：目前软件支持输出 ENVI IMG、ERDAS IMG、GeoTIFF 格式。

11.1.10　GF-3 轮廓

GF-3 轮廓功能是根据原始数据的参数文件输出对应的轮廓矢量文件。点击【GF-3 轮廓】按钮，打开对话框，参数设置如下。

（1）输入目录：输入待处理影像所在的文件夹。

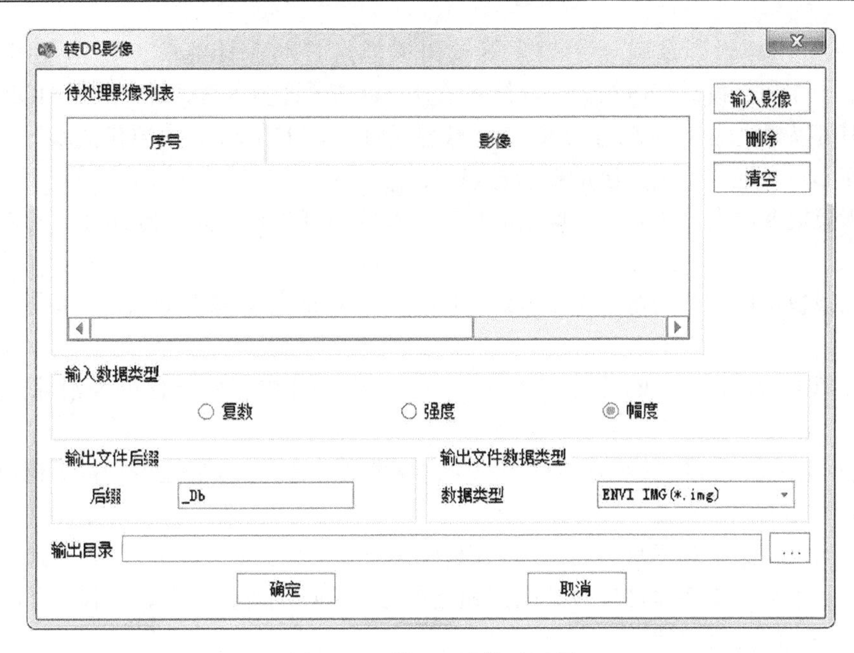

图 11-11　转 DB 影像对话框

（2）输入 xml：输入待处理影像的参数文件（meta.xml）。

（3）删除：删除在待处理影像列表中选中的影像。

（4）清空：清空待处理影像列表。

（5）输出类型：包括面矢量和线矢量。

（6）输出目录：可选择指定目录，也可选择 meta.xml 文件所在目录；设置输出结果的保存路径及文件名。

11.2　SAR 平差

11.2.1　自动匹配

本软件综合利用相位一致性的强度和方向信息，构建了一种表示影像几何结构特征的描述符，实现异源影像的自动匹配。相位一致性方向直方图（histogram of orientated phase congruency，HOPC）特征描述子可获取影像的结构化属性。此外，还使用了一种称为 HOPCncc 的相似性测度，利用 HOPC 描述子的正交化的相关系数（normalized cross correlation, NCC）进行多模式配准。

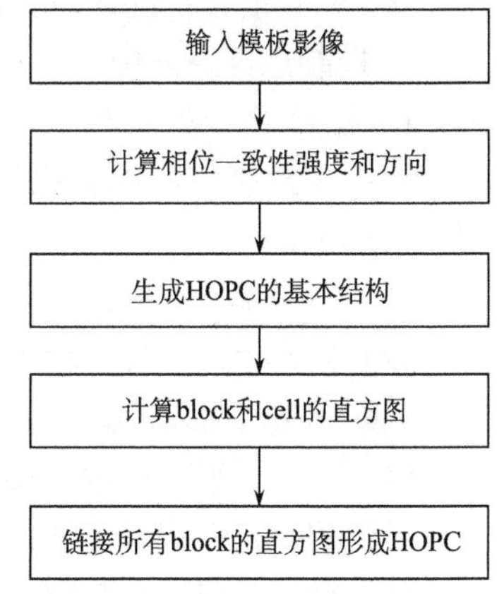

图 11-12　HOPC 的计算流程图

HOPC 通过把模板窗口划分为若干个 block，并统计每个 block 的相位一致性方向直方图，将其链接在一起形成最终的特征描述向量。HOPC 是一个计算影像内部结构的特征描述子。由于结构属性对于影像灰度分布来说更加独立，这个描述子可以用于形状相似而具有显著非线性辐射差异的两景影像的匹配。因此，可以将 HOPC 描述子的 NCC 用作相似性测度（称为 HOPCncc）来进行影像匹配。在模板匹配过程中，一个模板窗口在一景影像或一个搜索区域内逐像素移动，计算每对待匹配模板窗口的 HOPCncc。由于相邻模板窗口的大部分像素重叠，这需要许多重复计算，利用 HOPCncc 的快速匹配机制可以解决这个问题。HOPC 的计算过程如图 11-12 所示，主要包括以下几个步骤：

（1）在影像上选取一定大小的模板窗口。

（2）在模板窗口内，计算每个像素的相位一致性强度值和方向，为 HOPC 的构建提供特征信息。

（3）把模板窗口划分为若干个 block，其中每个 block 包含若干个 cell，形成 HOPC 的基本结构。

（4）计算 block 和 cell 的相位一致性方向直方图，并进行归一化处理消除光照变化的影响。

（5）将所有 block 内的梯度方向直方图向量收集在一起，形成描述整个模板窗口的 HOPC 特征向量。

软件利用几何结构和形状等特征信息构建相似性测度，解决光学和 SAR 影像的自动匹配问题。自动匹配功能支持自动生成控制点和连接点，还包括航带管理、控制点异源匹配、匹配显示和连接点匹配等功能。

1. 航带管理

航带管理功能主要用于对各条带 SAR 影像数据进行管理。在【SAR 平差】标签下的自动匹配组，点击【航带管理】按钮，打开对话框，参数设置如下。

（1）新建航带：点击【新建航带】按钮，在弹出的对话框中输入航带管理名称，点击【确定】按钮即可。

（2）删除航带：从航带列表中，选中要删除的航带，点击【删除航带】按钮，即可将选中航带删除。

（3）添加影像：从航带列表中，选择航带名称，点击【添加影像】按钮，将影像添加到某一航带中。

（4）删除影像：从航带列表中，选中某一航带，影像模型列表即可显示该航带已添加的所有影像，选中要删除的影像，点击【删除影像】，即可将该影像从航带中删除。

（5）导入航带：将已有的航带文件，导入到功能界面。

（6）保存航带：设置好航带信息后，点击【保存航带】按钮，即可另存航带文件（blk）。

2. 控制点异源匹配

1）控制点异源匹配

点击【控制点匹配】按钮，在下拉菜单中选择【控制点异源匹配】，打开对话框，如图 11-13 所示。

（1）参考基准影像：输入参考基准影像。

（2）条带管理文件：输入条带管理文件。

（3）DEM 文件：输入待处理区域的 DEM 文件。

（4）产品级别：根据产品的不同选择对应的级别。

（5）初始几何定位方法：根据需求选择椭球几何校正或者地形几何校正。

（6）椭球几何校正参数设置：设置平均高程和采样间隔（像素）的大小。

（7）匹配窗口大小：设置 X 方向、Y 方向的窗口大小，即距离向和方位向的窗口大小。

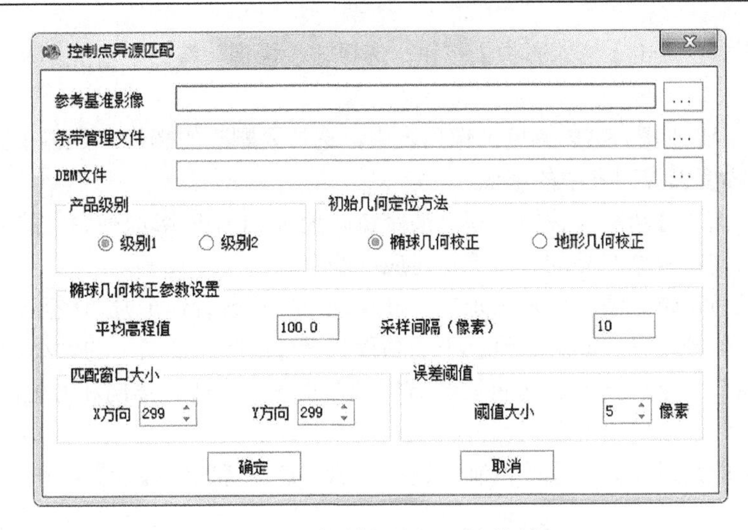

图 11-13　控制点异源匹配对话框

2）快速匹配

点击【控制点匹配】按钮，在下拉菜单中选择【快速异源匹配】，打开对话框，如图 11-14 所示。

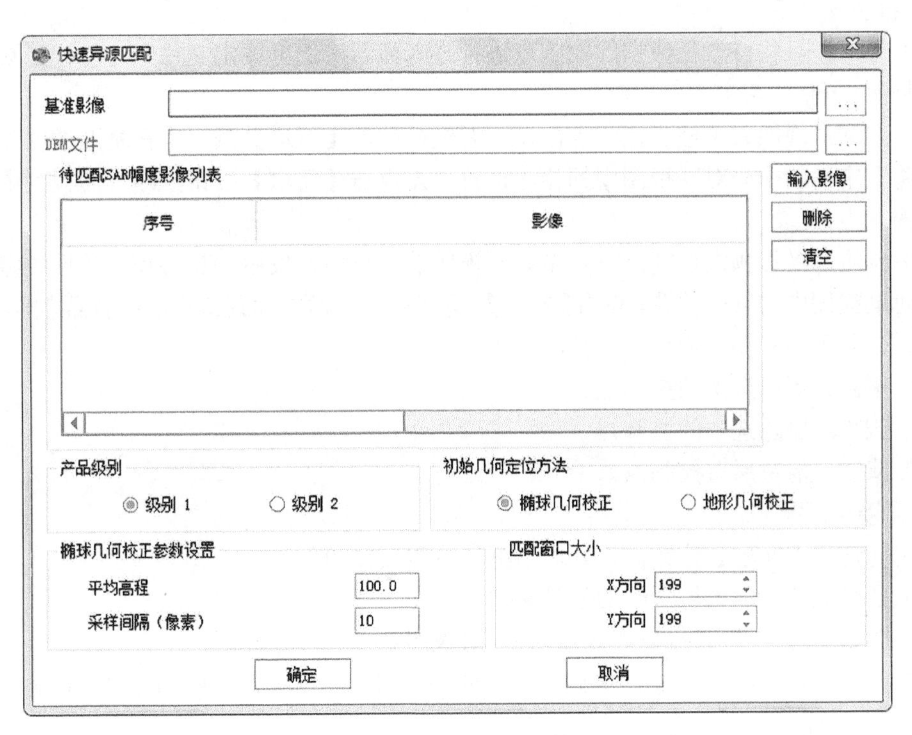

图 11-14　快速异源匹配对话框

（1）基准影像：输入基准影像。

（2）DEM 文件：输入 DEM 文件，此选项仅在选择初始几何定位方法中的地形几何校正方法时可用。

（3）输入影像：点击【输入影像】按钮，选择输入影像，将影像添加到待匹配 SAR 幅度影像列表。

（4）删除：从待匹配 SAR 幅度影像列表中，选择要删除的影像，点击【删除】，即可删除待匹配 SAR 幅度影像列表中的影像。

（5）清空：点击【清空】按钮，即可清空待匹配 SAR 幅度影像列表中的所有影像。

（6）产品级别：根据产品的不同选择对应的级别。

（7）初始几何定位方法：根据需求选择椭球几何校正或者地形几何校正。

（8）椭球几何校正参数设置：设置平均高程和采样间隔（像素）的大小。

（9）匹配窗口大小：设置 X 方向、Y 方向的窗口大小，即距离向和方位向的窗口大小。

3. 匹配显示

匹配显示功能是对先前生成的控制点进行显示。点击【匹配显示】按钮，打开对话框，参数设置如下。

1）设置基准数据和待校正数据

（1）基准数据：在左侧视图点击【添加】按钮，添加基准影像。

（2）待校正数据：点击右侧视图【添加】图标，添加待校正影像（输出文件的“temtir”文件中，经过地理编码后的“_Geocoding”文件）。

2）控制点显示

（1）导入：可将待校正数据的控制点进行导入显示（选择输出文件中与待校正数据相同日期的控制点 pts 文件）。

（2）新增：增加人工控制点。点击左、右侧视图的【新增】按钮，在基准数据和待校正数据中将十字丝的中心对准视图中的相应位置，再点击【新增】按钮，即可向视图中增加一对人工控制点。

（3）预测：增加预测控制点。点击右侧视图的【新增】按钮，在待校正数据中将十字丝的中心对准视图中的某一位置，点击【预测】，可在基准数据中找到该点所在位置，再点击【新增】按钮，即可向视图中增加一个预测控制点。

（4）更新：更新选中的控制点。

（5）删除：删除选中的控制点。

（6）清空：清空所有控制点。

4. 连接点匹配

点击【连接点匹配】按钮，打开对话框，参数设置如下。

（1）条带文件：输入待匹配的条带文件。

（2）DEM 文件：输入待处理区域的 DEM 文件。

（3）匹配窗口大小：设置 X 方向、Y 方向的窗口大小，即距离向和方位向的窗口大小。

11.2.2　区域网平差

SAR 影像区域网平差将区域网内多景 SAR 影像联合处理，解算模型定向参数和模型公共点（加密点）地面坐标。其基本思想是对区域网内的 SAR 影像，利用同名点将相邻影像连接起来，联合区域网内所有影像几何模型，建立区域网平差模型，将各影像上的控制点、影像连接点的像点坐标和地理坐标、各影像的定向参数等观测值联合，按最小二乘原理平差，求解连接点地理坐标和各影像定向参数。SAR 影像区域网平差处理主要包括以下几项。

（1）提取区域网 SAR 影像的成像参数，利用已知传感器状态矢量点拟合传感器轨迹。

（2）给出各模型定向参数初始值，并计算加密点地理坐标的初始值。

（3）对于控制点和加密点在各影像上对应的像点，依据影像几何模型，列出误差方程式，建立区域网平差误差方程。

（4）建立整个区域的改化法方程，进行矩阵运算求解各模型定向参数。

（5）将求解的模型定向参数代入几何模型，求解加密点的地理坐标，将新求解的定向参数和地理坐标代替初始值进行迭代解算，直到收敛，输出定向参数和加密点地理坐标。

区域网平差是将若干影像组成的区域内自动匹配的连接点和控制点进行平差解算以提高区域内每景影像的绝对定位精度及影像间的相对精度。在【区域网平差】组，点击【航带平差】按钮，打开界面，参数设置如下。

1. 工程数据

（1）【导入航带文件】，选择航带文件，即可在视图中打开图框、控制点、连接点，其中红色为控制点，类型编号为 5000，酒红色为连接点，类型编号为 0。

（2）【保存像点】，将剔除粗差后的控制点文件重新保存。

（3）工程数据：【平差解算】，基于 R-D 模型进行平差解算。

（4）工程数据：【编辑像点】，将打开像点量测对话框，可以对像点进行放大、缩小、1∶1 显示。

2. 显示工具

（1）【全图显示】：全图显示图框、控制点、连接点。

（2）【隐藏点名】：隐藏、显示点名。

（3）【隐藏控制点】：隐藏、显示控制点。

（4）【隐藏加密点】：隐藏、显示加密点（连接点）。

（5）【隐藏图框】：隐藏、显示图框。

3. 处理工具

（1）【导入地面点】：导入已有地面控制点文件。

（2）【更新像点地理坐标】：更新像点地理坐标。

（3）【提取像点地理坐标】：将像点坐标另存为文本文件。

（4）【导入加密点并保存】：导入加密点。

（5）【设置残差阈值】：设置方位向、距离向残差阈值。

（6）【剔除超限加密点】：根据残差阈值，剔除超限点。

11.2.3　几何精校正

消除 SAR 影像几何形变的过程称为几何校正。目前，国内外关于 SAR 影像的几何校正方法主要有：基于 Leberl 模型的校正方法、基于 Konecny 共线方程的校正方法、基于多项式的校正方法、基于 RPC 模型的校正方法、基于模拟 SAR 影像的正射校正方法，以及基于距离-多普勒（R-D）模型的校正方法。

利用 SAR 成像头文件参数，基于几何定位模型，利用地面控制点结合 DEM，进行间接定位并结合 SAR 影像进行重采样生成几何纠正影像。在【几何精校正】组，点击【几何精校正】按钮，打开对话框，参数设置如下。

（1）航带文件：输入航带管理文件。

（2）DEM 数据：输入与待校正影像文件对应的 DEM 数据；几何校正需要准备 UTM 投影 DEM，且范围不能过多。

（3）平均高程：设置处理区域的平均高程。

（4）采样方法：设置采样方法，包括最近邻法、二次线性法、三次样条法。

（5）分辨率：设置 X、Y 方向的分辨率。

（6）后缀：设置输出文件的后缀名。

（7）设置投影参数：对参考椭球、投影方式、中央经线投影比例、中心经度、中央经线偏移参数进行设定。

11.2.4　镶嵌线编辑

1. 生成镶嵌面

在【镶嵌线编辑】组，点击【生成镶嵌面】按钮，弹出对话框，参数设置如下。

（1）生成方式：选取生成镶嵌面的方式（简单线/优化线/智能线），智能线镶嵌效果最好，但时间较长，适用于镶嵌接边复杂的图像；简单线用时最短，适用于接边简单的图像；优化线处于简单线和智能线之间。

（2）导出镶嵌面：点击导出镶嵌面的【…】按钮，弹出另存为对话框，设置保存路径及名称，点击【保存（S）】按钮，点击【镶嵌面生成】的【确定】按钮，保存的数据为 shp 文件。

2. 导入镶嵌面

导入镶嵌面是把外部的镶嵌面文件转换成可用的镶嵌面文件。在【镶嵌线编辑】组，点击【导入镶嵌面】按钮，弹出参数设置对话框，选择镶嵌面文件。点击【打开（O）】按钮，弹出保存对话框，设置保存路径及名称，点击【保存（S）】按钮。

3. 面编辑

镶嵌线应尽量选在线状地物或地块边界等的明显分界线处，以便使镶嵌影像中的拼缝尽可能地消除。选择的镶嵌线避免切割居民地、地块等，保证地物完整，并使镶嵌处无裂缝、模糊、重影等现象，确保 DOM 的质量。另外，镶嵌线选择时还应遵循影像质量最优原则，尽量使镶嵌后影像避开云、雾、雪及其他质量相对较差的区域。使用镶嵌多边形工具沿着地块边缘进行镶嵌线修改。在【镶嵌线编辑】组，点击【面编辑】按钮，可对镶嵌面进行编辑。

4. 折线编辑

在【镶嵌线编辑】组，点击【折线编辑】按钮，可对镶嵌面进行编辑。

5. 套索编辑

在【镶嵌线编辑】组，点击【套索编辑】按钮，可对镶嵌面进行编辑。

6. 参数设置

点击【参数设置】按钮，弹出对话框，参数设置如下。

（1）常规羽化：设置一般情况下镶嵌的羽化范围。羽化宽度：设置镶嵌线羽化范围，单位为像素或米。

（2）宽羽化：针对特殊区域进行羽化。①宽羽化范围：设置在宽羽化区域内的羽化范围，主要针对水域范围进行羽化处理，单位为像素或米；②宽羽化区域：导入水域等宽羽化区域矢量文件。

7. 输出成图

点击【输出成图】按钮，弹出对话框，参数设置如下。

（1）输出分辨率：设置输出影像的空间分辨率，可以自定义，也可以设置为系统默认的分辨率。

（2）输出范围：系统自动显示输出影像的范围。

（3）整幅输出：设置输出类型，3 通道 8 位或者原始数据格式，设置输出路径及名称，点击【确定】按钮，输出整幅镶嵌结果数据。

（4）分幅输出：设置输出比例，勾选待输出图幅信息，设置输出路径，点击【确定】按钮，输出勾选的分幅后的镶嵌结果数据。

（5）设置输出无效值：可勾选设置输出镶嵌影像的无效值。

8. 撤销

在【镶嵌线编辑】组，点击【撤销】按钮，可撤销上一步操作。

9. 恢复

在【镶嵌线编辑】组，点击【恢复】按钮，可恢复上一步操作。

10. 保存编辑

在【镶嵌线编辑】组，点击【保存编辑】按钮，可保存编辑后的结果。

11.3　干涉 SAR

11.3.1　InSAR 模块

1. 配准

配准是指通过平移和旋转将覆盖同一地图的两幅 SAR 影像（主辅影像）的对应像元进行精确匹配的过程。InSAR 配准过程通常采用由粗到精的逐级配准策略。

1）粗配准

将初始偏移量的配准结果作为下一步像元级配准计算的初值，对于提高匹配速度有重要意义，也是实现单视复数据影像自动化配准的关键环节。粗配准主要是借助星载雷达数据的轨道信息，根据成像多普勒方程、距离方程和参考椭球方程计算主辅影像的初始偏移量，计算出的初始偏移量误差一般可达到距离向±5 个像元和方位向±10 个像元。这样，在像元级配准时可以大大缩小搜索范围。在【InSAR 模块】组，点击【配准】下拉列表，选择【粗配准】，打开对话框，如图 11-15 所示。

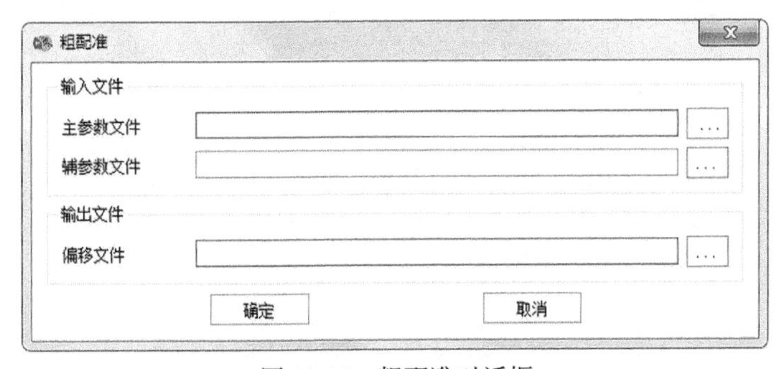

图 11-15　粗配准对话框

（1）主参数文件：输入主影像的参数文件（xml 格式）。

（2）辅参数文件：输入与主影像对应的辅影像的参数文件（xml 格式）。

（3）偏移文件：设置输出偏移文件（off 格式）的保存路径和名称。

2）图像裁剪

在进行主辅影像裁剪时，需要考虑初始偏移量，这样裁剪后的主辅影像子区只存在几个像素的偏移。图像裁剪功能主要根据设定的裁剪范围对主辅影像进行裁剪。选择【图像裁剪】按钮，打开对话框，参数设置如下。

（1）主影像：输入主影像文件。

（2）辅影像：输入与主影像对应的辅影像文件。

（3）偏移文件：选择与主、辅影像对应的粗配准后的偏移文件。

（4）裁剪最大重叠区域：通过勾选【是】或【否】选项确定裁剪范围。若想最大范围地处理干涉对，可选择【是】；若只想处理指定的一小块感兴趣区，可选择【否】。

（5）辅影像外扩范围：设置辅影像裁剪范围外扩范围，为防止辅影像重采样后存在黑边框，系统默认一般外扩 100 个像素。

（6）主影像裁剪范围：当在【裁剪最大重叠区域】设置选择【否】时，可在此设置主影像、辅影像裁剪的起始列号、裁剪列数、起始行号、裁剪行数。

3）精配准

在主影像上均匀地选择一定数量的控制点。虽然控制点越多越精确，但是计算量加大，效率不高，所以应根据影像的具体大小来确定控制点的个数。根据初始偏移量，在辅影像上找到对应的控制点。由于已经知道初始偏移量，此时像元的偏移量在几个像元之内，采用基于过采样的 FFT 复相关方法，求得每一个控制点的偏移量。由于控制点是随机均匀选择的，其可能落在水体等信噪比较低的位置，使求得的偏移量不精确，应予以去除。在已知各个有效控制点的偏移量后，采用奇异值分解的方法，拟合距离向、方位向上的偏移多项式，根据偏移多项式求出每个控制点的偏移量。采用回归分析的方法，用拟合多项式求出的偏移量与用相关函数求出的偏移量求差，若差值大于一个像元，则说明该控制点的偏移量不合格，也应去除。然后再利用奇异值分解的方法重新拟合多项式，反复迭代，直到每个控制点都满足要求。选择【精配准】按钮，打开对话框，如图 11-16 所示。

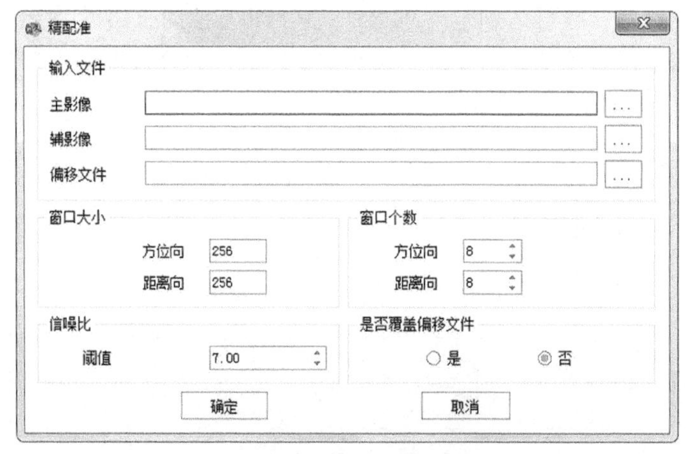

图 11-16　精配准对话框

（1）主影像：输入主影像文件。

（2）辅影像：输入与主影像对应的辅影像文件。

（3）偏移文件：选择与主、辅影像对应的粗配准后的偏移文件。

（4）窗口大小：设置方位向和距离向的窗口大小，默认值均为 256，一般需要大于偏移文件中偏移量（X、Y）最大数的值。若设置太小，搜索到的控制点数量太少；若太大，搜索到的控制点数量太多，降低程序的运行效率。

（5）窗口个数：设置方位向和距离向的窗口个数。

（6）信噪比：可设置信噪比的阈值大小。

（7）是否覆盖偏移文件：通过勾选【是】或【否】选项，决定是否覆盖原有的偏移文件。

在实际处理过程中有时输出的偏移多项式出错，这时不得不从粗配准功能重做，再裁剪，耽误时间，通过设置【是否覆盖原有偏移文件】选项可以较好地解决此问题。一般默认不覆盖，若精配准结果不对，可重新输入原始的 off 偏移文件执行。

4）重采样

图像重采样根据拟合的偏移多项式，采用三次卷积方法，对辅影像进行重采样，得到配准后的影像。三次卷积方法考虑了周围 16 个点的影响。根据连续信号的采样定理，若用函数 $\sin(\pi x)=\sin(\pi x)/\pi x$ 进行插值，理论上可准确地恢复原图像，即可准确地得到采样点间任意点的值。选择【重采样】按钮，打开对话框，如图 11-17 所示。

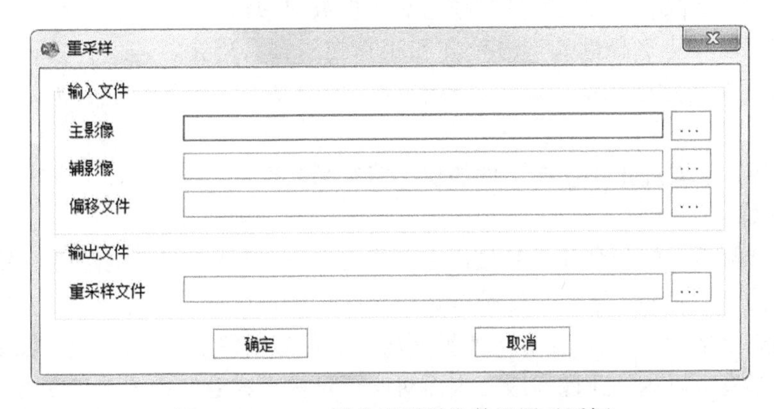

图 11-17　SAR 图像重采样参数设置对话框

（1）主影像：输入主影像文件。

（2）辅影像：输入与主影像对应的辅影像文件。

（3）偏移文件：输入与主、辅影像对应的精配准后的偏移文件。

（4）重采样文件：设置输出重采样结果的保存路径和名称。

2. 干涉图计算

干涉图计算主要是利用精配准后的主、辅影像共轭相乘得到干涉图。干涉条纹越密集，表示此地方的地表高程变化越大，起伏越厉害。为增加干涉图的相干性，可选择进行方位向和距离向频谱滤波处理。点击【干涉图计算】按钮，打开对话框，如图 11-18 所示。

（1）主影像：输入主影像文件。

（2）辅影像：输入与主影像对应的辅影像文件。

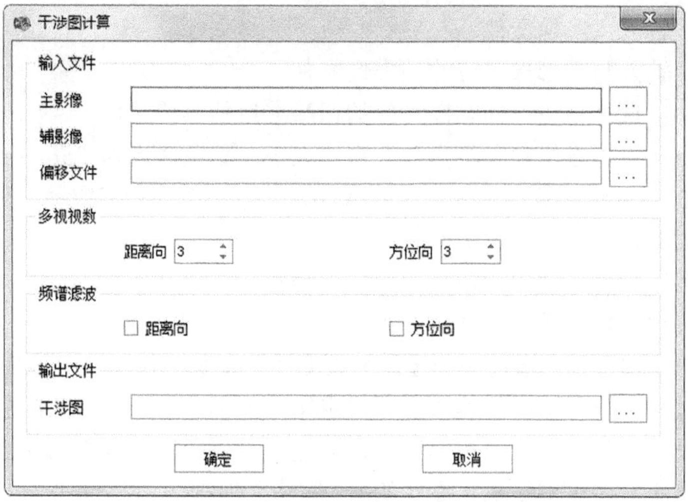

图 11-18　干涉图计算参数设置对话框

（3）偏移文件：选择与主、辅影像对应的精配准后的偏移文件。

（4）多视视数：可设置方位向和距离向的视数，多视视数可根据导入数据（xml）中的入射角、距离向分辨率和方位向分辨率计算。计算方法：保证“距离向分辨率/sin（入射角）”与对应视数的乘积近似等于方位向分辨率与对应视数的乘积即可。

（5）频谱滤波：可选择性勾选方位向和距离向的频谱滤波。若主、辅影像的空间基线距较大，需做距离向频谱滤波；若主、辅影像的多普勒中心频率差值较大，需做方位向频谱滤波。

（6）干涉图：设置输出干涉图文件的保存路径和名称。

3. 基线计算

基线是干涉测量中的一个关键参数，它既是 SAR 干涉测量成像的基础，又是导致 SAR 图像对去相干的一个重要因素。空间基线是指对同一地物目标成像时两个卫星之间的距离。在假设两轨道完全平行且 SAR 在零多普勒面成像的理想条件下，两幅 SAR 图像通过精配准后，由于配准精度可以达到亚像素级，因而对同一目标点成像的主辅卫星在方位向的距离差可以忽略不计，认为它们在同一零多普勒面内，即基线矢量位于以方位向为法向量，由距离向和径向确定的零多普勒平面内。根据该几何关系，求解中心时刻的基线向量。点击【基线计算】按钮，打开对话框，如图 11-19 所示。

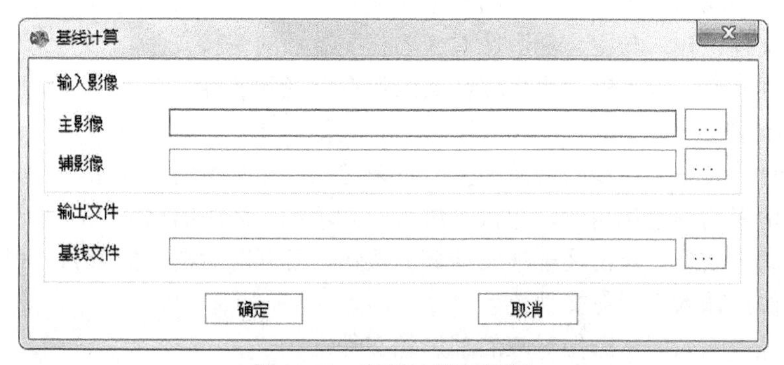

图 11-19　基线计算对话框

（1）主影像：输入主影像文件。

（2）辅影像：输入与主影像对应的辅影像文件。

（3）基线文件：设置输出基线文件的保存路径和名称。

4. 去除平地相位

无高程变化的平坦地表也会产生线性变化的干涉相位，这种现象叫作平地效应。平地效应使得产生的干涉条纹过于密集，对相位解缠造成很大困难，因此在对干涉相位图进行滤波和相位解缠前应该首先消除平地效应。常用的平地相位消除方法主要有：基于轨道参数的数值计算方法和条纹主频率估计法。前一种方法去除的是真正意义上的平地效应，但需要较精确的轨道参数和场景中心位置参数，较大的轨道误差往往还会引入新的干涉条纹，该方法计算量较大；后一种方法只需对干涉相位图进行频率域处理，计算量较小，能够满足一般的后续处理要求。点击【去除平地相位】按钮，打开对话框，如图 11-20 所示。

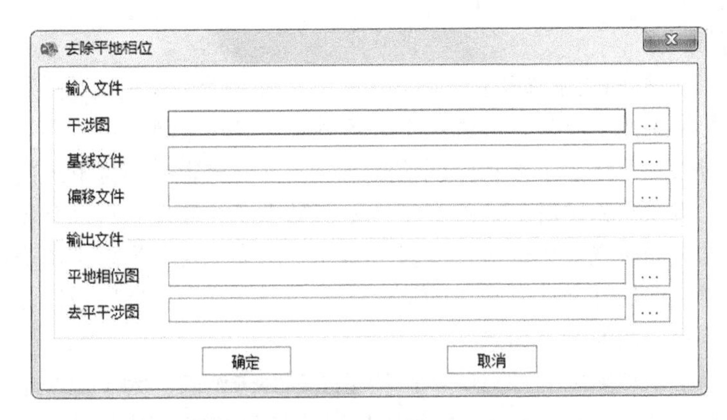

图 11-20　去除平地相位对话框

（1）干涉图：输入待处理的干涉图文件。

（2）基线文件：输入与干涉图文件对应的基线文件。

（3）偏移文件：输入与干涉图文件对应的精配准后的偏移文件。

（4）平地相位图：设置输出去平相位图文件的保存路径和名称。

（5）去平干涉图：设置输出去平干涉图文件的保存路径和名称。

5. 相干性计算

相干性是 SAR 干涉测量中衡量两幅雷达复影像之间相似性程度的指标，一般可以用相干系数作为标准之一。SAR 图像在两次成像时，分辨单元内单个散射体位置和后向散射系数不变，雷达视向不变，那么分辨单元的回波将不会变。SAR 干涉就是一种相干处理。点击【相干性计算】按钮，打开对话框，如图 11-21 所示。

（1）多视主影像：输入经过多视处理的主影像文件。

（2）多视辅影像：输入经过多视处理的辅影像文件。

（3）平地相位：输入与主、辅影像对应的平地相位文件。

（4）窗口大小：设置距离向和方位向窗口的大小。

（5）相干图：设置输出相干图文件的保存路径和名称。

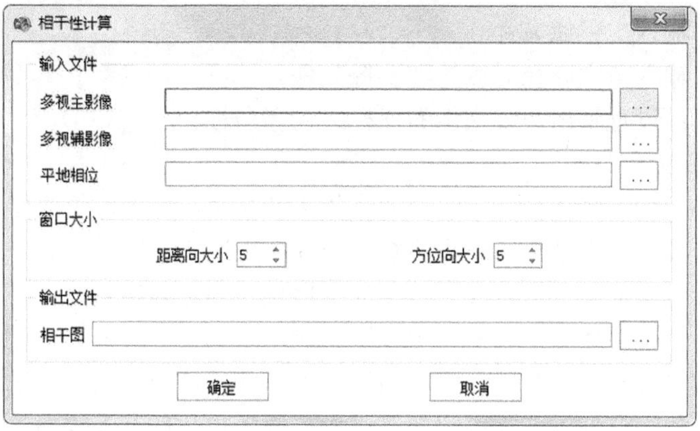

图 11-21　相干性计算对话框

6. 干涉图滤波

从 SAR 干涉图中得到的干涉相位（即相位主值）分布于整周期主值范围内，要恢复绝对相位就必须进行相位解缠。时间基线去相干和各种噪声（相干斑噪声、系统热噪声和信号处理噪声）因素使得去除平地的干涉相位图信噪比降低，严重影响相位解缠的精度和相位解缠的可靠性。因此，必须在相位解缠前进行干涉相位噪声滤波处理。近十几年来，国际及国内对干涉相位滤波方面的研究成果较多，滤波从实现方法上主要分为以下两类：一类是传统的多视处理，以分辨率的牺牲来达到噪声的抑制；另一类是采用数字图像滤波方法，在滤除噪声的同时尽量保持相位图的细节信息。

多视处理抑制了干涉图中的部分噪声，但是噪声并未消除。为了更好地反演形变，需要对干涉相位作滤波处理。Goldstein 和 Werner 提出的基于 FFT 变化的功率谱自适应滤波算法能有效抑制噪声影响，因为干涉相位可被认为是具有一定带宽的信号，而噪声是多频的。以干涉相位的功率谱作为自适应滤波对象，能增强干涉相位信息。Goldstein 方法表明，它能根据相干系数进行不同程度的滤波，对于相位平滑、变化较小的地区，滤波效果非常明显，而对于噪声较多的地区，滤波效果较弱。点击【干涉图滤波】按钮，打开对话框，如图 11-22 所示。

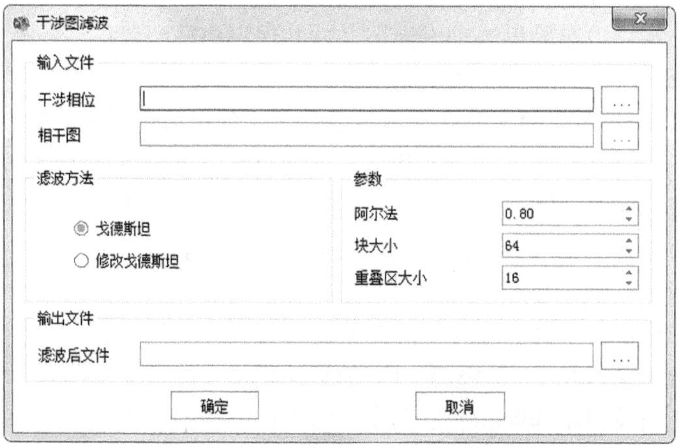

图 11-22　干涉图滤波对话框

（1）干涉相位：输入干涉图文件。

（2）相干图：输入与干涉图文件对应的相干图文件。

（3）滤波方法：设置干涉图滤波的方法，提供戈德斯坦（Goldstein）和修改戈德斯坦两种滤波方法。

（4）阿尔法：设置阿尔法的值，代表的是滤波参数。

（5）块大小：设置滤波窗口的大小。

（6）重叠区大小：设置相位块重叠区的大小。

（7）滤波后文件：设置输出的滤波文件的保存路径和名称。

7. 相位解缠

从干涉图中提取的相位差值实际上只是主值，其取值范围为[-π，π]，为了得到真实的相位差，必须在这个范围的基础上加上或者减去 2π 值的整数倍，这个过程称为相位解缠。点击【相位解缠】下拉列表，点击【最小统计费用流】，打开对话框，如图 11-23 所示。

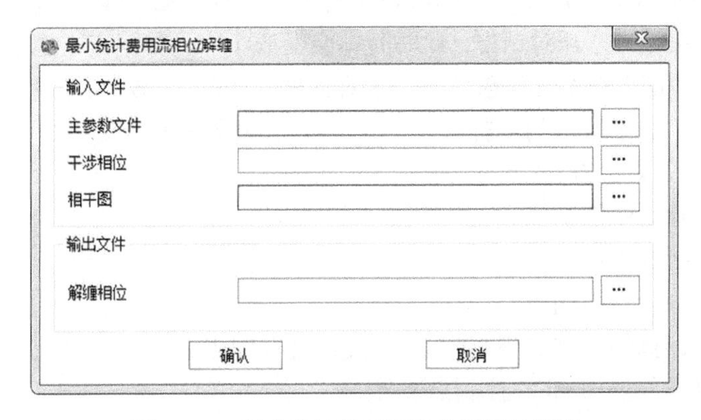

图 11-23　最小统计费用流相位解缠对话框

（1）主参数文件：输入主影像参数文件。

（2）干涉相位：输入与主影像对应的干涉图文件。

（3）相干图：输入与主影像对应的相干图文件。

（4）解缠相位：设置输出的解缠相位文件的保存路径和名称。

8. 基线精化

1）雷达坐标 DEM

雷达坐标 DEM 主要用于根据查找表文件，生成雷达坐标系下的 DEM，用于精化基线。利用雷达影像数据和对应范围内的地理坐标 DEM 数据，基于查找表文件中雷达像元坐标和地理坐标的对照关系，对地理坐标的 DEM 数据通过计算转换和重采样等运算获取雷达坐标下的 DEM 数据。点击【基线精化】下拉列表，选择【雷达坐标 DEM】对话框，如图 11-24 所示。

（1）雷达数据：输入雷达数据文件。

（2）查找表：输入与雷达数据文件对应的查找表文件。

（3）地图坐标 DEM：输入待转到雷达坐标系下的地图坐标 DEM 文件。

（4）雷达坐标 DEM：设置输出的雷达坐标 DEM 文件的保存路径和名称。

雷达坐标DEM
输入文件
雷达数据
查找表
地图坐标DEM
输出文件
雷达坐标DEM
确定　取消

图 11-24　雷达坐标 DEM 对话框

2）选择 GCP

选择 GCP 功能主要用于在雷达坐标 DEM 文件中交互式选择控制点，并保存为 GCP 文件进行输出。选择的 GCP 是后面进行基线精化的重要基础数据。点击【基线精化】下拉列表，选择【选择 GCP】按钮，打开对话框，此时光标会变成十字，左键点击地形起伏不大的地区，每次点击鼠标左键，都会在【交互选择 GCP】对话框的 TableView 控件中添加点击点的列号、行号、高程值。在整个区域均匀选择大于 12 个点。参数设置如下。

（1）添加：点击添加控制点。

（2）删除：删除选中控制点。

（3）更新：更新选中控制点。

（4）清除：清除所有控制点。

（5）导出：将选择的控制点保存为 GCP 文件进行输出。

（6）导入：可导入外部 GCP 控制点文件。

3）GCP 解缠相位

GCP 解缠相位的功能主要是输入解缠相位文件、GCP 文件，获取 GCP 文件中每个点的解缠相位值，作为基线精估计的重要输入。点击【基线精化】下拉列表，选择【GCP 解缠相位】按钮，打开对话框，如图 11-25 所示。

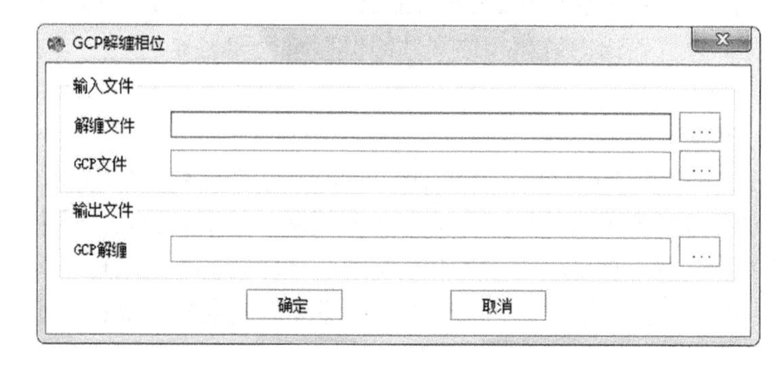

图 11-25　GCP 解缠相位对话框

（1）解缠文件：输入解缠相位文件。

（2）GCP 文件：输入 GCP 文件。

（3）GCP 解缠：设置输出的 GCP 解缠相位文件的保存路径和名称。

4）基线精估计

基线精估计功能主要是利用控制点文件，采用最小二乘法精化基线向量。根据误差传播理论，微小的基线估计误差可能会导致 InSAR 在定位时产生上千倍的误差，而如果没有控制点的辅助，现有的轨道数据无法满足精密基线估计的要求。基线精估计利用控制点和粗基线生成的干涉条纹图来进一步精化基线。点击【基线精化】下拉列表，选择【基线精估计】按钮，打开对话框，如图 11-26 所示。

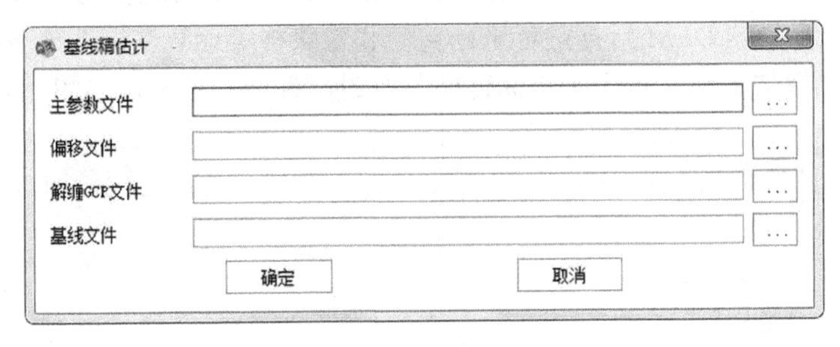

图 11-26　基线精估计对话框

（1）主参数文件：输入主影像的参数文件。

（2）偏移文件：输入精配准后的偏移文件。

（3）解缠 GCP 文件：输入 GCP 解缠相位文件。

（4）基线文件：设置输出的基线精估计文件的保存路径和名称。

9. 相位转高程

相位转高程的功能主要是根据雷达成像几何关系，将解缠相位转为高程值。在估算出基线、得到解缠相位并拟合出轨道参数后，理论上已经可以重建 DEM 了。在已知精确星历参数的前提下，可直接求解卫星高、侧视角、基线等参数，然后求解高程。在轨道参数不精确的情况下，一般利用地面控制点求解参数。点击【相位转高程】按钮，打开对话框，如图 11-27 所示。

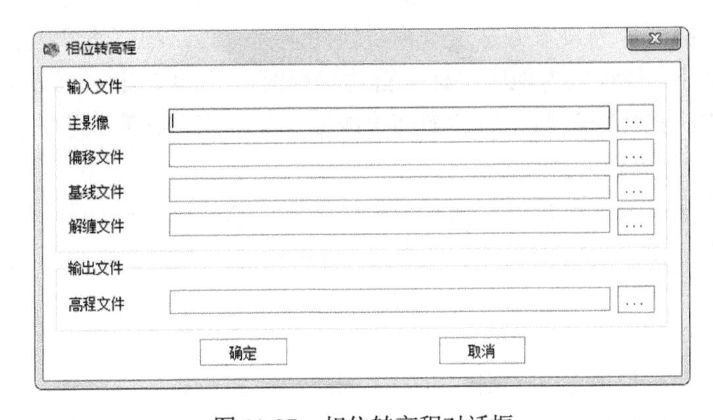

图 11-27　相位转高程对话框

（1）主影像：输入主影像文件。

（2）偏移文件：输入精配准后的偏移文件。

（3）基线文件：输入经基线精估计处理后的基线文件。

（4）解缠文件：输入解缠相位文件。

（5）高程文件：设置输出的雷达坐标系 DEM 文件的保存路径和名称。

11.3.2　DInSAR 模块

1. 坐标转换

坐标转换功能主要是根据查找表，将 DEM 由雷达坐标系转到地图坐标系。利用雷达影像数据和生成的雷达坐标系的 DEM 数据，基于查找表文件中雷达像元坐标和地理坐标的对应关系，对雷达坐标系的 DEM 数据进行坐标转换和重采样等运算获取地理坐标系的 DEM 数据。在【DInSAR 模块】组，点击【坐标转换】按钮，打开对话框，如图 11-28 所示。

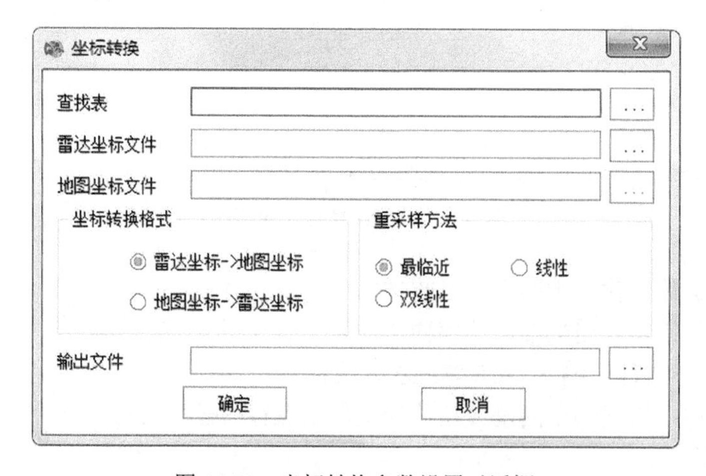

图 11-28　坐标转换参数设置对话框

（1）查找表：输入查找表文件。

（2）雷达坐标文件：输入雷达坐标系文件。

（3）地图坐标文件：输入地图坐标系文件，当地图坐标转雷达坐标时需要设置。

（4）坐标转换格式：设置坐标转换格式。软件提供了雷达坐标→地图坐标和地图坐标→雷达坐标两种转换格式；当设置为雷达坐标→地图坐标时，是根据查找表将雷达幅度图像重采样到地图坐标系下；当设置为地图坐标→雷达坐标时，用于将 Simulated Amp Image 由地图平面坐标系转到雷达坐标系，用于后续配准生成偏移文件来精化查找表，此处需要输入原始的 SAR 幅度影像，用于获得行列号。

（5）重采样方法：设置重采样方法，提供最邻近、双线性、线性三种采样方法。

（6）输出文件：设置输出的地图平面坐标系 DEM 文件的保存路径和文件名。

2. 幅度配准

幅度配准功能主要是将多视幅度图与模拟幅度图配准，生成偏移文件，用于精化查找表。

在多视幅度图上均匀地选择一定数量的控制点。控制点越多越精确，但是计算量加大，效率不高，所以应根据影像的具体大小来确定控制点的个数。在模拟幅度图上找到对应的控制点。由于控制点是随机均匀选择的，可能落在水体等信噪比较低的位置，使求得的偏移量不精确，应予以去除。在已知各个有效控制点的偏移量后，采用奇异值分解的方法，拟合距离向、方位向上的偏移多项式。根据偏移多项式求出每个控制点的偏移量。采用回归分析方法，用拟合多项式求出的偏移量与用相关函数求出的偏移量求差，若差值大于一个像元，则说明该控制点的偏移量不合格，也应去除。然后再利用奇异值分解的方法重新拟合多项式，反复迭代，直到每个控制点都满足要求。点击【幅度配准】按钮，打开对话框，如图 11-29 所示。

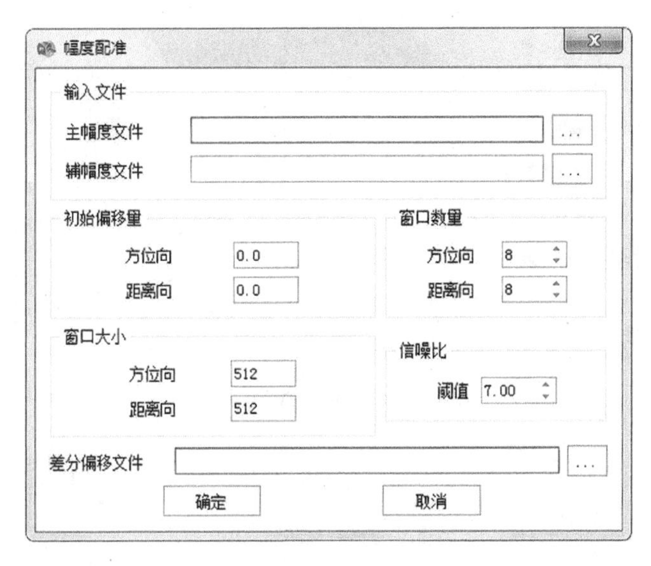

图 11-29　幅度配准对话框

（1）主幅度文件：输入主影像幅度文件。

（2）辅幅度文件：输入辅影像幅度文件。

（3）初始偏移量：设置方位向和距离向的初始偏移量。

（4）窗口数量：设置方位向和距离向的窗口个数。

（5）窗口大小：设置方位向和距离向的窗口大小。

（6）信噪比：设置信噪比阈值。

（7）差分偏移文件：设置输出的差分偏移文件的保存路径和文件名。

3. 精化查找表

利用精化后的查找表重新生成雷达坐标系下的模拟幅度图，用于验证是否配准好，若配准没问题，需要将 segment_utm_dem.img 转到雷达坐标系下，用于模拟地形相位。查找表文件反映了雷达坐标系下像元对应的地理坐标，是雷达坐标与地理坐标进行转换的重要依据。依据幅度配准功能形成的差分偏移文件，对雷达坐标系下的像元对应的地理坐标位置进行修正，实现对查找表的精化。点击【精化查找表】按钮，打开对话框，如图 11-30 所示。

（1）查找表：输入查找表文件。

（2）差分偏移文件：输入经幅度配准处理得到的差分偏移文件。

（3）精化查找表：设置输出的精化后的查找表文件的保存路径和文件名。

4. 相位模拟

相位模拟功能主要用于模拟相位，包括干涉相位和地形相位。从包含形变信息的干涉相位中获取地表形变量，需要从干涉相位中去除平地相位和地形相位的影响。平地相位一般可利用轨道数据、干涉几何和成像参数通过多项式拟合得以去除，对于地形相位，需要利用已有的 DEM 或多余的 SAR 观测数据，通过二次差分处理消除。相位模拟功能即利用监测区的已有 DEM 数据，根据主、辅影像的偏移信息和基线信息生成地形的模拟干涉相位，从真实干涉图中减去模拟地形相位，进而获得监测区的地表形变信息。点击【相位模拟】按钮，打开对话框，如图 11-31 所示。

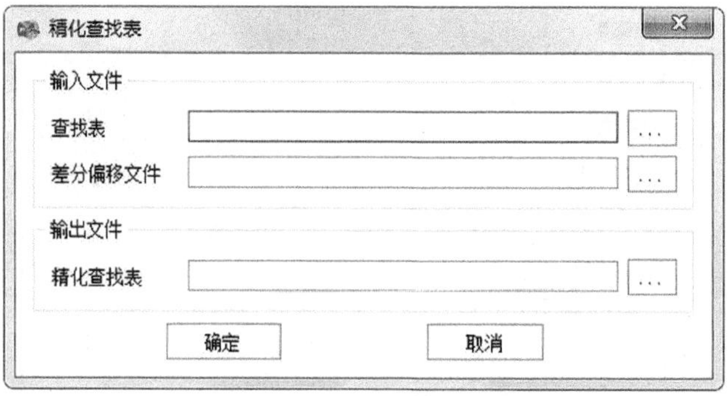

图 11-30　精化查找表对话框

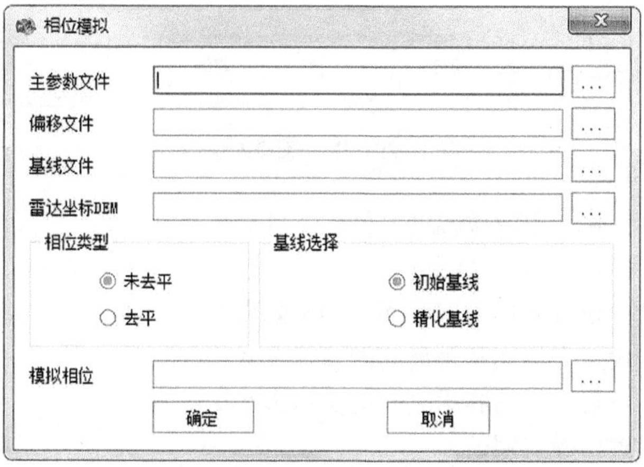

图 11-31　相位模拟对话框

（1）主参数文件：输入主影像的参数文件。

（2）偏移文件：输入精配准后的偏移文件。

（3）基线文件：输入基线文件。

（4）雷达坐标 DEM：输入雷达坐标系 DEM 文件。

（5）相位类型：设置相位类型。当勾选【去平】选项，获取的是地形相位；当勾选【未去平】选项时，获取的是平地相位和地形相位。

（6）基线选择：设置输入的基线——初始基线或精化基线。

（7）模拟相位：设置输出的模拟相位文件的保存路径和文件名。

5. 相位加减

相位加减功能主要是对获取的地形相位做差运算，得到差分干涉相位。点击【相位加减】按钮，打开对话框，如图 11-32 所示。

（1）干涉图：输入干涉图文件。

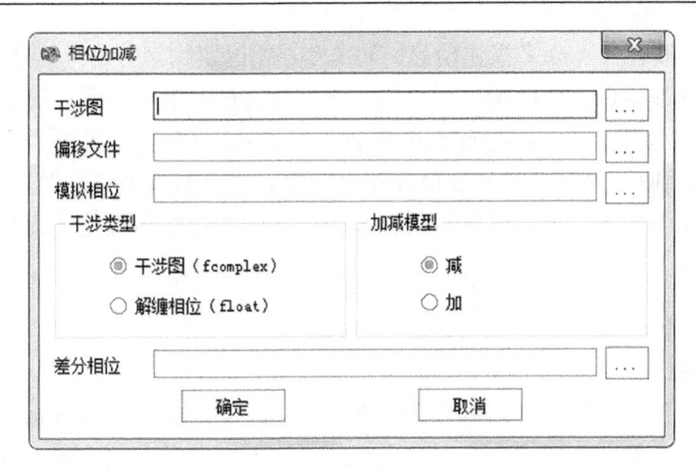

图 11-32　相位加减对话框

（2）偏移文件：输入幅度配准后的差分偏移文件。

（3）模拟相位：输入模拟的未去平的相位文件。

（4）干涉类型：设置干涉类型，当输入为经过干涉图计算得到的干涉图文件时勾选【干涉图（fcomplex）】选项；当输入为经过相位解缠得到的干涉图文件时，勾选【解缠相位（float）】选项。

（5）加减模型：设置相位运算的模型，勾选减选项，进行减运算；勾选加选项，进行加运算。

（6）差分相位：设置输出的差分相位文件的保存路径和文件名。

技巧　影像中水体所占比例较大时，易出现失相干现象，相位解缠需要使用自适应滤波生成的掩膜文件进行掩膜处理。干涉处理过程中，多视视数要前后一致。

11.4　极化 SAR

11.4.1　基本原理

与普通 SAR 相比，极化合成孔径雷达可提供的地物目标信息量大大增加。早期的 SAR 工作在单一的极化模式之下，具有特定的发射极化通道和特定的接收极化通道，获取目标散射在这种特定的组合之下的幅度信息。其观测值是复数据或者接收功率，这种数据缺乏对于地面目标幅度信息以外的极化特性和相位特性的描述，不能完全获得地物目标对系统所发射电磁波的散射过程的重要信息。为了获得丰富全面的目标散射过程的信息，需要获取其他极化通道下的 SAR 影像，随着电磁波频率的变化，以及目标的结构、形状、尺寸、取向等因素的变化，不同极化通道所发射的电磁波存在差异，导致目标在不同的极化通道下呈现出的散射特性也是变换的。通过矢量测量的方法来获取不同极化状态下的雷达后向散射信息，获得地物目标的幅度、相位、极化等多种信息，全面表征地物目标的电磁极化散射特性。

雷达波束具有偏振性（又称极化）。雷达（电磁波）与目标相互作用时，会使雷达的偏振产生不同方向的旋转，产生水平、垂直两个分量。若雷达波的偏振（电场矢量）方向与地面平行，或垂直于入射面称为水平极化，用 H 表示；若雷达波的偏振方向与地面垂直，或平行于入射面称为垂直极化，用 V 表示。雷达遥感系统可以用不同的极化天线发射和接收电磁波。经过极化的回波包含了众多极化信息，如幅度、相位和频率等信息。根据这些极化信息，可以得到目标自身的特性，如结构、大小等。极化 SAR 的电磁波都经过了极化处理，根据不同极化方式的组合，可以得到电磁波的四种收发形式：HH（水平发射、水平接收）、HV（水平发射、垂直接收）、VV（垂直发射、垂直接收）和 VH（垂直发射、水平接收）。利用不同极化方式影像的差异，可以更好地观测和确定目标的特性和结构，提高影像的识别能力和精度。

11.4.2 极化合成

1. 极化基变换

通过极化基变换，可以将一组极化基下的目标响应变换到任意其他基下的极化响应，使得在原极化域里不易处理的问题，在变换后的新极化域里变得易于处理。极化基变换模块支持将线极化基（H 极化、V 极化）下的极化响应变换到正交线极化基（45°线极化、–45°线极化）、圆极化基（左旋圆极化、右旋圆极化）及任意椭圆极化基下的极化响应。通过极化合成技术获得任意极化状态下的接收功率。在【极化 SAR】标签下的【极化合成】组，点击【极化基变换】按钮，打开对话框，如图 11-33 所示。

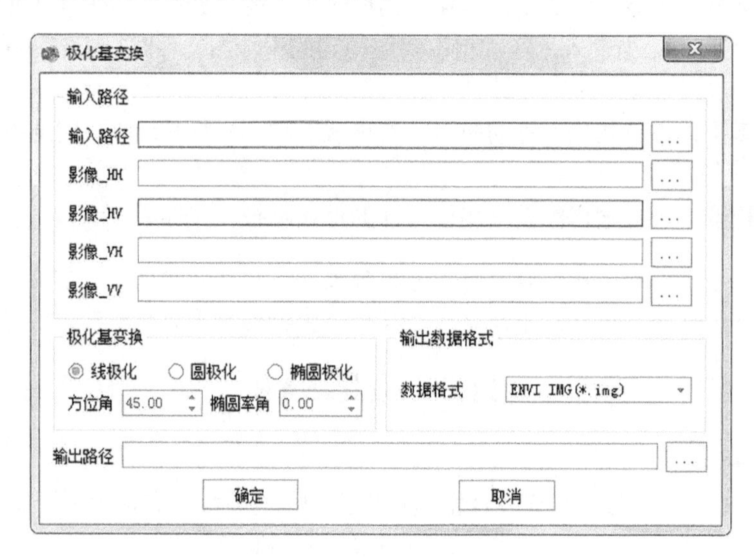

图 11-33　极化基变换对话框

（1）输入待处理的 SAR 数据的元数据。

（2）数据极化类型选项：包括 HH、HV、VH、VV 四类极化选项；其中 HH 和 VV 为单极化数据类型，HV 和 VH 为双极化数据类型，全极化数据则包括以上四种极化形式。当导入元数据文件后，系统会自动读取导入相应的极化数据，用户也可根据需要处理的极化数据类型进行勾选。

（3）极化基变换方式：可选择线极化、圆极化、椭圆极化三种极化方式；极化基变换模块支持将线极化基（H 极化、V 极化）下的极化响应变换到正交线极化基（45°线极化、–45°线极化）、圆极化基（左旋圆极化、右旋圆极化）及任意椭圆极化基下的极化响应。通过极化合成技术获得任意极化状态下的接收功率。

（4）方位角和椭圆率角：当选择的极化基变换方式为线极化或者圆极化时，方位角和椭圆率角无须设置；当选择的是椭圆极化时，可设置方位角和椭圆率角。

（5）输出数据类型：目前软件支持输出 ENVI IMG、ERDAS IMG、GeoTIFF 格式。

（6）输出目录：设置输出结果的保存路径及文件名。

2. 点目标极化响应

点目标极化响应是利用已知目标的极化散射特性，通过选取收发天线极化状态相同或正交，分别得到描述目标散射特性的共极化特征图和交叉极化特征图。目标的接收功率是入射波极化状态的函数，即入射的极化椭圆率角和极化方位角的函数。当发射和接收天线的极化状态一致时，极化响应称为同极化响应，当它们的极化状态正交时的极化响应称为交叉极化响应，可分为导电球、二面角反射器、三面角反射器、螺旋体和短细棒等几种简单的极化响应。此功能只是个中间分析工具，不影响后续其他处理。全极化数据导入后的输出文件可作为此功能的输入；此功能的输出文件暂时无法显示，也不作为后续功能的输入。在【极化合成】组，点击【点目标极化响应】按钮，打开对话框，参数设置如下。

（1）输入路径：输入待处理的 SAR 数据。

（2）点目标位置：设置点目标所在的行列号，并点击【选取】按钮。

（3）点击【选取】按钮，选择打开影像中的目标像元，像元的行列号会加载到列号和行号中。

（4）输出数据格式：目前软件支持输出 ENVI IMG、ERDAS IMG、GeoTIFF 格式。

（5）输出路径：设置输出结果的保存路径及文件名。

11.4.3　极化矩阵转换

1. 极化散射矩阵 *S*

单极化 SAR 所测量的仅仅是某一种收发极化组合下的地物散射回波信息，而全极化 SAR 是对 4 种收发组合都进行测量，从而得到 4 个通道的 SAR 数据。将这 4 个通道的数据按照一定的规则进行组合，即可得到极化散射矩阵 *S*。

2. 相干矩阵和协方差矩阵

在现实中，雷达观测目标并非为确定性目标，而是随着时间和空间的变化而发生动态变化的分布式目标，且极化散射矩阵 *S* 只能描述相干或纯散射体，因此对于分布式散射体，为减少斑点噪声影响，通常采用二阶描述子进行描述，将极化散射矩阵 *S* 转换为极化协方差矩阵 C3/C4 或极化相干矩阵 T3/T4。 在【极化矩阵转换】组，点击【极化矩阵转换】按钮，打开对话框，如图 11-34 所示。

（1）输入路径：输入待处理的 SAR 数据的元数据。

（2）数据极化类型选项：包括 HH、HV、VH、VV 四类极化选项；当导入多极化 SAR 数据文件后，系统会自动读取导入相应的极化数据，用户也可根据需要处理的极化数据类型进行勾选。

（3）转换格式：当输入 HH/HV 或 VH/VV 的双极化数据时，可转换的格式为 C2；当输入 HH、HV、VH 和 VV 的全极化数据时，即极化类型为 HH/HV 或 VH/VV 时，可转换的格式包括 C3、T3、C4 和 T4；如果勾选了【互易性】选项，则只能在 C3 与 T3 之间选择；如果不勾选【互易性】选项，则只能在 C4 与 T4 之间选择。

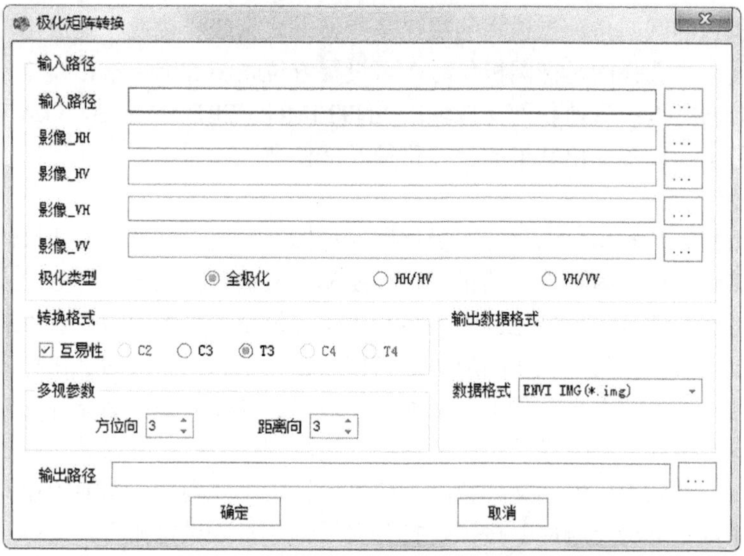

图 11-34　极化矩阵转换对话框

（4）输出数据类型：目前软件支持输出 ENVI IMG、ERDAS IMG、GeoTIFF 格式。

（5）多视参数：可设置输出数据的方位向和距离向视数；完成极化矩阵转换后，会根据方位向和距离向的视数进行多视处理，减少噪声，但同时影像空间分辨率会降低。

（6）输出路径：设置输出结果的保存路径，软件会在所选路径下根据所选转换格式自动建立相应的文件夹。

11.4.4　极化滤波

极化 SAR 相干斑的存在严重降低了影像质量，进而影响后续信息提取与地物解译精度。极化信息不仅包括各通道的功率信息，还包括其通道间的相对相位信息。对于全极化 SAR 数据，相干斑滤波不仅需要分别考虑 4 个通道（HH、HV、VH、VV）的滤波，还要考虑 4 个通道之间的相关性。极化 SAR 滤波方法主要包括精致极化 LEE 滤波、极化 Box 滤波、极化高斯滤波、极化白化滤波等。

1. 精致极化 LEE 滤波

精致极化 LEE 滤波是一种利用基于方向性非方形窗口和最小均方误差的滤波器，避免了各个通道之间的串扰，同时保持了均匀区域的极化信息。在【极化滤波】组，点击【精致极化 LEE 滤波】按钮，打开对话框，如图 11-35 所示。

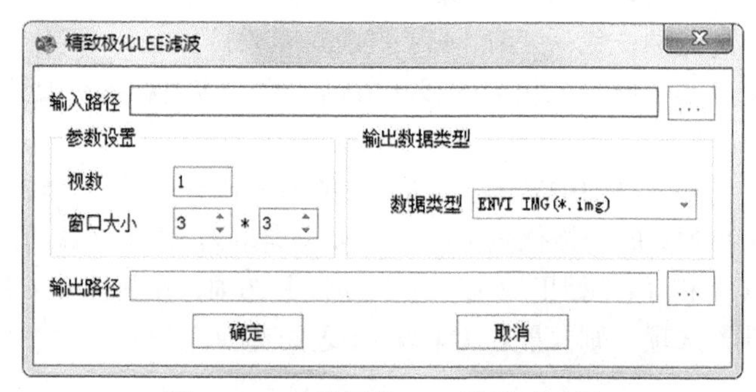

图 11-35　精致极化 LEE 滤波对话框

（1）输入路径：输入待处理的 SAR 数据。

（2）视数：视数（ENL）表现了原始图像的噪声水平，通常设置为 1，越大表示噪声水平越高，图像滤波效果越明显；反之越小，滤波效果越不明显。

（3）窗口大小：设置滤波窗口大小；窗口越大，滤波效果越明显，但同时也会损失部分细节；反之，窗口越小，滤波效果越不明显。

（4）输出数据类型：目前软件支持输出 ENVI IMG、ERDAS IMG、GeoTIFF 格式。

（5）输出路径：设置输出结果的保存路径及文件名。

2. 极化 Box 滤波

极化 Box 滤波是一种在滑动窗口内取平均像素值的滤波方法，滤波后，对角线元素的噪声得到了一定程度的抑制，地物边缘变得模糊，随着滤波窗口的扩大，噪声在得到更强抑制的同时，边缘变得更加模糊。点击【Box 滤波】按钮，打开对话框，参数设置如下。

（1）输入路径：输入待处理的 SAR 数据。

（2）窗口大小：设置滤波窗口大小，窗口越大，滤波效果越明显，但同时也会损失部分细节；反之，窗口越小，滤波效果越不明显。

（3）输出数据类型：目前软件支持输出 ENVI IMG、ERDAS IMG、GeoTIFF 格式。

（4）输出路径：设置输出结果的保存路径及文件名。

3. 极化高斯滤波

极化高斯滤波是一种线性平滑滤波，适用于消除高斯噪声，广泛应用于影像处理的降噪过程。通俗地讲，极化高斯滤波就是对整幅影像进行加权平均的过程，每一个像素点的值，都由其本身和邻域内的其他像素值经过加权平均后得到。极化高斯滤波的具体操作是：用一个模板（或称卷积、掩膜）扫描影像中的每一个像素，用模板确定的邻域内像素的加权平均灰度值去替代模板中心像素点的值。

极化高斯滤波器的原理是取滤波器窗口内的像素的均值作为输出。其窗口模板的系数和均值滤波器不同，均值滤波器的模板系数都为 1，而极化高斯滤波器的模板系数，则随着距离模板中心的增大而减小。所以，极化高斯滤波器相比于均值滤波器对影像模糊程度较小。点击【高斯滤波】按钮，打开对话框，参数设置如下。

（1）输入路径：输入待处理的 SAR 数据。

（2）窗口大小：设置滤波窗口大小，窗口越大，滤波效果越明显，但同时也会损失部分细节；反之，窗口越小，滤波效果越不明显。

（3）输出数据类型：目前软件支持输出 ENVI IMG、ERDAS IMG、GeoTIFF 格式。

（4）输出路径：设置输出结果的保存路径及文件名。

4. 极化白化滤波

极化白化滤波相干斑抑制效果明显，且影像无模糊，但其降噪程度可能不满足地物分类要求，且未对整个协方差矩阵滤波。点击【白化滤波】按钮，打开对话框，参数设置如下。

（1）输入路径：输入待处理的 SAR 数据。

（2）窗口大小：设置滤波窗口大小，窗口越大，滤波效果越明显，但同时也会损失部分细节；反之，窗口越小，滤波效果越不明显。

（3）输出数据类型：目前软件支持输出 ENVI IMG、ERDAS IMG、GeoTIFF 格式。

（4）输出文件：设置输出结果的保存路径及文件名。

5. 均值漂移滤波

均值漂移滤波（mean shift filter）功能实现对极化相干矩阵、极化协方差矩阵的噪声抑制处理。均值漂移滤波使用移动的而非固定的滤波窗口来选择同质像素，并且在滤波过程中同时考虑空间和光谱信息。在估计中心像素值时，采用加权平均的方式，从而可以在抑制噪声和细节保持两方面同时得到较好的结果。点击【均值漂移滤波】按钮，打开参数设置对话框，如图 11-36 所示。

图 11-36　均值漂移滤波对话框

（1）输入路径：输入待处理的 SAR 数据。

（2）文件类型：选择输入数据的类型，选择 T3 或者 C3。

（3）视数：估计窗口内中心像元的位置。

（4）目标窗口大小：设置计算窗口内的最小均方根误差，窗口越大，滤波效果越明显；反之，滤波效果不明显。

（5）收敛阈值：设置迭代停止条件。当设置过大时，收敛条件容易满足，因此可能达不到最大迭代次数便停止了，在极端的情况下，可能算法仅迭代一次就满足了收敛条件，此时，算法便失去了“漂移”的优势，其滤波结果可能比传统滤波算法还差。对此，在设置时应令其值够小，而其具体值则应根据实际数据的整体大小而定。较小的阈值也会造成运算速度大幅下降。

（6）滤波窗口大小：设置滤波窗口大小，窗口越大，滤波效果越明显，但同时也会损失部分细节；反之，窗口越小，滤波效果越不明显。

（7）形状参数：设置高斯权重矩阵的形状控制参数；较大的参数会提高中心像元的权重，在一定范围内，滤波效果会随着形状参数的增大变得越来越粗糙。

（8）Sigma：估计中心像元位置。

（9）空间核函数选择：有均匀（Uniform）核函数、高斯（Gaussian）核函数、Epanechnikov 核函数（简称 Epan 核函数）三种可选项，是影像空间信息的利用方法。

（10）值域核函数选择：有均匀（Uniform）核函数、高斯（Gaussian）核函数、Epanechnikov 核函数（简称 Epan 核函数）三种可选项，是影像值域信息的利用方法。三种核函数滤波效果差别并不大，仅在细节上略有不同：Uniform 核函数噪声抑制效果最好，Epan 核函数噪声抑制效果最差。从三种核函数的定义可以看出，这是由于均匀核函数将所有邻域像素的权重都设为 1，从而可以达到最大的噪声抑制效果，但是另一方面，这也会令较亮及较暗的点、线等细节目标被其背景像素所模糊。Gaussian 核函数则通过设置变化的权重，一定程度上减弱了这种现象。其中，Gaussian 核函数在噪声抑制、点目标保持等方面综合表现最好，并且从其定义上可看出，Gaussian 核函数的截断参数和形状参数是独立的，从而有更大的灵活性。

（11）中心像素估计方法：集成了五种方法，可选择原像素、均值、最小均方误差、均值+均值漂移和最小均方误差+均值漂移。

（12）空间域、值域：值越大，滤波效果越不明显，反之滤波效果越明显。

（13）输出数据格式：目前软件支持输出 ENVI IMG、ERDAS IMG、GeoTIFF 格式。

11.4.5　极化分解

极化分解的目的是基于切合实际的物理约束（如平均目标极化信息对极化基变换的不变性）解译目标的散射机制。Huynen 首次明确阐述了目标分解理论。自这一独创性工作开展以来，研究人员相继提出了多个分解方法，主要分为如下四类：

（1）基于 Kennaugh 矩阵 K 的二分量分解方法，包括 Huynen 分解、Holm & Barnes 分解、Yang 分解。

（2）基于散射模型分解协方差矩阵 C3 或相干矩阵 T3 的方法，包括 Freeman & Durden 分解、Yamaguchi 分解、Dong 分解。

（3）基于协方差矩阵 C3 或相干矩阵 T3 特征矢量或特征值分析的方法，包括 Cloude 分解、Holm 分解、vanZyl 分解、Cloude & Pottier 分解。

（4）基于散射矩阵 S 相干分解的方法，包括 Krogager 分解、Cameron 分解、Touzi 分解。

充分利用极化散射矩阵揭示散射体的散射机理，可有效分离不同散射机制主导的地物类型。极化分解是基于目标极化特性进行信息提取和目标分类的有效手段。目前支持的极化分解方法包括 Freeman 分解、Pauli 分解、H/A/Alpha 分解、Yamaguchi 分解、AnYang 分解、Huynen 分解、Krogager 分解及 Cameron 分解。

1. Freeman 分解

Freeman 分解是将极化协方差矩阵分解为三种主要的散射机理，即表面（单次）散射、体散射、二面角（偶次）散射。Freeman 分解是一种以物理实际为基础，将三分量散射机制模型用于极化 SAR 观测量的技术。它不需要使用任何地面测量数据。该方法分别对三种基本散射机理进行建模，分别是由随机取向偶极子组成的云状冠层散射、由一对不同介电常数的正交平面构成的偶次或二次散射和适度粗糙表面的布拉格（Bragg）散射。这个组合散射模型可以描述自然散射体的极化后向散射，能有效区分洪涝林地和非洪涝林地、林地和采伐迹地，并且可以估计森林地区的洪涝和变化对全极化雷达回波信号的影响。

Freeman 分解是一种基于三元散射模型的目标分解方法。在满足反射对称性这一假设前提下（即同极化与交叉极化回波是不相关的），Freeman 分别对三种重要的散射机理：体散射（V）、表面散射（S）、偶次散射（D）进行物理建模。对于体散射机理，其模型近似符合雷达回波来自短圆柱体组成的随机取向散射体云的情况；表面散射机理可采用经典的一阶 Bragg 散射模型；而偶次散射机理的模型可通过来自二面角反射器的散射来构建，其中反射器表面由两种不同电介质材料构成，如森林中地表与树干的相互作用。在【极化分解】组，点击【Freeman】按钮，打开参数设置对话框，如图 11-37 所示。

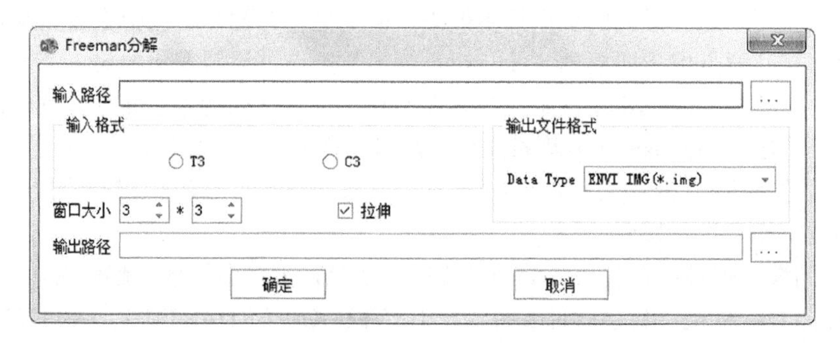

图 11-37 Freeman 分解对话框

（1）输入路径：输入待处理的 SAR 数据，须是矩阵转换后得到的 T3 或 C3 矩阵。

（2）输入格式：根据实际情况，当输入文件为 T3 矩阵时，输入格式选择 T3；当输入文件为 C3 矩阵时，输入格式选择 C3 格式。

（3）窗口大小：设置分解窗口大小，用于窗口内滤波处理，抑制噪声影响。

（4）拉伸：可选择性勾选【拉伸】选项，从而决定是否对输出图像进行拉伸处理。

（5）输出文件格式：目前软件支持输出 ENVI IMG、ERDAS IMG、GeoTIFF 格式。

2. Pauli 分解

Pauli 分解将散射矩阵 S 分解为各 Pauli 基矩阵的复数形式的加权和，每个 Pauli 基矩阵对应着一种基本的散射机制，具有保持总功率不变的性质。点击【Pauli】按钮，打开参数设置对话框，参数设置如下。

（1）输入路径：输入待处理的 SAR 数据。

（2）输入格式：根据输入文件的实际情况选择 T3 或者 C3 格式。

（3）窗口大小：设置分解窗口大小，用于窗口内滤波处理，抑制噪声影响。

（4）拉伸：可选择性勾选【拉伸】选项，从而决定是否对输出图像进行拉伸处理。

（5）输出文件格式：目前软件支持输出 ENVI IMG、ERDAS IMG、GeoTIFF 格式。

（6）输出路径：设置输出的 Pauli 极化分解结果的保存路径及文件名。Pauli 极化分解结果为反应奇次散射和偶次散射的文件。

3. H/A/Alpha 分解

H/A/Alpha 分解即 Cloude-Pottier 分解，是 Cloude 和 Pottier 基于特征值-特征矢量分析的方法，进一步提出的极化熵 H、散射角 Alpha 和极化反熵（各向异性）A 等参数用于描述地物的散射机制。该方法基于极化相干矩阵的特征值和特征向量，将极化相干矩阵使用特征值分解方法分解成三种成分的加权和，分别是散射熵 H、平均散射角 $\bar{\alpha}$ 和反熵 A，它们对于不同的特征值和其对应的特征矩阵表示着相应的物理意义。散射熵 H 描述了散射过程的随机性，当 H=0 时，表示散射过程对应的是完全极化状态，表现为各向同性；随着熵 H 的增大，目标的极化状态的随机性逐步增强；当 H=l 时，说明散射过程完全为随机散射，表现为各向异性，则无法获得目标的任何极化信息。所以，$0<H<1$ 说明散射由完全极化到完全随机散射的随机性。平均散射角 $\bar{\alpha}$ 是雷达波散射经过地物散射作用 0°～90°变化的参量，反映了地物目标散射的物理机制。当 $\bar{\alpha}$=0°时，对应的是几何光学的表面散射；当 $0°<\bar{\alpha}<45°$时，表现为布拉格表面散射模型；当 $\bar{\alpha}$=45°时，目标的散射机制表现为偶极子或体散射；在 $\bar{\alpha}$=90°的极端条件下，最具代表性的散射机理是二面角散射。上述散射熵 H 和平均散射角 $\bar{\alpha}$ 是应用于地物目标极化散射特征的两个重要参量。第三个特征量反熵 A，反映了特征分解中特征值 λ_2，λ_3 的相对大小，是散射熵 H 的补充参数。散射熵在很高或很低的情况下，反熵 A 提供不出有效的附加信息。实际应用中，一般在散射熵 $H>0.7$ 的情况下，其不能提供有关 λ_2，λ_3 的信息，反熵 A 才能进一步应用于散射机制识别。

在“极化分解”组，点击【H/A/Alpha】按钮，打开参数设置对话框，参数设置如下。

（1）输入路径：输入待处理的 SAR 数据。

（2）输入格式：可选择 T3 或者 C3 格式。

（3）窗口大小：设置分解窗口大小，用于窗口内滤波处理，抑制噪声影响。

（4）拉伸：可选择性勾选【拉伸】选项，从而决定是否对输出图像进行拉伸处理。

（5）输出文件格式：目前软件支持输出 ENVI IMG、ERDAS IMG、GeoTIFF 格式。

（6）输出路径：设置输出的 H/A/Alpha 极化分解结果的保存路径及文件名。H/A/Alpha 极化分解结果保存在同一个多波段文件中，波段 1 存储 Entropy 分量，波段 2 存储 Anisotropy 分量，波段 3 存储 Alpha 分量，波段 4 存储平均特征值分量。

4. Yamaguchi 分解

当一景影像中存在不满足反射对称性条件时，Freeman 分解并不能完全进行 SAR 观测数据的目标分解。因此，Yamaguchi 提出了用螺旋散射分量作为 Freeman 分解的第四个散射分量，该散射出现在非均匀区域，如城市建筑。经过以上过程可得到四分量目标分解后的四个分量，分别对应表面散射、偶次散射、体散射和螺旋体散射四种基本的地面散射单元，根据这四个分量，利用合理的分类器，可以在一定程度上完成地表分类。在【极化分解】组，点击【Yamaguchi】按钮，打开参数设置对话框，参数设置如下。

（1）输入路径：输入待处理的 SAR 数据。

（2）输入格式：可选择 T3 或者 C3 格式。

（3）选择算法：选择 Yamaguchi 分解算法，包括 Y40、Y4R、S4R 三种分解模式。

（4）窗口大小：设置分解窗口的大小，用于窗口内滤波处理，抑制噪声影响。

（5）拉伸：可选择性勾选【拉伸】选项，从而决定是否对输出图像进行拉伸处理。

（6）输出文件格式：目前软件支持输出 ENVI IMG、ERDAS IMG、GeoTIFF 格式。

（7）输出文件路径：设置输出的 Yamaguchi 极化分解结果的保存路径及文件名。Yamaguchi 极化分解结果保存在同一个多波段文件中，波段 1 存储偶次散射分量，波段 2 存储体散射分量，波段 3 存储单次散射分量，波段 4 存储螺旋分量。

5. AnYang 分解

在一些特殊情况下，主要是当参数 A_0 相对较小时，Huynen 分解无法从平均的 Kennaugh 矩阵或相干矩阵 T3 中提取出预期目标。针对这一问题，AnYang 分解在分解前对相干矩阵进行定向角补偿，并加入能量约束以改善体散射高估和负能量问题。在“极化分解”组，点击【AnYang】按钮，打开参数设置对话框，参数设置如下：

（1）输入路径：输入待处理的 SAR 数据。

（2）输入格式：可选择 T3 或者 C3 格式。

（3）窗口大小：设置分解窗口大小，用于窗口内滤波处理，抑制噪声影响。

（4）拉伸：可选择性勾选【拉伸】选项，从而决定是否对输出图像进行拉伸处理。

（5）输出文件格式：目前软件支持输出 ENVI IMG、ERDAS IMG、GeoTIFF 格式。

（6）输出路径：设置输出的 AnYang 极化分解结果的保存路径及文件名。AnYang 分解结果保存在同一个多波段文件中，波段 1 存储偶次散射分量，波段 2 存储体散射分量，波段 3 存储单次散射分量。

6. Huynen 分解

Huynen 分解是将目标的极化相干矩阵、极化协方差矩阵分解成为两部分，一部分可以用来表示确定性目标，另一部分可以用来表示分布式目标（噪声成分或者残余成分）。分解的目的是通过分析确定性目标来实现杂波环境中的目标识别。Huynen 从极化数据与目标结构之间的关系出发提出了著名的 Huynen 分解，其基本思想是从输入极化数据的平均 Kennaugh 矩阵中分离出一个单平均目标项（等效于一个单纯态目标）和一个称为 N 目标的余项（对应于分布散射体），分解得到的这两个目标是相互独立、能完全确定且物理可实现的。在【极化分解】组，点击【Huynen】按钮，打开参数设置对话框，参数设置如下。

（1）输入路径：输入待处理的 SAR 数据。

（2）输入格式：可选择 T3 或者 C3 格式。

（3）输出数据类型：目前软件支持输出 ENVI IMG、ERDAS IMG、GeoTIFF 格式。

（4）输出路径：设置输出的 Huynen 极化分解结果的保存路径及文件名。

7. Krogager 分解

Krogager 分解是把散射矩阵 S 分解为三个具有物理意义的相干分量之和，分别对应球（sphere）散射、旋转角为 θ 的二面角（diplane）散射和螺旋线（helix）散射，因此又被称为 SDH 分解。在【极化分解】组，点击【Krogager】按钮，打开参数设置对话框，参数设置如下。

（1）输入路径：输入待处理的 SAR 数据。

（2）输入格式：可选择 T3 或者 C3 格式。

（3）窗口大小：设置分解窗口大小，用于窗口内滤波处理，抑制噪声影响。

（4）拉伸：可选择性勾选【拉伸】选项，从而决定是否对输出图像进行拉伸处理。

（5）输出文件格式：目前软件支持输出 ENVI IMG、ERDAS IMG、GeoTIFF 格式。

（6）输出路径：设置输出的 Krogager 极化分解结果的保存路径及文件名。

8. Cameron 分解

Cameron 分解属于相干分解，它把一个任意的散射矩阵分解成两个正交的非互易的和互易的散射分量。互易的散射分量可以进一部分解成最大的和最小的对称散射分量，包括二面角、三面角、偶极子、圆柱体、窄双平面、左螺旋和右螺旋。在【极化分解】组，点击【Cameron】按钮，打开参数设置对话框，参数设置如下。

（1）输入路径：输入待处理的 SAR 数据（*S*2 矩阵形式，即数据导入之后的影像）。

（2）输出路径：设置输出的 Cameron 极化分解结果的保存路径及文件名。

11.4.6　RGB 通道合成

为克服极化 SAR 影像难以进行目视解译的问题，PIE-SAR 中提供了 Pauli 合成、Sinclair 合成等经典的全极化假彩色合成方法，并提供了用户自定义 R、G、B 合成的接口，支持极化散射矩阵、极化协方差矩阵及极化相干矩阵的输入，增强图像目视效果，为图像制图及目视解译提供优良的数据源。在【RGB 通道合成】组，点击【RGB 通道合成】按钮，打开参数设置对话框，如图 11-38 所示。

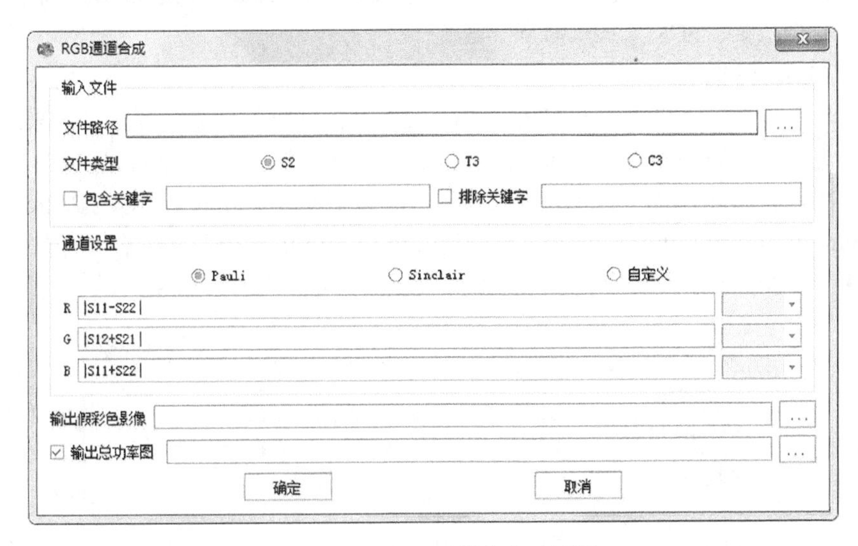

图 11-38　RGB 通道合成对话框

（1）文件路径：输入待处理的 SAR 数据。

（2）文件类型：输入数据的类型，S2、T3 或者 C3 类型。

（3）通道设置：可选择 Pauli 或者 Sinclair 通道，Pauli 和 Sinclair 是两种全极化 SAR 图像假彩色合成方法，具体合成公式会呈现在软件界面上，也可选择“自定义”，并设置相应的 R、G、B 三个通道分量参数。

（4）输出假彩色影像：设置输出 RGB 通道合成结果的保存路径及文件名。

（5）输出总功率图：设置输出总功率图的保存路径及文件名。

技巧　为了将不同的分解结果可视化，可利用波段叠加功能将其合成为伪彩色影像，一般而言，R 对应二次散射分量，G 对应体散射分量，B 对应表面散射分量，此时得到的伪彩色影像更符合视觉效果。

多特征分类，可根据需要，使用波段叠加功能将提取得到的不同特征组合为一个高维多波段影像，然后进行分类。

11.5　图 像 分 类

为从 SAR 图像提取地表覆盖类型等信息，需要对获得的 SAR 图像按照一定的分类系统进行类别属性的分离。PIE-SAR 中集成了传统的非监督、监督分类方法和针对 SAR 图像的 H/A/Alpha 和 Wishart 分类方法。图像分类包括非监督分类、监督分类、ROI 工具和分类后处理四部分。

11.5.1　非监督分类

非监督分类是不加入任何先验知识，利用遥感图像特征的相似性，即自然聚类的特性进行的分类。分类结果区分了存在的差异，但不能确定类别的属性。类别的属性需要通过目视判读或实地调查后确定。非监督分类包括 H/A/Alpha 分类、Wishart 分类、IsoData 分类、K-Means 分类、神经网络聚类、FCM、RFCM 等方法。

1. H/A/Alpha 分类

H/A/Alpha 非监督分类是基于 H/A/Alpha 极化目标分解得到的特征分量，采用临界阈值分割的方法进行类别属性的判定。H/Alpha 平面可分为 8 类。H/A/Alpha 分类法是在 H/Alpha 平面基础上加入各向异性 A，扩展为三维 H/A/Alpha 平面，可分为 16 类。H/Alpha/Lamda 则是在 H/Alpha 平面基础上加入 Lamda，可分为 24 类。在【图像分类】标签下的【非监督分类】组，点击【H/A/Alpha 分类】按钮，打开参数设置对话框，如图 11-39 所示。

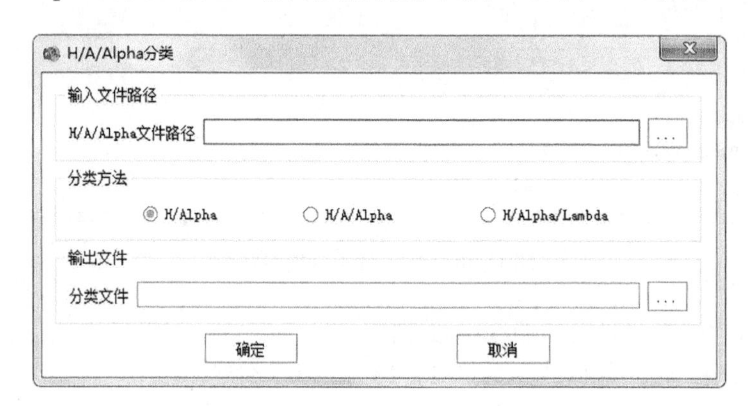

图 11-39　极化 H/A/Alpha 分类对话框

（1）H/A/Alpha 文件路径：输入待进行 H/A/Alpha 分类的数据文件，即 H/A/Alpha 分解后得到的文件。

（2）分类方法：选择分类方法，系统提供了 H/Alpha、H/A/Alpha、H/Alpha/Lambda 三种分类方法。H/Alpha 将原始影像分成 8 个类别，H/A/Alpha 将原始影像分成 16 个类别，H/Alpha/Lambda 将原始影像分成 24 个类别。

（3）分类文件：设置输出分类结果的保存路径和文件名。

2. Wishart 非监督分类

若采用用户自定义的样本数据，则发展为 Wishart 监督分类，采用 H/A/Alpha 分类算法将全极化数据自动分为 8、16 和 24 个类别，称为 Wishart 非监督分类。点击【Wishart 非监督分类】按钮，打开参数设置对话框，如图 11-40 所示。

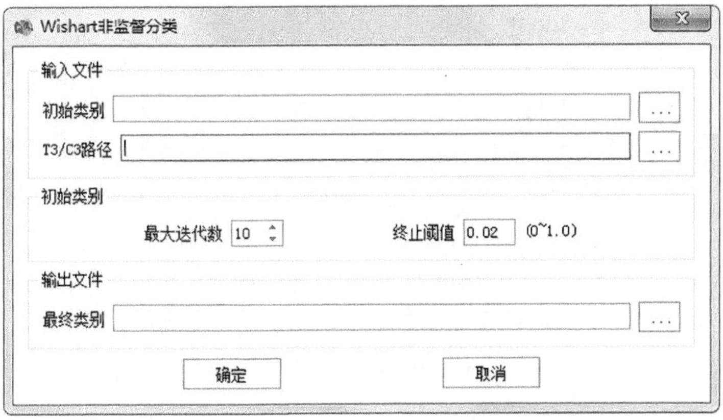

图 11-40　Wishart 非监督分类对话框

（1）初始类别：输入待进行 Wishart 非监督分类的初始类别文件。

（2）T3/C3 路径：输入与初始类别文件对应的 T3/C3 文件。

（3）最大迭代数：迭代运算的最大次数，越大，程序运行的越慢。

（4）终止阈值：终止运算的阈值，越小，程序运行的越慢。

（5）最终类别：设置输出分类结果的保存路径和文件名。

3. ISODATA 分类

参见 5.1.1 节。

4. K-Means 分类

参见 5.1.2 节。

5. BP 神经网络分类

参见 5.1.3 节。

6. 模糊 C 均值（FCM）

参见 10.4.1 节。

7. RFCM

参见 10.4.1 节。

11.5.2　监督分类

监督分类是根据已知训练场地提供的样本，通过选择特征参数、建立判别函数，然后把图像中各个像元划归到给定类中的分类处理。监督分类的基本过程是：首先根据已知的样本类别和类别的先验知识确定判别准则，计算判别函数，然后将未知类别的样本值代入判别函数，根据判别准则对该样本所属的类别进行判定。在这个过程中，利用已知的特征值求解判别函数的过程称为学习或训练。

1. Wishart 监督分类

Wishart 分类算法是一种针对 SAR 图像统计特征的分类算法。该算法基于 Wishart 概率分布模型，采用 E-M 最大期望算法实现类别的不断更新迭代。E-M 算法分为 E 步和 M 步，其中 E 步用于计算对数似然函数的期望，M 步用于选择使期望最大的参数。当 M 步选择参数后，再将选择的参数代入 E 步，计算期望，如此反复，直到收敛到最大似然意义上的最优解为止。点击【Wishart 监督分类】按钮，打开参数设置对话框，如图 11-41 所示。

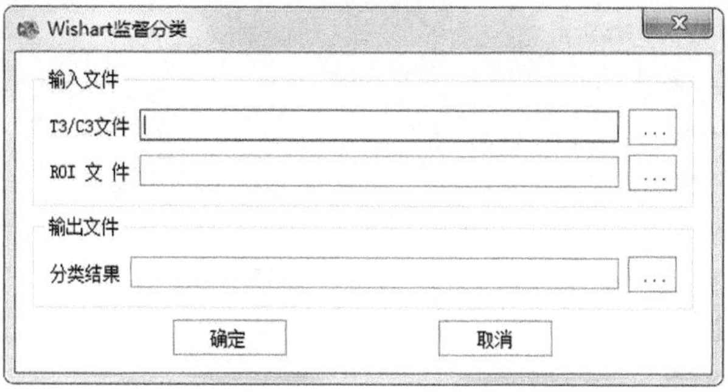

Wishart监督分类

输入文件

T3/C3文件 ...

ROI 文 件 ...

输出文件

分类结果 ...

确定　取消

图 11-41　Wishart 监督分类对话框

（1）T3/C3 文件：输入与待分类影像对应的 T3/C3 文件。

（2）ROI 文件：输入从待进行 Wishart 监督分类影像中选取的 ROI 文件。

（3）分类结果：设置输出分类结果的保存路径和文件名。

2. 距离分类

参见 5.2.2 节。

3. 最大似然分类

参见 5.2.3 节。

11.5.3　SAR 图像目标检测

1. 水体提取

陆地水域以镜面散射为主，后向散射能力很弱，而植被、城镇等非水体表面粗糙，对雷达波束具有较强的后向散射能力，因此采用一定的阈值分割方法，当图像的后向散射强度小于阈值时定义为水体，大于阈值时定义为非水体，从而实现水体信息的自动提取。选择【行业应用】标签下的【水利】组，选择【水体提取】，打开对话框，如图 11-42 所示。

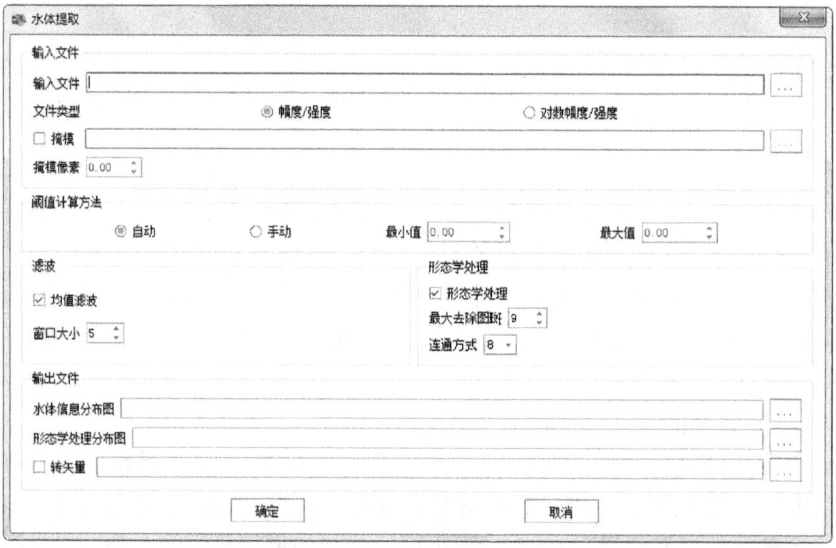

水体提取

输入文件

输入文件 ...

文件类型　◉ 幅度/强度　○ 对数幅度/强度

☐ 掩模 ...

掩模像素 0.00

阈值计算方法

◉ 自动　○ 手动　最小值 0.00　最大值 0.00

滤波

☑ 均值滤波

窗口大小 5

形态学处理

☑ 形态学处理

最大去除图斑 9

连通方式 8

输出文件

水体信息分布图 ...

形态学处理分布图 ...

☐ 转矢量 ...

确定　取消

图 11-42　水体提取对话框

（1）输入文件：输入待处理的 SAR 幅度图像。

（2）文件类型：选择输入数据的类型，包括幅度/强度和对数幅度/强度。

（3）掩模、掩模像素：输入一个掩模文件，去掉不感兴趣的像素。

（4）阈值计算方法：可采用自动计算阈值和手动输入阈值范围的方法。

（5）滤波：选择是否进行均值滤波。

（6）窗口大小：设置滤波窗口的大小，窗口越大，滤波效果越明显，但同时也会损失部分细节；反之，窗口越小，滤波效果越不明显。

（7）形态学处理：选择是否进行形态学处理。对水体提取的结果进行形态学处理，去除碎小的图斑。

（8）最大去除图斑：最大去除斑块表示当斑块个数小于该值时，会用周围像元替换，该值越大，斑块去除越明显。

（9）联通方式：代表的是邻域大小，包括 8 邻域和 4 邻域，8 邻域的滤波效果较好。

（10）输出文件：设置输出水体信息分布图文件的名称和路径，如勾选形态学处理和转矢量，则设置输出对应的名称和路径。

2. 海岸线提取

海岸线是海陆图上最重要的地形要素之一，准确提取海岸线具有重大意义。采用阈值法和主动轮廓模型对海岸线进行精确提取。选择【行业应用】标签下的【水利】组，选择【海岸线提取】，打开对话框，如图 11-43 所示。

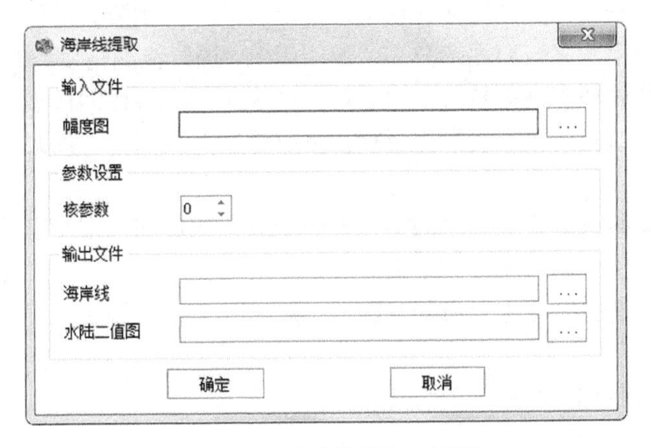

图 11-43　海岸线提取对话框

（1）输入文件：输入待处理的 SAR 幅度图像。

（2）参数设置：设置核参数大小，代表对陆地的增强程度，默认为 0；临近海洋的陆地地区较暗，则调大核参数。

（3）输出文件：设置输出文件的名称和路径。

3. 舰船检测

舰船检测利用恒虚警率（constant false alarm rate, CFAR）算法进行目标检测，并利用多特征优化检测结果。选择【行业应用】标签下的【水利】组，选择【船只检测】，打开对话框，如图 11-44 所示。

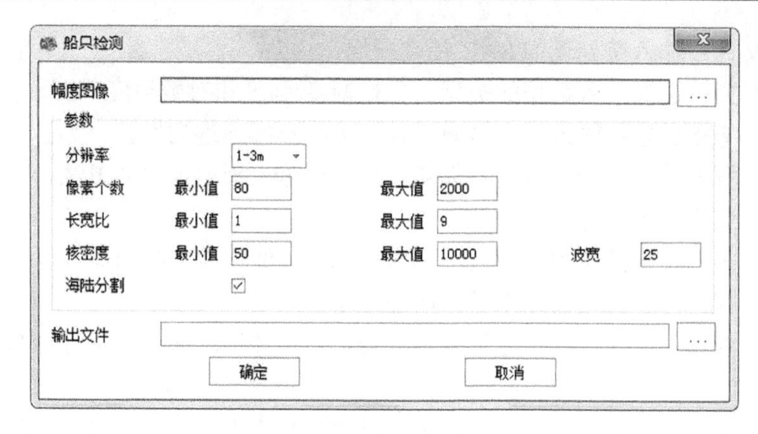

图 11-44　船只检测对话框

1）幅度图像

输入以下待检测的 SAR 幅度图像。

（1）分辨率：分辨率选项包括 2～3m、11～6m、7～9m、10～12m、11～15m 等 5 个不同等级的分辨率。分辨率越高，同一目标船只像素数越多。

（2）像素个数：设置目标的像素数的最小值和最大值。

（3）长宽比：设置目标的长宽比的最小值和最大值。

2）核密度

核密度估计是一种非参数密度估计模型，可以有效地展示数据的结构特征与性质。利用核密度估计法可有效消除来自海面杂波和旁瓣的影响，提升检测精度。核密度通常有四次核、均匀核、三角核、余弦核和高斯核等。对于每一个属于同一目标的像素，在波宽 h 控制范围内，其他像素集均对该点的核密度产生贡献，贡献程度随距离增大而减小。通常采用经典的 K 四次核。

（1）波宽：计算某一像元核密度的半径。随着波宽的增加，密度上的空间变化越圆滑；反之，可以得到更加尖锐的密度分布结果。

（2）海陆分割：选择是否进行海陆分割。

3）输出文件

设置输出文件的名称和路径。

4. 变化检测

不同地物类型对雷达信号具有不同大小的后向散射能力，通过两期影像的后向散射强度的差值分图分析，利用一定的阈值分割法，提取出差值变化较大的地区，从而实现地表覆盖变化区域的提取。选择【行业应用】标签下的【变化检测】组，选择【单通道变化检测】，打开对话框，如图 11-45 所示。

（1）输入文件：输入两景待处理的 SAR 幅度/强度图像或者对数幅度/强度图。

（2）概率分布模型：若输入幅度/强度图像，选择对数高斯。若输入对数幅度/强度图，选择高斯分布。

（3）滤波方法：可选操作，对原始影像采用均值滤波处理，滤波窗口默认是 3。

（4）变化监测方法：可使用 KI 和 OTSU 方法。

（5）输出文件：设置输出文件的名称和路径。

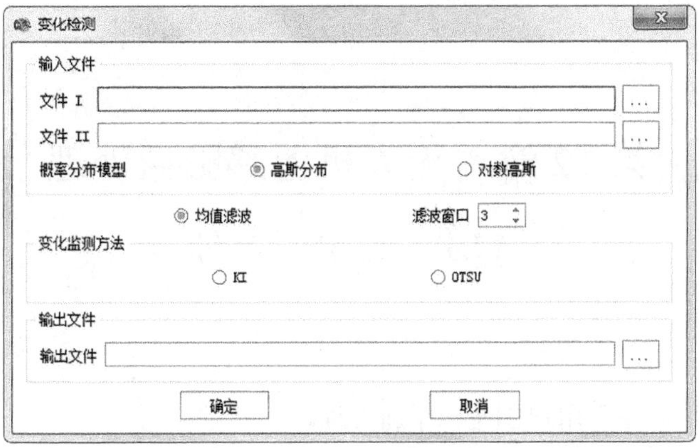

图 11-45　变化检测对话框

第 12 章　无人机遥感影像处理

12.1　工 程 管 理

12.1.1　新建工程

1. 新建工程

通过向导式页面，指引用户创建一个新工程。

（1）工程名称：输入工程名称。

（2）工程位置：输入工程保存路径。

2. 添加影像

正确输入工程名称与工程路径之后，点击界面右下角【下一步】，即可进入添加影像对话框。添加无人机影像时，至少选择四张影像才能进行处理，影像格式支持 jpg（jpeg）、tif（tiff）、png、bmp 等。添加影像完成后进入影像属性页面，上方显示地理位置信息和相机模型名称。下方列表会显示影像名称、组别、相机 ID 等属性。坐标会从 EXIF 自动读入，若没有坐标，可手动设置。

12.1.2　地理位置信息

地理位置信息包含空间参考系统、地理位置和方向、显示包含有 POS 的影像数量和总影像数量、设置精度。

（1）坐标系统：编辑当前工程参考系统，若从 EXIF 自动读入，则不需要修改。若没有参考系统，则应根据用户导入的 POS 数据坐标信息设置为地理坐标系或者投影坐标系。

（2）地理位置和方向：导入影像 POS 信息和参考系统等信息。

1. 文件格式设置

定义输入 POS 文件的读取方式，包括分隔符、POS 文件路径等，参数设置如下。

（1）文件路径：输入 POS 文件存储路径，点击右上角的浏览按钮，选中 POS 文件后，点击右下角【打开】按钮，即可添加 POS 文件。点击【取消】按钮将取消添加的 POS 文件。

（2）分隔符栏：可以设置文件开头忽略的函数，当文件前几行数据不需要时，可通过后方上下调整按钮设置忽略行数。若需要将第一行数据设置为列表的头，则使用后方勾选功能按钮【将一行设置为头】。分隔栏中显示了分隔数据所使用的分隔符，默认添加制表符、逗号、分号、空格。用户也可自己输入、添加或删除。【合并连续的分隔符】将所选择分隔符一起使用，默认为勾选状态。

（3）文件预览：文件预览列表中会显示当前选择文件内容。

（4）数据预览：展示根据分隔符栏设置后的数据。

2. 数据属性

对导入的数据属性进行设置，包括空间参考、高程基准、转角系统等，如图 12-1 所示。

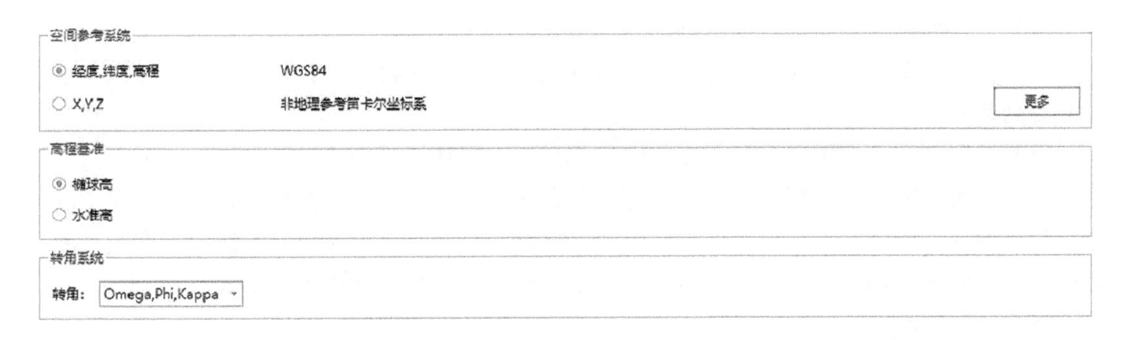

图 12-1　导入 POS 向导窗口（1）

（1）空间参考系统：用户可选择当前导入 POS 数据的坐标参考系统。默认选择为【经度，纬度，高程】WGS84 坐标。

（2）高程基准：默认为椭球高，用户可直接点击设置为椭球高或水准高。椭球高：测量点离椭球面的高度，也就是测量点与椭球面的正交距离。水准高：在大地测量学科大地水准面是一个重力等位面，与全球海洋面一致。大地水准高就是测量点沿着铅垂线到大地水准面上的高度。

（3）转角系统：默认为【Omega，Phi，Kappa】，用户可使用下拉按钮，选择转角系统为【Omega，Phi，Kappa】或【Yaw，Pitch，Roll】。

3. 编辑字段

对导入的 POS 数据进行分列和定义每列的名称，如图 12-2 所示。

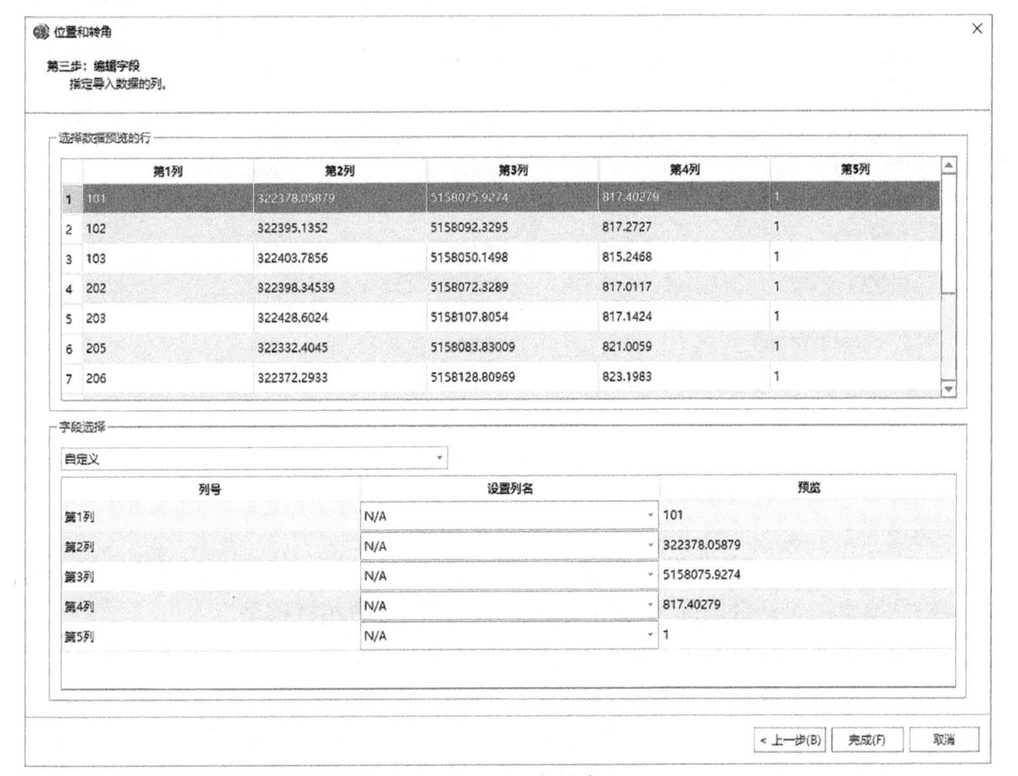

图 12-2　导入 POS 向导窗口（2）

（1）选择数据预览的行：显示 POS 文件每列对应的内容。

（2）字段选择：设置 POS 文件每列对应的名称，可人工自定义设置也可从下拉框中选择对应的列名称。

（3）导出文件：将影像信息以文件的形式导出，默认格式为 CSV。

（4）设置精度：精度有【标准】【低】【自定义】三种选择。标准精度为水平精度 10m，垂直精度 50m。低精度为水平精度 100m，垂直精度 500m。自定义可对影像的精度逐一或多选编辑。选中需要编辑的影像，点击修改按钮即可设置水平精度和垂直精度。

12.1.3　相机模型

通常软件会根据相片属性自动从相机库中选择相机类型。当需要对相机参数进行人工编辑时，点击选择相机模型下的【编辑】，弹出相机参数设置窗口，如图 12-3 所示。

图 12-3　相机参数窗口

1. 相机参数

（1）EXIF ID：相机模型名称。相机模型名称是自动读取的，无法对名称进行修改。

（2）相机模型：包括数据库中的相机模型与用户定义的相机模型。

（3）相机模型栏：数据导入后，软件会自动读取相机模型并自动选择该模型。在相机模型栏中，会展示相机的高度、宽度、像素大小及像主点等相关参数。用户可根据参数判断该相机是否合理。若当前参数用户认为不合理，用户可在相机模型下拉列表中选择其他相机模型。若用户在下拉列表中选取的相机模型仍然认为不合理，用户可自定义相机模型。点击 EXIF

ID 右侧的【编辑】按钮，该界面会开放参数编辑。

2. 相机校验

（1）相机畸变：包括自检校和计算机视觉模型。自检校是根据图像信息解算得到相机内参数。计算机视觉模型无须排航带、影像旋转、畸变改正等处理，即可全自动处理。

（2）检校模型：当选择相机自检校时，需要选择检校模型，用户可在下拉栏中选取可以优化的参数。

12.2　无人机影像处理

针对无人机数据，当前主流的方法是采用从运动恢复结构重建（structure from motion，SfM）算法，实现地物三维坐标解算，生成密集点云及 DEM 数据，基于 DEM 数据实现数字正射影像的生产。无人机影像处理主要步骤包括影像匹配、影像对齐、DSM/DEM、镶嵌线、正射校正、影像匀色、影像镶嵌、编辑控制点等。

12.2.1　影像匹配

影像匹配的目的是寻找同一地物点位于不同影像上的像点坐标，为后续进行空三测量提供观测值，主要包括特征提取、邻接关系计算、特征匹配、几何验证等步骤（图 12-4）。

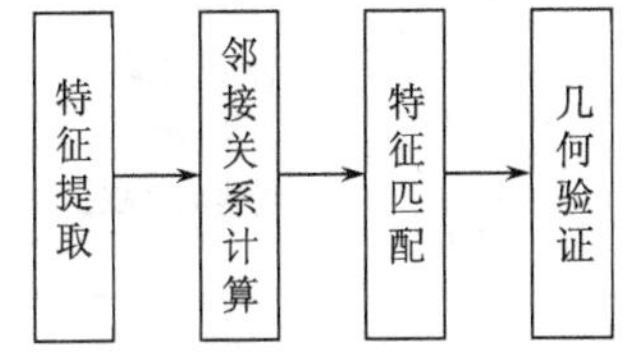

图 12-4　影像匹配流程

在无人机影像处理中，常用的特征提取算法是尺度不变特征变换（scale invariant feature transform，SIFT）算法，通过该算法可以提取影像中的关键点位置及关键点特征向量，用于后续特征匹配。

特征匹配实质上就是对高维向量空间最近邻搜索。特征描述符是一个高维向量，如 SIFT（128 维），要对图像中提取的大量特征点进行搜索检测，效率和准确度是特征匹配的难点。特征点是影像中一些特殊的点，它具有一些特殊的属性，相对于普通的点具有相对较多的信息量。可以使用特征点来描述影像中的关键信息。特征点的特征经常用向量来表示，如 SIFT 特征是在一个特征点周围 4×4 的方格直方图中，每一个直方图包含 8 个 bin 的梯度方向，即得到一个 4×4×8=128 维的特征向量。特征匹配对各张图片中提取的特征点进行匹配，然后采用随机抽样一致（random sample consensus, RANSAS）算法剔除误匹配点对。

特征匹配采用关键点的特征信息进行特征点的相似度计算，并没有考虑关键点之间的几何约束关系，因此，特征匹配后得到的初始匹配点中存在错误匹配点。为了提升影像匹配点对的精度，为后续的影像对齐（空三测量）提供更好的观测值，需要利用不同影像间的透视几何关系进行误匹配点剔除。

点击工具栏中的【处理选项】按钮，可以查看和设置处理选项参数，选择【影像匹配】，参数设置如下。

（1）特征点密度：表示每张影像提取的特征点的模式，可选值有超高、高和正常三种选项，默认为高。提取数据越高，点个数越多。

（2）特征点个数：表示每张影像保留的最大特征点个数，参数范围：5000～12000，默认为 8000。

12.2.2　影像对齐

影像对齐是根据共线条件方程，利用外方位元素、内方位元素、畸变参数、加密点坐标等初始值以及控制点坐标，求解影像外方位元素与加密点坐标的复杂流程。根据初始区域网与相邻影像的关系构建目标函数模型，并进行最小二乘迭代计算。同时在区域网平差过程中剔除误匹配点与不满足平差条件的影像。目前软件支持无控区域网平差和有控区域网平差两种模式。点击工具栏中【处理选项】按钮，可以查看和设置处理选项参数，选择【影像对齐】，如图 12-5 所示。

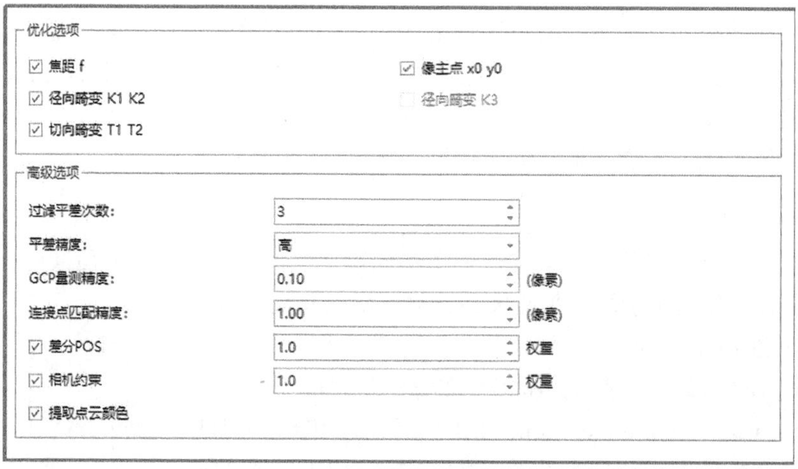

图 12-5　影像对齐窗口

1. 优化选项

在影像对齐过程中，需要优化的参数，勾选为优化，不勾选为不优化。

（1）焦距 f：表示在影像对齐（或相机优化）过程中对相机的焦距 f 进行优化。

（2）像主点 x0　y0：表示在影像对齐（或相机优化）过程中对相机的像主点进行优化。

（3）径向畸变 K1　K2：表示在影像对齐（或相机优化）过程中对相机的径向畸变 K1、K2 进行优化。

（4）径向畸变 K3：表示在影像对齐（或相机优化）过程中对相机的径向畸变 K3 进行优化；通常不优化径向畸变 K3，就不勾选【径向畸变 K3】。

（5）切向畸变 T1 T2：表示在影像对齐（或相机优化）过程中对相机的切向畸变 T1、T2 进行优化。

2. 高级选项

（1）过滤平差次数：参数范围 1～3，默认为 3，值越大精度越高，处理时间越长。

（2）GCP 量测精度：参数范围 0.01～0.5，默认为 0.1，值越大表示 GCP 对应的像点坐标量测精度越高，值越小表示 GCP 对应的像点坐标量测精度越低。

（3）平差精度：设置平差精度，分为高、中、低三种精度，默认为高。

（4）连接点匹配精度：参数范围 0.5～1，默认为 1，值越大表示影像匹配得到的连接点的精度越高，值越小表示影像匹配得到的连接点的精度越低。

（5）差分 POS：勾选【差分 POS】，系统将 GNSS 作为带权的观测值参与影像对齐（或相机优化）过程中；不勾选【差分 POS】，系统将采用自动定权的方式将 GNSS 作为观测值参与影像对齐（或相机优化）过程中。差分 POS 的权重范围为 0～10，默认为 1。

（6）相机约束：将【焦距 f】作为带权重的观测值参与影像对齐（或相机优化）过程中，对应的权值越大表示【焦距 f】精度越高；当相机初始【焦距 f】相对准确的情况下，勾选【相机约束】，处理结果中的相机参数不会偏离处理的相机参数太远，相机约束的权重范围为 0～10，默认为 1；

（7）提取点云颜色：勾选之后，显示的点云有 RGB 颜色，不勾选时，点云显示的颜色为白色，默认为勾选。

12.2.3　DSM/DEM

DEM 主要以空三测量解算的连接点三维坐标为输入，通过点云滤波和点云栅格化两个步骤来生成。

1. 点云滤波

通过倾斜摄影测量或激光雷达方式产生的三维点云数据被广泛用于地学分析、三维建模等应用场景。点云滤波的目的在于自动并客观地将三维点云划分为地面点和地物点，从而分离地物点仅保留地面点用于 DEM 生产。本软件使用的点云滤波算法是基于渐进三角网加密的滤波算法。

基于渐进三角网加密的滤波方法采用了区域生长的思想，最早由 Axelsson 提出，后来由不同研究者进行探索改进，发展为较成熟的滤波算法。该方法首先基于已知的地形种子点构建不规则三角网，其次对落在每个三角形范围内的三维点进行排序，并通过生长条件来对三角网进行加密，不断扩充地面点集合，获得具有越来越丰富的地形细节的三角网。基于渐进三角网加密的方法能够克服地形不连续带来的困难，但其精度在极大程度上依赖初始地面点（即已知地形种子点）的准确性及空间分布；初始地面点中若包含地物点，可能在三角网加密时引入不可消除的累积误差。提取种子点较为简单的方法是采用点云栅格化生成规则格网点，但其结果受格网尺寸及插值方法的影响较大，对地形的表达不一定准确且充分。另外有学者对规则格网点进行优化或者将形态学滤波结果作为种子点，以提高渐进三角网加密滤波的精度。

2. 点云栅格化

点云栅格化使用空间插值算法来完成。空间插值算法是通过探寻已知空间点数据规律，外推或内插得到整个研究区域的数据方法，即由区域已知点值得到面值的方法。本软件使用的空间插值算法是三角网插值算法。三角网插值有时也称为线性插值。算法的基本原理及过程可以分为以下两个步骤。

（1）基于已知数据点进行三角剖分构建覆盖所有数据点的三角网。三角形的三个顶点为已知数据点，在三角形的每条边上均认为两顶点间数值的变化是线性的。

（2）在一定的网格密度下进行线性插值，生成网格化（栅格面）。插值算法一般采用双线性插值。如图 12-6 所示，三角形为已知点构建的一个三角形面片（A、B、C 为已知点），P 点为待插值点。为了求 P 点值，可先在三角形的两条边 AB、AC 上分别求 D、E 两点值；再通过 D、E 求得 P 点值。

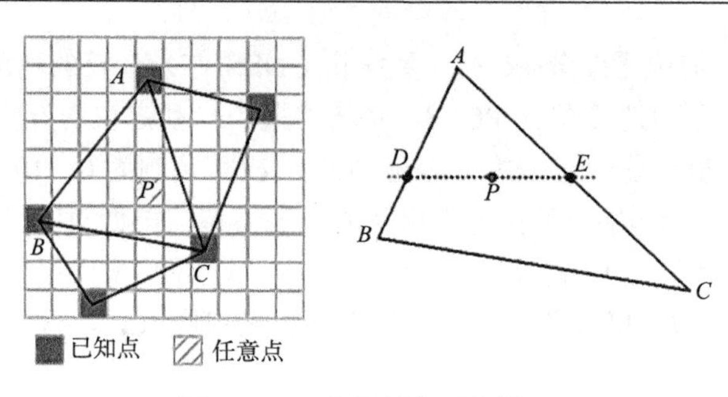

图 12-6　三角网插值示意图

根据上述算法流程描述可知，三角网法采用的是线性内插，插值结果不会超过原始数据的取值范围，能很好地忠实于原始数据模型；在采样点密度较大且分布均匀时，插值效果较好。然而，在数据较为稀疏时对插值结果影响较大，插值结果能见到明显的三角网格控制趋势。

对影像对齐之后解算得到的连接点三维坐标进行滤波处理。将地表的树木、房屋等非地表点进行过滤后，按照一定大小的格网进行空间内插得到数字高程模型（DEM），用于后续正射校正。点击工具栏中【处理选项】按钮，可以查看和设置处理选项参数，选择【DSM/DEM】，如图 12-7 所示。

（1）分辨率：设置生成 DEM 数据的分辨率。软件可自动按照相片拍摄时的平均地面采样间隔（ground sampling distance, GSD）的整数倍数进行设置，参数范围为 1～10，默认为 5 倍。也可人工自定义 DEM 数据的分辨率，手动分辨率参数范围为 1～10，默认为 1。

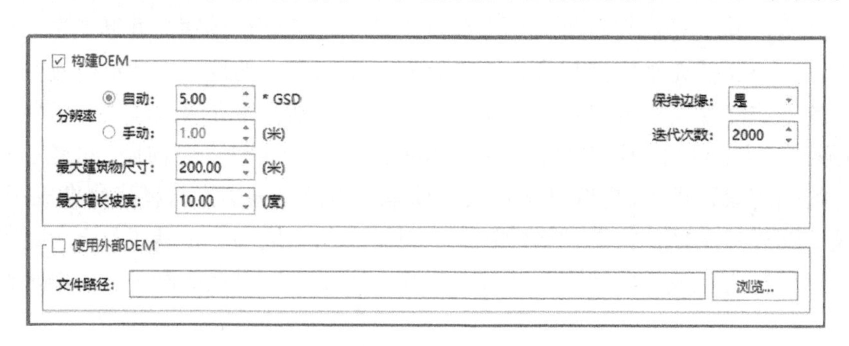

图 12-7　DSM/DEM 窗口

（2）保持边缘：用于控制结果点云在棱角或边缘处（如阶梯处）的平滑程度；若设置为“是”则结果将尽可能保留边缘处的三维点，设置为否则结果较为平滑。默认选择为“是”。

（3）最大建筑物尺寸：用于设定场景中最大地物的尺寸（直径），范围为 20～1000 米，默认值为 200 米。

（4）最大增长坡度：用于设置渐进三角网滤波过程中新增地面点相对地面点三角网的角度阈值，所设值越小则结果点云越平滑；设置范围为 0～100 度，默认值为 10 度。

（5）迭代次数：用于设置渐进三角网滤波中迭代加密过程中的最大迭代次数，若加密过程完成时尚未达到最大迭代次数，则自动停止迭代；参数设置范围为 100～2000 次，默认值为 2000 次。

（6）当选择使用外部 DEM 时，需要用户点击【浏览】导入外部 DEM 文件。

12.2.4　镶嵌线

在无人机图像处理中，单幅影像通常无法覆盖航摄测区范围，因此大范围 DOM 的生产需要对多幅影像进行镶嵌处理。镶嵌线的生成是影像镶嵌中的关键步骤。目前，镶嵌线生成算法主要分为基于 Voronoi 图的镶嵌线生成算法和基于影像内容的镶嵌线生成算法。其中，基于 Voronoi 图的镶嵌线生成算法是无人机影像镶嵌处理通常采用的算法。

镶嵌线算法因为要考虑影像有效范围之间的重叠关系，所以采用顾及重叠面的 Voronoi 多边形的生成算法。首先利用多边形的布尔运算计算出具有重叠的正射影像间有效范围的交集，即相交任意简单多边形；然后利用简单多边形中轴线算法，找到重叠多边形的中轴线及每两个重叠正射影像间的平分线；最后在此基础上生成各正射影像所属的 Voronoi 多边形，形成 Voronoi 图，以对所有正射影像的有效范围进行划分。

点击【镶嵌线（L）】按钮，弹出镶嵌线窗口。一般选择默认参数，点击【确定】，等待软件进行处理，完成镶嵌线功能。

12.2.5　正射校正

正射校正基本任务就是实现两个二维影像之间的几何变换，在正射校正过程中首先确定原始图像与校正后的图像之间的几何关系。在摄影测量中，常采用间接法对影像进行正射校正。针对无人机数据，当前主流的方法是采用 SfM 算法实现地物三维坐标解算，生成密集点云及 DEM 数据，然后基于 DEM 数据实现数字正射影像的生产。无人机影像处理主要步骤包括影像匹配、影像对齐、DEM 生成、正射校正、影像匀色、影像镶嵌、三维建模等。无人机影像处理软件主要用于生成 DEM、DOM 等产品。

正射校正相应的参数设置如下。

（1）影像分辨率：用来指定输出 DOM 影像的分辨率，自动计算时自动根据工程信息计算最佳的分辨率下拉列表列举了常用的分辨率选项；也可以手动输入，单位为米。

（2）最大倾斜角：用来筛选进行正射影像的数据，倾斜角度小于给定值的影像才对其进行正射校正，参数范围：10°～25°，默认为 15°。

（3）使用镶嵌线掩膜：用于指定是否使用镶嵌线来裁切，如果选择“是”则只对镶嵌线内的数据进行正射，选择“否”则对全图进行正射；选择“是”可以提高处理速度和效率。

（4）外扩像素数：用来指定使用镶嵌线掩膜时外扩的像素个数，参数范围为 10～500，默认为 10。

（5）参考系统：用来显示正射影像输出的空间参考系统，不可修改，但可以在工程信息中进行修改。

12.2.6　影像匀色

相比于卫星遥感影像，无人机影像具有数量大、分辨率高、重叠度高、获取时相一致、云雾干扰较小等特点，其数据集的整体色调一致性较高，可以直接采用全局匀色的方法平滑影像间的色差。对于相邻影像之间存在明显地物不一致的情况（在低空无人机影像处理中较为常见），需要综合使用局部匀色方法，并采用局部匀色下采样等手段减小地物差异的影响。实际工程化应用中，采用分块并行技术，以及全局-局部匀色策略来提高匀色效率与质量。针对无人机影像数据，匀色策略包括以下几种。

1. 全局匀色

全局匀色即马斯克匀光法，它不仅可以保证不减小整张相片的总体反差，而且还可以使相片中大反差减小，小反差增大，得到反差基本一致、相邻细部反差增大的相片。因此，对于光学影像的晒印，该方法可以有效地消除不均匀光照现象，在实际相片晒印过程中得到了广泛的应用。

2. 局部匀色

首先，生成全局范围的目标背景模板（其像元值为位于该像元范围内的所有影像的像元值的均值），并对原始影像进行均值法降采样得到其原始背景模板；其次，对目标背景模板（reference mean map）和原始背景模板（local mean map）分别进行双线性插值使其具有原始影像的分辨率，并求得 Gamma 校正参数模板；最后对原始影像各像元进行 Gamma 校正。

局部匀色主要针对相邻影像重叠区域的局部色调差异，能够保证从影像到重叠区再到另一张影像在色调上平滑过渡，而未对影像进行整体调整，因此影像非重叠区将保留其原始色调。当原始影像的整体一致性较差且重叠区面积比例较小时，局部匀色生成的全局目标背景模板可能具有较差的色调一致性，从而导致调整后影像整体色调一致性较差。

3. 全局-局部匀色

当原始影像的整体一致性较差而不存在参考影像可以作为全局目标背景模板时，可以采用全局-局部匀色策略，将全局匀色平差得到的线性拉伸系数用于局部匀色的原始影像，在生成模板及 Gamma 校正的各个步骤对原始影像先进行线性拉伸。全局匀色能够对影像进行整体色调拉伸从而保证全局色调一致性，而局部匀色能够保证影像重叠区域色调平滑过渡，结合二者则可得到整体、局部均具有较高一致性的结果。

软件中影像匀色相应的参数设置如下。

（1）最小重叠像素数参数：用于判断相邻影像是否重叠，若两幅影像重叠区域内的像素数量小于该参数，则认为这两幅影像不重叠；设置范围为 10～999，默认值为 100。

（2）使用双倍权重：用于控制匀色结果的色调一致性强度，若设为“是”则平差时对权重进行加倍，进一步增强结果影像的一致性；有效选项为“是”或“否”，默认选项为“是”。

12.2.7　影像镶嵌

影像镶嵌是在一定的数学基础控制下，将多幅影像拼接成一幅大范围、无缝影像的过程。本软件支持海量数据的影像镶嵌，同时可指定是否使用镶嵌线、是否羽化等处理，自动将多张正射影像快速拼接为一幅影像。

用于设置影像镶嵌的相应参数如下。

（1）重采样方法：包括最近邻法、双线性内插法和三次卷积法。

（2）羽化像素：用于设置镶嵌时羽化像素个数，范围为 10～100，默认为 10。

（3）压缩：用于设置输出镶嵌影像时是否采用压缩格式，选择“是”时可以减少输出 DOM 的大小。

12.2.8　编辑控制点

在编辑控制点前，用户必须保证镶嵌线流程已完成，否则导入的控制点将没有预测位置，视点可见影像将为空。若选取全部影像进行像点量测，也无法计算对应残差。点击工具栏中

【GCP 编辑】按钮可以对控制点进行编辑，参数设置如下。

1. 菜单栏

主要控制控制点导入、导出、保存、退出。

点击界面左上角【文件】按钮，导入标准控制点文件。标准控制点格式为：控制点名称+指定 X+指定 Y+指定椭球高。点击界面右下角【打开】即可导入控制点。若导入控制点文件不是标准格式，软件会提示用户“加载控制点失败”。若导入的控制点名称与已存在的控制点名称重复，软件会提示用户“控制点已存在”。

（1）导入向导：导入标准格式控制点文件。点击【导入向导】按钮，弹出对话框，如图 12-8 所示。

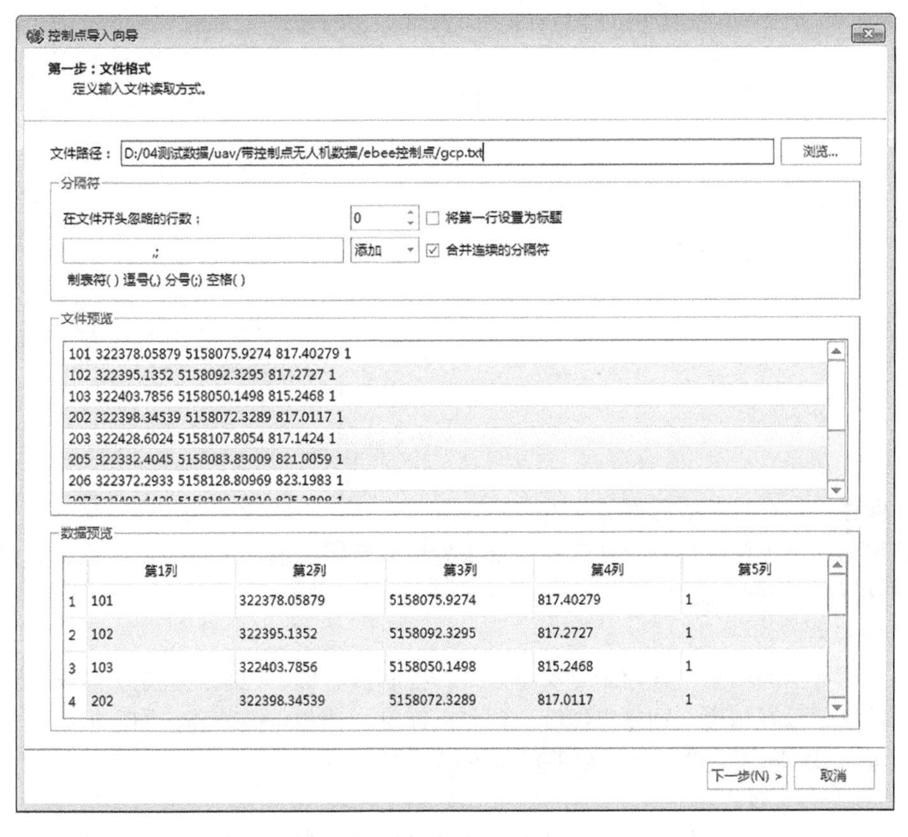

图 12-8　控制点导入向导对话框

在文件路径中添加非标准格式的控制点文件，控制点文件内容会在文件预览栏和数据预览栏中显示出来。点击【下一步】，进入数据属性对话框，开始设置控制点文件的空间参考系统和高程基准。设置完成后，点击【下一步】，进入编辑字段对话框，对导入的控制点文件各列指定名称，如图 12-9 所示。

在进行字段选择时，可选择软件内置的固定字段，也可以在列表的【设置列名】中人工自定义每列字段名称。字段名称设置完成后，点击【完成】结束非标准格式的控制点导入工作。若用户导入的控制点名已存在，软件会给予用户提示，询问用户是否进行替换：点【是】覆盖已有的控制点并添加不存在的控制点；点【否】放弃添加同名控制点并添加不存在的控制点。

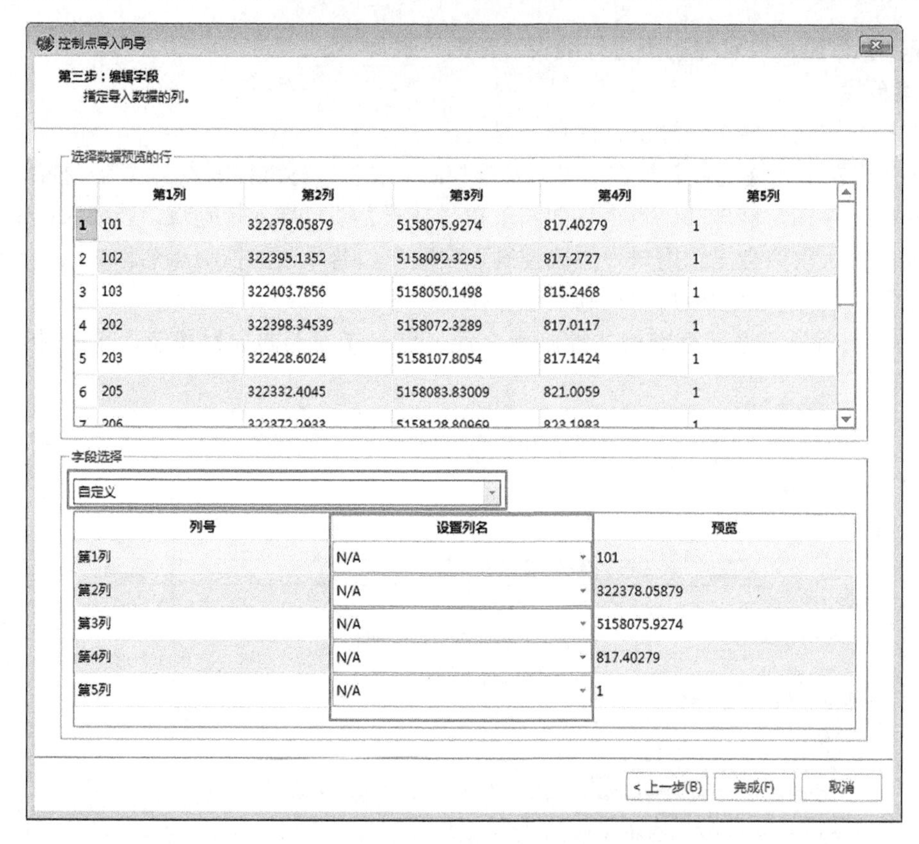

图 12-9　编辑字段

（2）保存：保存控制点界面操作。

（3）导出：导出标准控制点文件。点击【导出】按钮，输入文件名后，点击界面右下角【保存】即可保存控制点文件。

2. 控制点栏

控制点栏显示的信息包含控制点参考系统、控制点名称、控制点类型、经度、纬度、高程、水平精度、垂直精度、预测点经度、预测点纬度、预测点椭球高、均方根误差、到射线距离均方根、3D 误差、水平误差和垂直误差。

1）【误差均方根】

该控制点中像点误差的均方根。像点误差是预测点和刺点像素坐标的误差。

2）【到射线距离均方根】

该控制点中像点到射线距离的均方根。像点到射线的距离是实际地物点到相机镜头与影像上该点所成连线的距离。

3）【3D 误差】

指定坐标和计算坐标 3D 误差。

4）【水平误差】

指定坐标和计算坐标在水平方向的误差。

5）【垂直误差】

指定坐标和计算坐标在垂直方向上的误差。

6）【导出控制点信息】

以 csv 为后缀导出控制点误差。

7）控制点中五个功能按钮功能如下。

（1）点击【存档】按钮，在弹出的对话框中输入名称，选择对应位置后保存即可。

（2）点击【控制点】按钮，弹出控制点、检查点统计界面。

（3）点击【修改】按钮，修改控制点对应的水平精度及垂直精度。通过选取【水平精度[米]】和【垂直精度[米]】左侧的控制按钮，可以选择修改水平精度或垂直精度。水平精度与垂直精度默认值是当前选中控制点中的最小值。输入对应精度后点击【确定】按钮，即可修改精度。

（4）点击【增加控制点】按钮，新增控制点，弹出界面如图 12-10 所示。

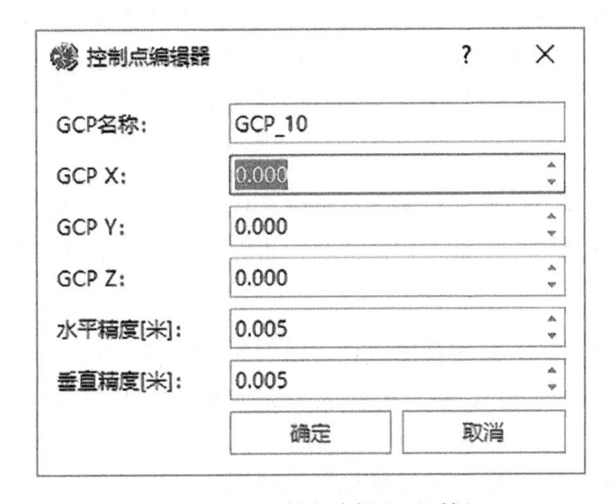

图 12-10　控制点编辑器对话框

（5）点击【删除控制点】按钮，即可删除控制点。

3. 测量栏

测量栏主要显示刺点影像的相关信息，包括影像名，X、Y，投影像素差，视线距离。测量栏中只有一个删除测量点的按钮，操作参考删除控制点按钮。

4. 相片栏

相片栏包含过滤器、显示相片、显示点、显示提示等菜单。

（1）过滤器：通过输入字符串筛选影像。

（2）显示相片：设置显示全部影像或视点可见。

（3）显示点：设置显示所有点，选中点，含有像点信息的点。

（4）显示提示：设置显示预测点。

（5）相片左侧：相片左侧为影像快视图列表，相片中间显示原始影像窗口。鼠标滚轮放大缩小图片，【Shift】+鼠标左键刺点，鼠标中键长按+鼠标左键拖拽影像，键盘【+】号放大图片，键盘【-】号缩小图片，键盘【0】键缩放图片到最小。

（6）相片右侧操作：①控制点略图，可添加所有控制点的图像，并显示；②控制点详图，可添加控制点位置详图，并显示。

相片右侧展示图片详图和略图可通过【Ctrl】键长按切换，详略图均可旋转。点击【F5】键图片逆时针旋转 30°，点击【F6】键图片顺时针旋转 30°。

技巧　在进行有控制点的无人机数据处理时，需要进行 GCP 编辑，注意需要根据实际情况选择相应的空间参考系统。如果控制点坐标为大地坐标系，则空间参考系统选择 X，Y，Z 大地坐标系。若控制点坐标为经纬度，可将其转为十进制经纬度后，空间参考坐标系选择经度、纬度、高程。

12.3　3D 视图工具

12.3.1　图层

图层窗中可控制在三维窗口中是否显示稀疏点云、滤波点云、点云包围盒、初始影像位置和优化影像位置等。点击名称前方框即可设置勾选状态，勾选则在三维窗口中显示，不勾选则在三维窗口中不显示。若数据未含有该数据则为灰色不可选取状态。

12.3.2　标签

标签栏中可控制主窗口是否显示初始影像名、优化影像名、控制点名。点击名称前方框即可设置勾选状态，勾选则在三维窗口中显示，不勾选则在三维窗口中不显示。

12.3.3　视图

视图窗控制主窗口显示。重置视图可使主窗口的视图回到初始状态。视图窗可控制相机的缩放（快捷键【Ctrl】+滚轮），点云的缩放（快捷键【Shift】+滚轮），字体的缩放（快捷键【Alt】+滚轮）。

（1）重置视图：将主窗口显示的三维视图返回到初始状态。

（2）相机缩小：点击相机缩小，视图窗口中相机图标变小。

（3）相机放大：点击相机放大，视图窗口中相机图标放大。

（4）点云缩小：点击点云缩小，视图窗口中单个点云形状变小。

（5）点云放大：点击点云放大，视图窗口中单个点云形状放大。

（6）字体缩小：点击字体缩小，视图窗口中显示的字体图标变小。

（7）字体放大：点击字体放大，视图窗口中显示的字体图标放大。

12.3.4　选择

选择窗中可控制鼠标拾取的对象，点击后可在主窗口进行拾取，目前支持拾取的对象有相机、点云和控制点三种。

（1）不选：使用鼠标左键对主窗口中显示内容进行任意角度的旋转查看。

（2）选择相机：在主窗口中选择相机模型。点击要查看的相机模型，相机模型放大显示，红色区域为正射后的相片范围，黄色的点位为相机曝光点。软件属性窗口中显示相片的原始位置信息和优化后的位置信息。

（3）选择点云：在主窗口中选择生成的点云文件，点击要查看的单个点云，主视图中会用直线指示出与该点相关的相片，并在属性窗口中显示相片名称。

（4）选择 GCP：在主窗口中选择人工添加的控制点文件。点击要查看的单个控制点，主视图中会用直线指示出与该控制点相关的相片，并在属性窗口中显示相片名称和控制点信息。

12.3.5　点云编辑

点云编辑可对主窗口中的点云进行操作，参数设置如下。

（1）【开始编辑】：用户可选择需要编辑的图层名称，选择之后即进入对应图层的编辑状态。进入编辑状态后可在主窗口框选想要编辑的对象，目前仅稀疏点云和滤波点云支持编辑状态。点击【开始编辑】并在下拉列表中选择稀疏点云，选好后可在主窗口中进行点云框选。框选点云后即可使用【删除】按钮，删除当前框选点云。

（2）【删除】：删除主窗口中框选的点云对象，快捷键为【Delete】。

（3）【撤销】：撤销按钮将会撤销用户的上一次操作，可以多次使用，快捷键为【Ctrl】+【Z】，但保存并确认后，之前的操作不可撤销。

（4）【重做】：重做按钮将会重做用户最后一个撤销命令，可以多次使用，快捷键为【Ctrl】+【Y】，但是在用户进行了新的操作后，将不可执行重做功能。

（5）【保存】：保存按钮将会保存用户对图层进行的编辑操作。

主要参考文献

程宇峰, 金淑英, 王密, 等. 2017. 一种光学遥感卫星多相机成像系统的高精度影像拼接方法. 光学学报, 37(8): 343-352.

邓书斌, 陈秋锦, 杜会建, 等. 2014. ENVI 遥感图像处理方法. 北京: 高等教育出版社.

高连如, 张兵, 张霞, 等. 2007. 基于局部标准差的遥感图像噪声评估方法研究. 遥感学报, 2007(2): 201-208.

顾海燕, 闫利, 李海涛, 等. 2016. 基于随机森林的地理要素面向对象自动解译方法. 武汉大学学报(信息科学版), 41(2): 228-234.

关元秀, 王学恭, 郭涛, 等. 2019. eCognition 基于对象影像分析教程. 北京: 科学出版社.

胡茂莹. 2016. 基于高分二号遥感影像面向对象的城市房屋信息提取方法研究. 长春: 吉林大学硕士学位论文.

黄鹏艳. 2015. 基于目标分解的 POLSAR 图像分类方法研究. 阜新: 辽宁工程技术大学硕士学位论文.

黄杏元, 马劲松. 2008. 地理信息系统概论. 北京: 高等教育出版社.

黎明, 严超华, 刘高航. 1999. 基于遗传策略和神经网络的非监督分类方法. 软件学报, (12): 1310-1315.

李宜展, 潘耀忠, 朱秀芳, 等. 2013. 土地覆盖类别面积混淆矩阵校正与回归遥感估算方法对比. 农业工程学报, 29(11): 115-123.

梁顺林. 2013. 定量遥感. 范闻捷译. 北京: 科学出版社.

梁伟, 杨勤科. 2006. 彩色空间变换在 DEM 与遥感影像复合中的应用研究. 水土保持通报, 2006(6): 59-62.

刘炜. 2012. 土地利用/覆被变化信息遥感图像自动分类识别与提取方法研究. 咸阳: 西北农林科技大学博士学位论文.

罗扬帆. 2007. 基于 BP 神经网络的遥感影像分类研究. 北京: 北京林业大学硕士学位论文.

马建文. 2010. 遥感数据智能处理方法与程序设计. 北京: 科学出版社.

梅安新, 彭望琭, 秦其明. 2001. 遥感导论. 北京: 高等教育出版社.

潘俊, 王密, 李德仁. 2009. 基于顾及重叠的面 Voronoi 图的接缝线网络生成方法. 武汉大学学报(信息科学版), 34(5): 518-521.

潘俊, 王密, 李德仁. 2010. 接缝线网络的自动生成及优化方法. 测绘学报, 39(3): 289-294.

尚明. 2018. 中分辨率遥感数据面向对象分类的影响要素研究. 北京: 中国科学院大学(中国科学院遥感与数字地球研究所)博士学位论文.

沈照庆, 舒宁, 龚衍, 等. 2008. 基于改进模糊 ISODATA 算法的遥感影像非监督聚类研究. 遥感信息, 2008(5): 28-32.

童庆禧, 张兵, 郑兰芬, 等. 2006a. 高光谱遥感: 原理、技术与应用. 北京: 高等教育出版社.

童庆禧, 张兵, 郑兰芬, 等. 2006b. 高光谱遥感的多学科应用. 北京: 电子工业出版社.

王新生, 李全, 郭庆胜, 等. 2002. Voronoi 图的扩展、生成及其应用于界定城市空间影响范围. 华中师范大学学报(自然科学版), 2002(1): 107-111.

韦玉春, 汤国安, 汪闽, 等. 2019. 遥感数字图像处理教程. 3 版. 北京: 科学出版社.

魏冠军, 杨世瑜. 2005. 基于主成份[分]变换的多源遥感数据融合. 兰州交通大学学报, (3): 57-60.

闫琰, 董秀兰, 李燕. 2011. 基于 ENVI 的遥感图像监督分类方法比较研究. 北京测绘, (3): 14-16.

杨书成, 黄国满, 赵争. 2012. 一种利用影像模拟制作 SAR 立体模型的方法. 武汉大学学报(信息科学版), 37(11): 1325-1328.

叶沅鑫, 单杰, 彭剑威, 等. 2014. 利用局部自相似进行多光谱遥感图像自动配准. 测绘学报, 43(3): 268-275.

喻送霞. 2019. 基于纹理分析的张家界地貌遥感信息提取及分类研究. 长沙: 湖南师范大学硕士学位论文.
张景奇, 关威, 孙萍, 等. 2011. 基于 K-T 变换的地表水体信息遥感自动提取模型. 中国水土保持科学, 9(3): 88-92.
张振龙, 曾志远, 李硕, 等. 2005. 遥感变化检测方法研究综述. 遥感信息, 2005(5): 64-66.
赵文驰, 宋伟东, 陈敏. 2019. 国产高分辨率遥感卫星融合方法比较. 测绘与空间地理信息, 42(11): 154-158.
赵英时. 2013. 遥感应用分析原理与方法. 2 版. 北京: 科学出版社.
赵忠明, 孟瑜, 汪承义, 等. 2014. 遥感图像处理. 北京: 科学出版社.
周清华, 潘俊, 李德仁. 2013. 遥感图像镶嵌接缝线自动生成方法综述. 国土资源遥感, 25(2): 1-7.
Axelsson P. 2000. DEM generation from laser scanner data using adaptive TIN models. International Archives of Photogrammetry and Remote Sensing, 33(4): 110-117.
Blaschke T. 2010. Object based image analysis for remote sensing. ISPRS Journal of Photogrammetry and Remote Sensing, 65(1): 2-16.
Bruzzone L, Prieto D F. 2000. Automatic analysis of the difference image for unsupervised change detection. IEEE Transactions on Geoscience and Remote Sensing, 38(3): 1171-1182.
Cloude S R, Pottier E. 1996. A review of target decomposition theorems in radar polarimetry. IEEE Transactions on Geoscience and Remote Sensing, 34(2): 498-518.
Collins J B, Woodcock C E. 1996. An assessment of several linear change detection techniques for mapping forest mortality using multitemporal Landsat TM data. Remote Sensing of Environment, 56(1): 66-77.
Freeman A, Durden S L. 1998. Three-component scattering model to describe polarimetric SAR data. IEEE Transactions on Geoscience and Remote Sensing, 36(3): 963-973.
Hay G J, Blaschke T, Marceau D J, et al. 2003. A comparison of three image-object methods for the multiscale analysis of landscape structure. ISPRS Journal of Photogrammetry and Remote Sensing, 57(5): 327-345.
Klonus S, Ehlers M. 2009. Performance of evaluation methods in image fusion. Seattle: International Conference on Information Fusion.
Krogager E. 1990. New decomposition of the radar target scattering matrix. Electronics Letters, 26(18): 1525-1527.
Lee J S, Pottier E. 2013. 极化雷达成像基础与应用. 洪文, 李洋, 严嫱, 等译. 北京: 电子工业出版社.
Liang S, Fang H, Morisette J T, et al. 2002. Atmospheric correction of Landsat ETM+ land surface imagery. II. Validation and applications. IEEE Transactions on Geoscience and Remote Sensing, 40(12): 2736-2746.
Liu J G. 2000. Smoothing filter-based intensity modulation: A spectral preserve image fusion technique for improving spatial details. International Journal of Remote Sensing, 21(18): 3461-3472.
Pearson K. 1901. On lines and planes of closest fit to systems of points in space. Philosophical Magazine, 2(11): 559-572.
Song M, Ji Z, Huang S, et al. 2018. Mosaicking UAV orthoimages using bounded Voronoi diagrams and watersheds. International Journal of Remote Sensing, 39(15-16): 4960-4979.
Storvik G, Fjortoft R, Solbarg A. 2005. A bayesian approach to classification of multiresolution remote sensing data. IEEE Transactions on Geoscience and Remote Sensing, 43(3): 539-547.
Yamaguchi Y, Moriyama T, Ishido M, et al. 2005. Four-component scattering model for polarimetric SAR image decomposition. IEEE Transactions on Geoscience and Remote Sensing, 43(8): 1699-1706.
Yang J, Peng Y N, Yamaguchi Y, et al. 2006. On Huynen's decomposition of a Kennaugh matrix. IEEE Geoscience and Remote Sensing Letters, 3(3): 369-372.